电子技术实习教程

U0181578

高 等 学 校 教 材

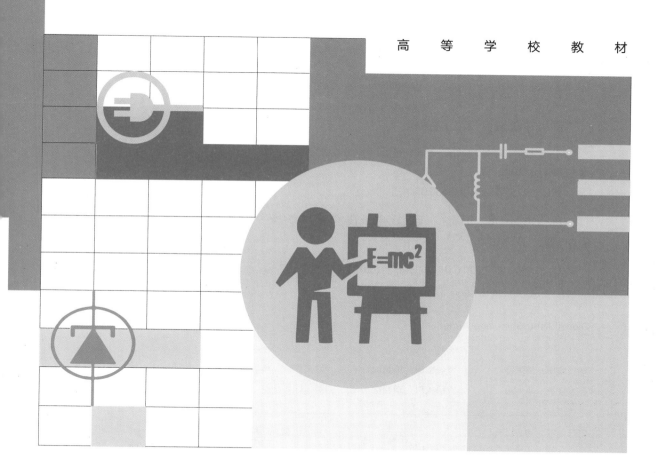

高等教育出版社·北京

内容简介

本书为首批国家级一流本科课程配套教材。本书以电子工程实践为主线,融合理论知识与动手实践教学环节内容,介绍了电子电路设计、制作、调试以及综合实验的方法,结合数字资源突出实验的趣味性与可操作性。书中部分重点、难点位置插入了动画或视频,扫描相应的二维码即可观看,方便学生自学和教师施教。全书共分 12 章,既有电子类基础知识,又有综合性实训项目,以实验为教学单元,结合技术发展与学科竞赛,重点体现学生实践实习环节,提升实验项目水平。

第一部分为基本知识(第 1—3 章),主要介绍实验要求、常用电子仪器的使用、常用电子元器件的选用及检测等基础知识。

第二部分为电子电路设计及制作(第 4—9 章),主要介绍电子电路设计的基本原则和方法、电子电路设计技术及工具、印制电路板制作技术、装配及焊接技术、电子电路调试、故障检修及元器件拆卸等内容。

第三部分为综合实验(第 10—12 章),主要介绍模拟电路综合设计及制作、数字电路综合设计及制作、电子综合产品设计及制作等实践项目。

本教材得到了"十三五"期间高等学校本科教学质量与教学改革工程建设项目和北京科技大学教材建设经费的资助。本书可供高等学校理工科师生作为电子工程实践的教材使用,也可供初入门的电子工程技术人员参考。

图书在版编目(C I P)数据

电子技术实习教程 / 周珂主编. -- 北京 : 高等教育出版社,2021.12

ISBN 978-7-04-056320-7

Ⅰ. ①电… Ⅱ. ①周… Ⅲ. ①电子技术-高等学校-教材 Ⅳ. ①TN

中国版本图书馆 CIP 数据核字(2021)第 132357 号

Dianzi Jishu Shixi Jiaocheng

策划编辑	吴陈滨	责任编辑	黄涵玥	封面设计	赵 阳	版式设计	杨 树
插图绘制	邓 超	责任校对	刘丽娴	责任印制	刁 毅		

出版发行	高等教育出版社	网 址	http://www.hep.edu.cn
社 址	北京市西城区德外大街 4 号		http://www.hep.com.cn
邮政编码	100120	网上订购	http://www.hepmall.com.cn
印 刷	山东临沂新华印刷物流集团有限责任公司		http://www.hepmall.com
开 本	787 mm×1092 mm 1/16		http://www.hepmall.cn
印 张	21		
字 数	450 千字	版 次	2021 年 12 月第 1 版
购书热线	010-58581118	印 次	2021 年 12 月第 1 次印刷
咨询电话	400-810-0598	定 价	44.10 元

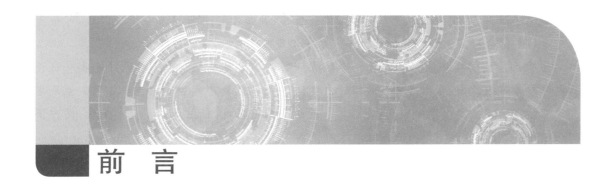

前　言

　　电子技术是高等学校理工科专业实践性很强的技术基础课程。随着电子技术的不断发展，要想培养适应社会技术需求、工程素质高的专业技术人才，必须在理论教学的同时，重视并加强实践性教学环节。

　　本书为首批国家一级本科课程配套教材。本书根据教学大纲要求，以"保证基础，与时俱进，引导创新，操作性强"为原则，总结了近几年来的教学改革及学生创新竞赛指导经验，以实验为教学单元，配以图文进行详细的操作说明和步骤展示，重点体现学生实践实习环节。书中既有电子类基础性知识，又有综合性实训项目，适合于高等学校理工科学生电子技术实习的课堂教学，也可作为初入门的电子工程技术人员的培训教材。

　　本书在编写中力求突出以下特点：

　　1. 以数字化教学手段，丰富教材展现形式。本书针对关联技术知识、实践教学操作，配套了数字化教学内容，以视频或动画形式进行教学展示，并持续更新。既节省了纸质版教材篇幅，又有效利用数字资源增加了实验内容的互动性和趣味性。全书在部分重点、难点位置插入了动画或视频，扫描相应的二维码即可观看，方便学生自学和教师施教。

　　2. 以实验为教学单元，突出实践教学内容。本书将电子技术知识以实验项目的形式进行编排，包含：基础器件及电路验证实验，约占30%；培养学生实际操作能力的工艺实践性实验，约占35%；较为复杂并要求学生独立思考的综合性设计实验，约占35%。这种编排方式方便教师在实践教学时，根据不同专业对电子技术的技术需求，进行实验项目及授课内容的选择。

　　3. 加强实验项目的层次性、递进性。本书在实验设计和选择中，遵循从基础到一般、从简单到复杂的原则，既考虑了与理论教学同步，又考虑了培养学生能力循序渐进的过程。全书章节之间、实验之间既相对独立，又具有一定的梯度，编排的顺序从元器件到单元电路再到综合电路，层次分明。

　　4. 结合技术发展及学科竞赛，提升实验项目水平。本书在实验项目设计中，总结了电子技术的发展特点与需求，加入了大量集成化、模块化、数字化的技术内容，还结合校内实践教学特点，根据学生科技赛事的课题要求，进行综合性实验设计编排。如"手写绘图板设计及制作""纸张数量测量系统设计及制作""简易电路特性测试仪"等均为全国大学生电子设计竞赛的比赛题目,具有一定的代表性和可操作性,对此类项目进行深入分析与实践,可极大提高学习者综合应用基本知识的能力以及动手实践的能力。

5. 突出实验的趣味性。本书增加了自动避障小车控制系统设计及实现、**FM** 收音机设计及制作等趣味性强、学生感兴趣的实验内容,其中自动避障小车控制系统设计及实现还增加了蓝牙模块等技术教学内容。此外,本书还结合教学环境,自主设计了教学模块,既方便实践教学,又可以提升学生独立设计的学习兴趣。

6. 突出实验的操作性。本书在焊接工艺、印制电路板制作、故障调试等工艺操作性环节中,配备了详细的实际操作图片,内容具体,可操作性强,方便对于初次学习电子技术的学生和其他人员进行实践指导。

本书从实践教学角度出发,以电子工程实践为主线,介绍了电子电路设计、制作、调试以及综合实验的方法,强调电子工艺要领和操作技能,结合数字资源突出实验的趣味性与可操作性。实验项目的安排具有层次性和递进性,书中既有电子类基础知识,又有综合性实训项目,以实验为教学单元,结合技术发展与学科竞赛,重点体现学生实践实习环节,提升实验项目水平。通过本书的实验训练,学生可完成基础电子器件识别选择、电路设计及制作、综合产品焊接及调试这一完整的学习过程,并制作一些自己感兴趣的电子产品,为日后从事电子技术工作奠定扎实的基础。

本书由北京科技大学高等工程师学院电子实习基地周珂、白艳茹、刘涛、吕振、张沙沙、张攀、杨萍萍、张一豆等教师编写,并得到了"十三五"期间高等学校本科教学质量与教学改革工程建设项目和北京科技大学教材建设经费的资助,这些为全书的编写及实验模块的设计验证提供了保障。

华南理工大学吕念玲教授对本书进行了仔细的审阅,并提出了许多有益的建议,在此表示衷心的感谢。

由于编者水平有限,书中难免存在疏漏之处,恳请读者提出批评和建议,以利于我们不断修正。编者邮箱:zhouke@ustb.edu.cn。

编者
2021 年 6 月

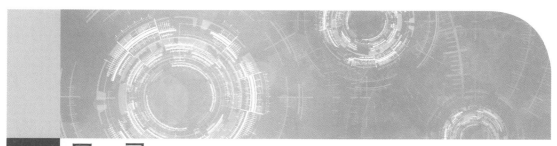

目　录

第1章

实验要求

1.1 实 验 规 则

1. 实验前必须做好充分预习,完成要求的预习任务。模拟实验可以将预习要求直接填写在本实验指导书的相关内容中。实验前教师要对学生的预习进行检查,没有预习的学生不能进行实验。

2. 使用仪器前,必须了解其性能及使用方法和注意事项。

3. 实验时认真接线,并经过检查确认无误后,才能接通电源。实验中接线、拆线时,应先关闭电源。

4. 接通电源后,应首先观察有无破坏性异常现象(如仪器设备、元器件冒烟、发烫或有异味),如果有应首先关断电源,保护现场,报告指导老师。只有在查清原因、排除故障后,才能继续做实验。在实验报告中,认真分析故障原因,并说明故障排除的方法。

5. 实验时,要遵守纪律,不迟到,不做与实验无关的事情,不动与本实验无关的仪器设备。实验时保持室内安静。

6. 实验数据测完后,先自查实验数据的对错,然后再交老师检查。实验完成后先关断仪器电源,然后再拆线,并将仪器设备恢复原状,整理好实验桌及周围环境卫生。

7. 每个学生都必须在实验结束后按要求写一份实验报告,在规定时间内统一上交。

8. 每个学生都要自觉遵守本规则,凡违背者,指导老师将立即中断其实验操作。

1.2 实验报告的编写和要求

1. 写出实验目的,简述实验内容和步骤,画出实验电路图。

2. 必须有原始记录(数据、波形、现象及所用仪器设备等),不能随意更改实验参数,要有实事求是的科学作风。

3. 对原始记录要进行必要的分析、整理,并将原始记录与预习时的理论值进行比较,分析误差原因。

4. 回答有关的实验思考题(有的思考题可以通过实验来验证)。

5. 选出体会最深、收获最大的 1 ~ 2 个实验内容(如实验中出现的故障,应分析故障原因)在实验报告中详细写明。

第 2 章

常用电子仪器的使用

2.1 函数信号发生器的使用

2.1.1 实验目的

1. 掌握函数信号发生器的基本使用方法;
2. 利用函数信号发生器进行实际测量。

2.1.2 实验器材

1. 函数信号发生器;
2. 示波器。

2.1.3 实验原理

在电子测量中,信号发生器是最基本、应用最广泛的测量仪器,它属于一种信号源,其功用如图 2.1.1 所示。信号源的功用主要包括以下三个方面:

① 激励源。作为某些电气设备的激励信号源。

② 信号仿真。在设备测量中,常需要产生模拟实际环境特性的信号,如对干扰信号进行仿真。

③ 校准源。产生一些标准信号,用于对一般信号源进行校准(或比对)。

图 2.1.1 信号源的功用

函数信号发生器可输出正弦波、方波、三角波等多种信号波形。输出电压值最大可达 20 V。通过数字键盘输入,可输出毫伏级至伏级范围内任意准确的电压。函数信号发生器的输出信号频率可以通过对应按钮和数字键盘进行调整。函数信号发生器作为信号源,它的输出端不允许短路。

通常用频率特性、输出特性和调制特性(俗称三大指标)来评价正弦信号发生器的性能,其中包括 30 余项具体指标,这里介绍几项最基本、最常用的性能指标。

(1) 频率范围

频率范围是指信号发生器所产生信号的频率范围,在该范围内的信号既可连续又可由若干段或一系列离散频率覆盖,在此范围内应满足全部误差要求。

(2) 频率准确度

频率准确度是指信号发生器度盘(或数字显示)数值与实际输出信号频率间的偏差,通常用相对误差表示为

$$\alpha = \frac{f-f_0}{f_0} = \frac{\Delta f}{f_0} \times 100\%$$ (2.1.1)

式(2.1.1)中,f_0 为标称值(度盘或数字显示数值,也称预调值),f 为输出正弦信号频率的实际值,$\Delta f = f - f_0$ 为频率绝对误差。

频率准确度实际上是输出信号频率的工作误差。用度盘读数的信号发生器的频率准确度为 ±(1% ~ 10%),精密低频信号发生器频率准确度可达 ±0.5%。

(3) 频率稳定度

频率稳定度是指在其他外界条件恒定不变的情况下,在规定时间内,信号发生器输出频率相对于预调值变化的大小。按照国家标准,频率稳定度又分为短期频率稳定度和长期频率稳定度。

短期频率稳定度定义:信号发生器经过规定的预热时间后,信号频率在任意 15 min 内所发生的最大变化,表示为

$$\delta = \frac{f_{max} - f_{min}}{f_0} \times 100\%$$ (2.1.2)

式(2.1.2)中,f_0 为预调频率,f_{max} 和 f_{min} 分别为任意 15 min 内信号频率的最大值和最小值。

长期频率稳定度定义:信号发生器经过规定的预热时间后,信号频率在任意 3 h 内所发生的最大变化,表示为

$$x \times 10^{-6} + y$$ (2.1.3)

式(2.1.3)中,x, y 是由厂家确定的性能指标值,单位为 Hz。也可以用式(2.1.2)表示频率长期稳定度。

通常,通用信号发生器的频率稳定度为 $10^{-4} \sim 10^{-2}$,用于精密测量的高精度高稳定度信号发生器的频率稳定度应为 $10^{-7} \sim 10^{-6}$ 甚至更高,而且要求频率稳定度一般应比频率准确度高 1 ~ 2 个数量级,例如,XD-2 型低频信号发生器的频率稳定度优于 0.1%,频率准确度为 ±(1% ~ 3%)甚至更高。

(4) 失真度与频谱纯度

通常,用信号失真度来评价低频信号发生器输出信号波形接近正弦波的程度,并用非线性失真系数 γ 表示为

$$\gamma = \frac{\sqrt{V_2^2 + V_3^2 + \cdots + V_n^2}}{V_1}$$ (2.1.4)

式(2.1.4)中,V_1为输出信号基波有效值,V_2,V_3,$\cdots$,V_n为各次谐波有效值。由于V_2,V_3,$\cdots$,V_n比V_1小得多,为了测量上的方便,也用下面的公式定义γ:

$$\gamma = \frac{\sqrt{V_2^2 + V_3^2 + \cdots + V_n^2}}{\sqrt{V_1^2 + V_2^2 + \cdots + V_n^2}} \times 100\% \qquad (2.1.5)$$

一般低频正弦信号发生器的失真度为 $0.1\% \sim 1\%$,高性能正弦信号发生器失真度可低于 0.005%。对于高频信号发生器,这项指标要求较低,作为工程测量用仪器,其非线性失真小于等于 5%,以眼睛观察不到明显的波形失真即可。

对于高频信号发生器的失真度,常用频谱纯度来评价,要求输出频谱纯净的信号。频谱纯度不仅要考虑高次谐波造成的非线性失真,还要考虑由非谐波干扰噪声而造成的正弦波失真。频谱纯度通常要求

$$20\lg \frac{V_s}{V_n} = (80 \sim 100)\,\text{dB} \qquad (2.1.6)$$

式(2.1.6)中,V_s是信号幅度,V_n是高次谐波及干扰噪声的幅度。

(5)输出阻抗

信号发生器的输出阻抗视其类型不同而异。低频信号发生器电压输出端的输出阻抗一般为 $600\ \Omega$(或 $1\ \text{k}\Omega$)。功率输出端依输出匹配变压器的设计而定,通常有 $50\ \Omega$、$75\ \Omega$、$150\ \Omega$、$600\ \Omega$ 和 $5\ \text{k}\Omega$ 等几挡,高频信号发生器一般仅有 $50\ \Omega$ 或 $75\ \Omega$ 挡。

当使用信号发生器时,要特别注意与负载阻抗的匹配,因为信号发生器输出电压的读数是在匹配负载的条件下标定的。若负载与信号源输出阻抗不匹配,则信号源输出电压的读数是不准确的。

(6)输出电平

输出电平指的是输出信号幅度的有效范围,即由产品标准规定的信号发生器的最大输出电压和最大输出功率在其衰减范围内所得到输出幅度的有效范围。输出幅度可用电压($\text{V},\text{mV},\mu\text{V}$)或分贝表示。在信号发生器的输出级中,一般都包括衰减器,其目的是获得从微伏级(μV)到毫伏级(mV)的小信号电压。

(7)调制特性

高频信号发生器在输出正弦波的同时,一般还能输出一种或一种以上的已被调制的信号,多数是调幅信号和调频信号,有些还带有调相和脉冲调制等功能。当调制信号由信号发生器内部产生时,称为内调制;当调制信号由外部加到信号发生器进行调制时,称为外调制。这类带有输出已调波功能的信号发生器,是测试无线电收发设备不可缺少的仪器。

2.1.4 实验操作

1. AFG1022 函数发生器面板图

AFG1022 函数发生器前面板示意图如图 2.1.2 所示。

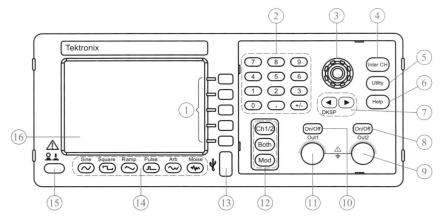

①—屏幕菜单按键;②—数字键盘;③—通用旋钮;④—通道复制功能;⑤—辅助功能;⑥—帮助功能;

⑦—箭头按键(在显示屏上选择特定的数字);⑧—通道 2 开/关按键;⑨—通道 2 输出连接器;

⑩—通道 1 开/关按键;⑪—通道 1 输出连接器;⑫—Ch1/2(通道切换),Both(同时显示),Mod(运行模式);

⑬—USB 连接器;⑭—功能按键;⑮—电源按键;⑯—屏幕。

图 2.1.2   AFG1022 函数发生器前面板示意图

2. 输出显示正弦波

信号发生器输出频率为 10 kHz,幅值为 1.0 V 的正弦波,并在示波器中显示该波形。 如图 2.1.3 所示,实验步骤如下:

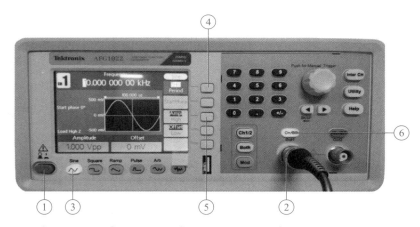

①—电源开关;②—通道输出;③—正弦(Sine)按键;④—频率(Freq)按键;

⑤—幅度(Amp)按键;⑥—On/Off(通道开/关)按键。

图 2.1.3   操作显示介绍

(1) 连接函数发生器电源线,并按下前面板电源开关①以打开仪器。

(2) 用 BNC 电缆将函数发生器的通道输出②连接到示波器输入端。

(3) 按下函数发生器前面板的正弦(Sine)按键③,该按钮应该亮起。

(4) 按下屏幕显示区中的频率(Freq)对应的按键④,此时应为高亮白框,然后使用数字按键分别输入"1""0",最后选择单位"kHz"。

（5）同样的方法选择幅度（Amp）对应按
键⑤，并设置幅值为 1.0 V。

（6）按下前面板 On/Off（通道开/关）按
键⑥，保证该按键亮起才会有信号输出。

（7）使用示波器自动定标功能显示出正
弦波形，如图 2.1.4 所示。

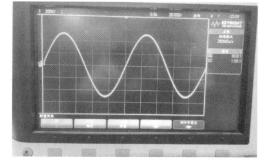

图 2.1.4　示波器波形显示

3. 函数发生器输出状态调整

如果使用示波器显示的波形幅值与函数发生器设置的信号幅值不一致，而是存在倍数
的关系，则可以进行如下调节：

（1）按下前面板辅助功能（Utility）按键①，如图 2.1.5 所示。

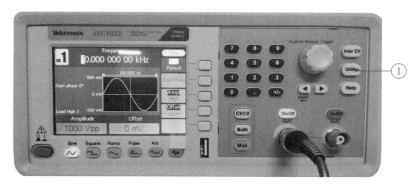

①—辅助功能（Utility）按键。

图 2.1.5　Utility 菜单键显示

（2）函数发生器前面板屏幕显示辅助功能（Utility）菜单如图 2.1.6 所示，按下 Output
Setup 对应的按键②。

②—Output Setup 对应的按键。

图 2.1.6　函数发生器前面板屏幕显示辅助功能（Utility）菜单

（3）调节 CH1 负载（CH1Load）或 CH2 负载（CH2Load）对应按键③，切换 50 Ω 和 High Z（高阻）状态，如图 2.1.7 所示。在高阻的输出状态下，示波器显示波形参数与函数发生器一致；而在 50 Ω 的输出状态下，示波器输出幅值翻倍，实验时可根据需要进行调整。

③—切换 CH2 负载。

图 2.1.7　高阻输出设置

4. 仪器复位

仪器使用完后，首先关闭电源。将信号线从仪器上拆下，为了防止信号短路，可将信号线的红夹子夹在黑夹子线外皮上。

2.1.5 实验总结

1. 整理实验数据。
2. 思考题：使用信号发生器时，测试线上的红夹子能与黑夹子相接吗？为什么？
3. 思考题：函数信号发生器正弦交流电压显示的是有效值还是峰值？信号发生器方波电压显示的是峰–峰值还是峰值？

2.2　示波器的使用

2.2.1 实验目的

1. 了解示波器的工作原理；
2. 掌握示波器的正确使用方法。

2.2.2 实验器材

1. 双踪示波器 2 台；

2. 函数信号发生器 2 台；

3. 直流稳压电源 1 台。

2.2.3 实验原理

在模拟电子电路实验中,经常使用的电子仪器有示波器、函数信号发生器、直流稳压电源等,它们可以完成对模拟电子电路的静态和动态工作情况的测试。

在实验中,各种电子仪器要综合使用,可按照信号流向,以连线简捷、调节顺手、观察及读取参数方便等为原则进行合理布局,各仪器与被测实验装置之间的布局与连接如图 2.2.1 所示。接线时应注意,为防止外界干扰,各仪器的公共接地端应连接在一起,称共地。信号源和交流毫伏表的引线通常用屏蔽线或专用电缆线,示波器接线使用专用电缆线,直流电源接线用普通导线。

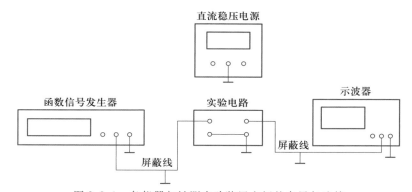

图 2.2.1　各仪器与被测实验装置之间的布局与连接

1. 示波器的组成

现代数字示波器主要由以下 5 个主要部分组成:

(1) 放大器和衰减器(vertical pre-amp/attenuator):信号通过探头或者测试电缆进入示波器内部后,首先经过的是放大器和衰减器。它们会决定数字示波器最关键的指标——带宽。示波器带宽的单位为 Hz,通常所说的示波器的硬件带宽就是指数字示波器前端这些模拟电路组成的系统的带宽,它决定该示波器能够测量到的最高的信号频率范围。

(2) 模数转换器(analog to digital converter, ADC):通过前端的放大器和衰减器把信号调整到合适的幅度后,就进入数字示波器的数字化环节。数字化的过程是通过 ADC(模数转换器)完成的,数字示波器以很高的采样率对被测信号进行采样(或称取样、抽样),把输入的连续变化的电压信号转换成一个个离散的数字化样点。数字示波器对被测信号进行模数转换的最高速率称为采样率,这是数字示波器除带宽外的第二个关键指标,其单位为 S/s(sample/s,即每秒可以采样多少个样点),它决定了该示波器是否可以对输入的高频信号进行足够充分的采样。

（3）存储器（memory）：数字示波器在 ADC 后面都有高速缓存，用来临时存储采样的数据，这些缓存有时也称为数字示波器的内存。缓存的大小通常称为内存深度，是数字示波器的第三个关键指标，其单位是 sample，即样点数，它决定了示波器一次连续采集所能采到的最大样点数。

（4）波形重建（waveform reconstruction）：数字示波器先把一段数据采集到其高速缓存中，然后停止采集，再由后面的处理器将缓存中的数据取出进行内插、分析、测量、显示。

（5）波形显示（display）：数据经过处理器处理后，最终要显示在示波器的屏幕上才能被人眼看到。数字示波器的显示屏幕可以采用传统的 CRT 显示屏或者液晶显示屏。

2. 示波器探头

示波器探头是在一个测试点或信号源和一台示波器之间做的物理及电路的连接，其主要作用是把被测的电压信号从测量点引到示波器进行测量。常见的示波器探头有四种：无源探头、有源探头、差分探头和电流探头。

（1）无源探头

衰减无源电压探头是最常用的探头，常见的无源探头带宽都在 500 MHz 以下，大部分的中低端示波器都会标配两支或者四支无源探头，如图 2.2.2 所示。它是一种非常方便、价格相对便宜的探头。高压探头和传输线探头也是属于无源探头的范畴。

（2）有源探头

有源探头输入阻抗高，带宽也可以做到很高。有源探头的不利条件是成本高，尺寸大，也需要电源进行供电，如图 2.2.3 所示。

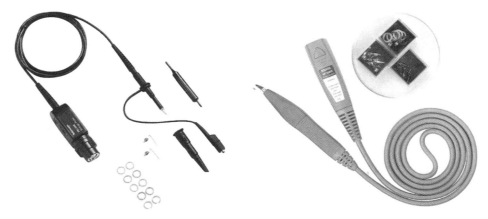

图 2.2.2　无源探头　　　　　　　　图 2.2.3　有源探头

（3）差分探头

差分探头分为有源差分探头和高压差分探头。测试高速信号，特别是差分信号时，只能使用对应的有源差分探头来测试。有源差分探头具有低的负载效应，高的信号保真度，高动态范围以及极微小的温漂等特点。而在很多高压信号的测试上，一般使用高压差分探头测试,如图 2.2.4 所示。

（4）电流探头

用示波器来测试电流就会用到电流探头,常用的电流探头是利用霍尔原理来制作的,如图 2.2.5 所示。它通过测量电路周围磁场的变化来获得电流信号。在选择电流探头时应注意几个主要参数:待测物电流大小、电流频率、交流还是直流、钳口的形状和大小、供电方式、接口形式等。

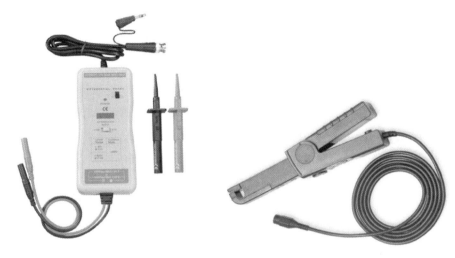

图 2.2.4　高压差分探头　　　　　图 2.2.5　电流探头

选用探头时,首先要了解探头对测试的影响,包括探头对被测电路的影响,以及探头造成的信号失真。理想的探头应该是对被测电路没有任何影响,同时不造成任何信号失真的。但实际中没有真正的探头能同时满足这两个条件,通常都需要在这两个参数间做一些折衷。

为了考量探头对测量的影响,通常可以把探头模型简单等效为一个 R、L、C 的模型,把这个模型与被测电路放在一起分析,探头等效电路如图 2.2.6 所示。

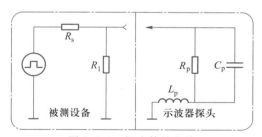

图 2.2.6　探头等效电路

① 探头本身有输入电阻。和万用表测电压的原理一样,为了尽可能减少对被测电路的影响,要求探头本身的输入电阻 R_p 要尽可能大。但由于 R_p 不可能做到无穷大,所以就会和被测电路产生分压,实际测到的电压可能不是探头点上之前的真实电压,这在一些电源或放大器电路的测试中会经常遇到。为了避免探头电阻负载造成的影响,一般要求 R_p 大于 R_s 和 R_l 的 10 倍以上。大部分探头的输入阻抗在几十千欧到几十兆欧之间。

② 探头本身有输入电容。这个电容不是刻意做进去的,而是探头的寄生电容。这个寄生电容也是影响探头带宽的最重要因素,因为这个电容会衰减高频成分,把信号的上升沿变缓。通常高带宽的探头的寄生电容都比较小。理想情况下 C_p 应该为 0,但是实际做不到。一般无源探头的输入电容在 10 pF 至几百皮法之间,带宽高些的有源探头输入电容一般在 0.2 pF 至几皮法之间。

③ 探头输入端会受到电感的影响。探头输入端的电感经常被忽视,尤其是在高频测量的时候。探头和被测电路间会有一段导线连接,同时信号的回流还要经过探头的地线,通常 1 mm 探头的地线会有大约 1 nH 的电感。信号和地线越长,电感值越大。探头的寄生电感和寄生电容组成了谐振回路,当电感值太大时,在输入信号的激励下就有可能产生高频谐振,造成信号的失真。所以高频测量时需要严格控制信号和地线的长度,否则很容易产生振铃。

使用示波器时,需要对示波器测量通道的耦合方式和输入阻抗进行设置,耦合方式有 AC 和 DC 两种,输入阻抗有 1 MΩ 和 50 Ω 两种。示波器的探头种类很多,但是示波器的匹配永远只有 1 MΩ 或 50 Ω 两种选择,不同种类的探头需要不同的电阻与之匹配。

2.2.4 实验操作

1. 示波器基本介绍

示波器的产品种类很多,本书以 DPO-2012B 双踪示波器为例,简单介绍其性能以及基本操作。DPO-2012B 双踪示波器的主要性能包括 100 MHz 带宽,2 个模拟通道和 16 个数字通道,所有模拟通道采样率高达 1 GS/s,所有通道记录长度均为 1 兆点,波形捕获速率为每秒 5 000 个波形。DPO-2012B 示波器实物图如图 2.2.7 所示。

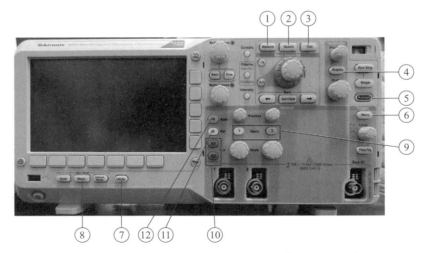

①—测量;②—搜索;③—测试;④—采集;⑤—自动设置;⑥—触发菜单;⑦—辅助;
⑧—保存/调出菜单;⑨—通道 1 或 2 菜单;⑩—B1 或 B2;⑪—R;⑫—M。

图 2.2.7　DPO-2012B 示波器实物图

DPO-2012B 示波器菜单按键说明如下：

① Measure(测量)。按此按键对波形执行自动测量或配置光标。

② Search(搜索)。按此按键在捕获数据中搜索用户定义的事件/标准。

③ Test(测试)。按此按键可以激活高级的或专门应用的测试功能。

④ Acquire(采集)。按此按键可以设置采集模式并调整记录长度。

⑤ Autoset(自动设置)。按此按键可以对示波器设置执行自动设置。

⑥ Trigger Menu(触发菜单)。按此按键可以指定触发设置。

⑦ Utility(辅助)。按此按键可以激活系统辅助功能,如选择语言或设置日期/时间。

⑧ Save/Recal1(保存/调出)菜单。按此按键可保存和调出内部存储器或 USB 闪存驱动器内的设置、波形和屏幕图像。

⑨ 通道 1 或 2 菜单。按此按键即可以设置输入波形的垂直参数,并在显示器上显示或删除相应的波形。

⑩ B1 或 B2。如果有对应的模块应用密钥,则按此按键即可定义和显示串行总线。DPO2AUTO 模块支持 CAN 和 LIN 总线。DPO2EMBD 模块支持 I^2C 和 SPI 总线。DPO2COMP 模块支持 RS-232、RS-422、RS-485 和 UART 总线。另外,按 B1 或 B2 按键可以显示总线或删除所显示的相应总线。

⑪ R。按此按键可以管理基准波形,包括显示每个基准波形或删除所显示的基准波形。

⑫ M。按此按键可以管理数据波形,包括显示数据波形或删除所显示的数据波形。

2. 示波器自校准与探头补偿

示波器使用前需要进行自校准,以及对无源探头进行补偿调节,使探头匹配输入通道。首次操作仪器或同时显示多个通道数据时,需要在垂直和水平方向上校准数据,以使时基、幅度和位置同步。自校准操作步骤如下：

(1) 自校准

A. 打开电源开关,待出现扫描线后,调节聚焦控制,使扫描线最细,示波器不要接任何信号线。

B. 按下 Utility 按键①,屏幕出现如图 2.2.8 所示垂直菜单,按下"辅助功能页面"对应按键②,使用通用旋钮 a(图中③),选中"校准"选项。

C. 按下垂直菜单中"信号路径"按键④,再按下屏幕右下角"OK 补偿信号路径"按键,等待校准过程自动运行。

D. 校准通过后,按 Menu Off 按键⑤清除屏幕。

(2) 探头补偿

A. 将示波器信号源端连接到通道 1 或 2,如图 2.2.9 所示,示波器探头置于探头补偿端子②处,接地端置于①处,然后按下 Autoset 按键③,屏幕中将会有方波显示。

B. 如果屏幕中所显示方波有失真,可使用调节棒①对探头的补偿电容调节孔②进行旋转调节,直到显示出正常波形为止,如图 2.2.10 所示。

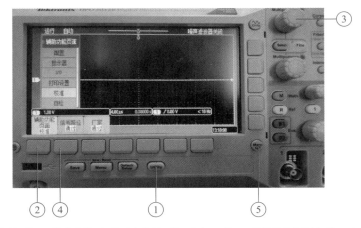

①—Utility 按键;②—"辅助功能页面"对应按键;③—旋钮 a;④—"信号路径"按键;⑤—Menu Off 按键。

图 2.2.8　示波器自校准示意图

①—插孔;②—探头补偿端子;③—Autoset 按键。

图 2.2.9　示波器探头补偿示意图

3. 单通道跟踪显示

（1）采集信号

使用 DPO-2012B 示波器采集函数发生器产生的正弦波形（频率为 10 kHz,幅值为 1.0 V）,使用前面板按键和旋钮设置示波器通过模拟通道采集信号,操作步骤如下:

A. 连接电源线,并按下前面板电源开关以打开仪器。将探头一端连接到示波器输入信号端,另一端连接信号发生器的输出线端子。

B. 在信号发生器面板设置输出正弦波形（频率为 10 kHz,幅值为 1.0 V）,注意不要忘记

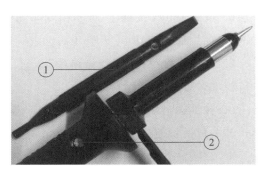

①—调节棒;②—补偿电容调节孔。

图 2.2.10　探头补偿电容调节示意图

按下信号发生器相应通道开/关按钮,否则,示波器中将不会有波形显示。

C. 按下示波器前面板按键①,如图 2.2.11 所示,选择通道 1,设置为耦合、DC、反相、关闭、带宽、全带宽、探头设置、1X 等。(说明:探头默认设置为 10X)

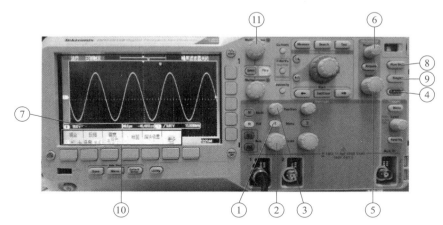

①—示波器前面板按键;②—垂直标度旋钮;③—垂直位置旋钮;④—自动设置按键;⑤—水平标度旋钮;
⑥—水平位置旋钮;⑦—通道 1 读数;⑧—"运行/停止"按键;⑨—"单次"按键;⑩—指定波形的垂直菜单;⑪—通用旋钮 a。

图 2.2.11　采集波形步骤操作

D. 按下 Autoset(自动设置)按键④。"自动设置"将自动调整水平、垂直和触发参数,以提供有用的相关信号的显示。

(2)使用垂直控件

A. 调整垂直标度,左右旋转前面板垂直标度旋钮②,并观察显示如何变化。另请注意,显示器左下方的通道 1 读数⑦显示当前的 V/div 设置。

B. 调整垂直位置,左右旋转前面板垂直位置旋钮③,并观察显示如何变化。调整该旋钮将波形显示居中。

(3)使用水平控件

A. 调整水平标度,左右旋转前面板水平标度旋钮⑤,并观察显示如何变化。注意,水平读数表示当前 t/div 设置。水平读数确定采集窗口相对于波形的大小。可以调整窗口的比例,以包含波形边沿、一个周期、几个周期或数千个周期。

B. 调整水平位置,左右旋转前面板水平位置旋钮⑥,并观察显示如何变化。请注意,这会影响触发位置图标。将触发位置图标返回到中心屏幕。水平位置确定预触发采样和触发后采样的数量。

(4)使用运行/停止控件

A. 按下"运行/停止"按键⑧,这会停止采集,并显示最后采集到的波形。

B. 按下"单次"按键⑨可令示波器在采集到一个单独的波形后停止。

C. 再次按下"运行/停止"按键⑧将重新启动采集。

（5）垂直菜单

A. 按下示波器前面板按键①，选择通道 1，调出指定波形的垂直菜单⑩，该垂直菜单只影响所选择的波形，再次按前面板按键①可以取消垂直菜单。

B. 反复按屏幕下方"耦合"对应按键，选择要使用的耦合。使用直流耦合 DC 通过交流和直流分量。使用交流耦合 AC 阻碍直流分量，仅显示交流分量，并不会显示直流偏置。使用"接地"显示基准电位。

C. 按"探头设置"定义探头参数，使用通用旋钮 a(图中⑪)设置衰减与探头匹配。示波器默认设置 10∶1 的衰减比，按需要调节探头比。

4. 测量波形参数

（1）按下 Measure(测量)键①，如图 2.2.12 所示，屏幕中会显示测量的垂直菜单。

（2）在垂直菜单中按"添加测量"下方按键。

（3）旋转多功能旋钮 a(图中②)选择需要测量的参数，如频率或幅值，然后按屏幕右下角"执行添加测量"。如果需要，可旋转多功能旋钮 b(图中③)选择要测量的通道。添加测量的参数值显示如图中④。

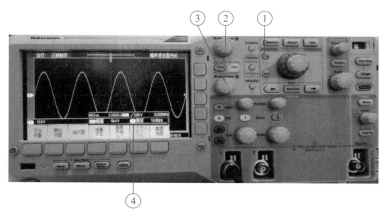

①—测量键;②—多功能旋钮 a;③—多功能旋钮 b;④—参数值显示。

图 2.2.12　测量功能的设置

（4）要删除测量，按"删除测量"，再在屏幕右侧删除相应测量项。

5. 仪器复位

测试完毕后，关闭电源开关，将信号线取下，将仪器归位。

2.2.5 实验总结

1. 整理实验数据，通过实验说明示波器自校准的方法和作用。

2. 思考题1:示波器上的信号测试线(同轴电缆)上黑夹子和红夹子在测试信号时能否交换使用? 黑夹子能与函数信号发生器的红夹子相接么? 为什么?

3. 思考题2:当用示波器测"CAL"的波形时,Y轴输入耦合方式选"DC"挡与"AC"挡的波形显示有什么不同? 为什么?

2.3 万用表的使用

2.3.1 实验目的

1. 掌握数字式万用表的使用方法;
2. 能够处理万用表的简单故障。

2.3.2 实验器材

UT39C+数字式万用表1台。

2.3.3 实验原理

万用表又叫多用表、三用表、复用表,是一种多功能、多量程的测量仪表,一般万用表可测量直流电流、直流电压、交流电流、交流电压、电阻和音频电平等,有的还可以测量电容量、电感量及半导体的一些参数(如 β)。

1. 数字式万用表介绍

(1) 表头

数字式万用表的表头一般由"A/D(模拟/数字)转换芯片"+"外围元件"+"液晶显示器"组成。万用表的精度受表头芯片的影响,它的准确度是测量结果中系统误差和随机误差的综合,表示测量值与真值的一致程度,也反映测量误差的大小。一般准确度越高,测量误差就越小。

根据 A/D 转换芯片转换出来的数字精度,数字式万用表可分为3位半数字式万用表、4位半数字式万用表等。最常用的芯片是 ICL7106(3位半 LCD 手动量程经典芯片,后续版本为7106A,7106B,7206,7240 等),ICL7129(4位半 LCD 手动量程经典芯片),ICL7107(3位半 LED 手动量程经典芯片)。

位数是指数字式万用表可以显示的位数,一个3位半的表,可以显示三个从0到9的全数字位,和一个半位(只显示1或没有显示)。一般3位半的数字式万用表可以达到1 999字的分辨率。一块4位半的数字式万用表可以达到19 999字的分辨率。随着技术的提升,目前 3 位半数字式万用表的分辨率已经提高到 3 200 或 4 000 字,但价格也随之提高。例如,一个 1 999 字的数字式万用表,在测量大于 200 V 的电压时,不可能显示到 0.1 V。而 3 200 字的数字式万用表在测 320 V 的电压时,仍可显示到 0.1 V。当被测电压高于 320 V,而又要达到 0.1 V 的分辨率时,就要用价格贵一些的 20 000 字的数字式万用表。

（2）选择开关

数字式万用表一般包含一个多挡位的旋转开关以及晶体管 hFE 测量孔。旋转开关用来选择测量项目和量程,一般测量项目包括:"mA"直流电流、"V(–)"直流电压、"V(~)"交流电压、"Ω"电阻。每个测量项目又划分为几个不同的量程以供选择。不同的数字式万用表由于价格不同,提供的测量项目也有差别,使用前应详细了解本型号万用表的使用说明。

（3）表笔和表笔插孔

数字式万用表包含红、黑表笔各一支。根据测量内容不同,插孔亦不同。在测量电阻、电压时,应将红表笔插入 V/Ω 插孔,将黑表笔插入 COM 插孔。测量电流时将黑表笔插入 COM 插孔,当测量最大值为毫安级电流时,红表笔插入 mA 插孔;当测量最大值为安培级电流时,红表笔插入 10 A 插孔(不同数字式万用表的安培插孔标示数值可能不同,如标示 20 A,但均用来测量安培量)。

2. UT39C+万用表基本特点

UT39C+系列是一款便携式万用表,产品采用新一代智能 ADC 芯片,具有测量过压、过流报警提示,电路配备完善的防高压误测装置;符合安规 CATIII600V/CATII1000V 要求,是商业、工业电工界优先选择的数字式万用表,其外观结构见图 2.3.1,基本特点如下:

（1）大屏 LCD,4000 字模数显示,快速 ADC 模数转换器(每秒 3 次);

（2）全功能误测保护,最大可承受 1 000 V 过电压冲击,并设置有过压、过流报警提示;

（3）大容量电容扩展量程,测量响应读数快,尤其是电容挡比较同类产品不大于 10 mF 时,响应时间约为 6 s 内;

（4）产品 Continuity 通断测量、NCV 非接触测量,同步配置"声光"提示功能;

（5）可测量高达 DC1000 V,AC750 V,10 A 的交流电压、直流电压和电流。

①—LCD 显示屏;②—功能按键;③—晶体管测量四脚插孔;
④—声光报警指示灯;⑤—量程开关;⑥—COM 输入端;
⑦—10A 电流输入端;⑧—其余测量输入端。

图 2.3.1　UT39C+万用表外观结构

3. UT39C+万用表的基本技术指标

UT39C+万用表的基本技术指标见表 2.3.1。

表 2.3.1 基本技术指标

基本功能	量程	基本精度
直流电压	400 mV/4 V/40 V/400 V/1 000 V	±(0.7% +3)
交流电压	4 V/40 V/400 V/750 V	±(1.0% +3)
直流电流	400 μA/400 mA/10 A	±(0.8% +3)
交流电流	4 mA/400 mA/10 A	±(1.0% +2)
电阻	400 Ω/4 kΩ/40 kΩ/400 kΩ/4 MΩ/40 MΩ	±(0.8% +2)
电容	4 nF/40 nF/400 nF/4 μF/40 μF/400 μF/4 mF/10 mF	±(4.0% +5)
频率	1 MHz	±(0.1% +4)
摄氏温度	−40 ~ 1 000 ℃	±(1.0% +4)
华氏温度	−40 ~ 1 832 ℉	±(1.5% +5)

2.3.4 实验操作

使用前首先确保产品已安装电池,仪表开机后如果电量不足,显示屏上将会显示"▭▭▯"符号。为保证测试精度,须及时更换电池后再使用。还要特别注意测试笔插口旁警示符号"⚠",这是警示被测试电压或电流不要超出指示的数值。

1. 电压测量

(1)将功能量程开关拨到直流或交流电压挡位上,如图 2.3.2 所示。

(2)将红表笔插入"VΩmA"插孔,黑表笔插入"COM"插孔,并将两只表笔笔尖分别接触所测电压的两端(并联到负载上)进行测量。

(3)从显示屏上读取测试结果。

(4)注意事项:

① 不要测量有效值高于 1 000 V 的电压,测量更高的电压可能会损坏仪表。在测量之前如果不知道被测电压的范围,应将开关量程置于最高挡位,然后根据实际读数需要逐步降低测量挡位(当 LCD 显示 OL 时,说明已超量程,需要调高量程)。每个量程挡的输入阻抗均为 100 MΩ,这种负载效应在测量高阻电路时会引起测量误差,如果被测电阻阻抗不大于 10 kΩ,误差可以忽略。

② 在测量高电压时,要特别注意安全,避免触电。

图 2.3.2 万用表测量电压

③ 在使用前可以测试已知电压,以确认万用表是否正常工作。

2. 电阻测量

(1)将功能量程开关拨到电阻测量挡位上,如图 2.3.3 所示。

(2)将红表笔插入"VΩmA"插孔,黑表笔插入"COM"插孔,并将两只表笔笔尖分别接触所测电阻的两端(与被测电阻并联)进行测量。

(3)从显示屏上读取测试结果。

(4)注意事项:

① 当在线测量电阻时,为避免仪器损坏,在测量前必须先将被测电路内所有的电源关断,并将所有电容器上的残余电荷放尽,才能进行测量。

② 表笔短路时的电阻值不小于 0.5 Ω 时,应检查表笔是否松脱或存在其他异常。

③ 被测电阻开路或阻值超过仪表量程时,显示屏将显示"OL"。

④ 在低阻测量时,测量表笔会使引线带有 0.1 Ω ~ 0.2 Ω 的电阻测量误差,为了获取精确的数值,请使用相交测量功能(在 400 Ω 挡)测量,仪表将自动减去表笔电阻。

⑤ 测量高阻时,需要数秒时间后方能稳定读数。

⑥ 输入不要高于直流 60 V 或交流 30 V。

3. 电路通断测量

(1)将功能量程开关拨到电路通断测量挡位上,如图 2.3.3 所示。

(2)将红表笔插入"VΩmA"插孔,黑表笔插入"COM"插孔,并将两只表笔笔尖分别接触被测量的两个端点进行测量。

(3)如果被测两个端点之间电阻大于 51 Ω,认为电路断路,蜂鸣器无声;被测两个端点之间电阻不大于 10 Ω,则认为电路导通性良好,蜂鸣器连续蜂鸣发声的同时,伴有红色 LED 发光指示。

(4)注意事项:

当在线测量电路通断时,为避免仪器损坏和伤及操作者,在测量前必须先将被测电路内所有的电源关断,并将所有电容器上的残余电荷放尽,才能进行测量。

4. 二极管测量

(1)将功能量程开关拨到二极管测量挡位上,如图 2.3.3 所示。

(2)将红表笔插入"VΩmA"插孔,黑表笔插入"COM"插孔,并将两只表笔笔尖分别接触 PN 结的两个端点。

(3)被测二极管开路或极性反接时,将会显示"OL"。对硅 PN 结而言,一般 500 ~ 800 mV(0.5 ~ 0.8 V)为正常值。

(4)注意事项:

①　当在线测量 PN 结时,为避免仪器损坏,在测量前必须先将被测电路内所有的电源关断,并将所有电容器上的残余电荷放尽,才能进行测量。

②　UT39C+二极管测试电压范围约为 4.0 V/1.4 mA。

③　UT39A+二极管测试电压范围约为 2.2 V/0.7 mA。

5. 晶体管放大倍数测量(hFE)

(1)　将功能/量程开关置于"hFE",如图 2.3.3 所示。

(2)　将待测晶体管(PNP 或 NPN 型)的基极(b)、发射极(e)、集电极(c)对应插入四脚测试座,显示器上即显示被测晶体管的 hFE 近似值。

6. 电容测量

(1)　将功能量程开关拨到电容测量挡位上,如图 2.3.4 所示。

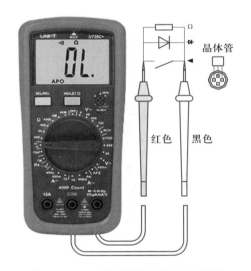
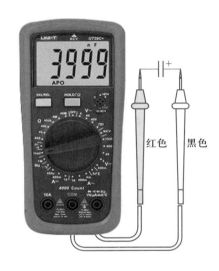

图 2.3.3　万用表测量电阻、电路通断、
二极管、晶体管放大倍数

图 2.3.4　用万用表测电容

(2)　将红表笔插入"VΩmA"插孔,黑表笔插入"COM"插孔,将两只表笔笔尖分别接触被测电容的两个端点。

(3)　从显示屏上读取测试结果。在无输入时仪表会显示一个固定读数,此数为仪表内部固有的电容值。对于小容量电容的测量,被测量值一定要减去此值,才能确保测量精度。为此小容量电容的测量请使用相对测量功能(REL)测量(仪表将自动减去内部固定值,方便测量读数)。

(4)　注意事项:

①　如果被测电容短路或容值超过仪表的最大最程,显示屏将显示"OL"。

②　对于大容量电容的测量,需要数秒时间后才能稳定读数。

③ 测试前必须将电容上的残余电荷放尽才能进行测量。这一点对带有高压的电容尤为重要,以防损坏仪表和造成人身伤害。

7. 频率测量

(1)将功能量程开关拨到频率 Hz 测量挡位上,如图 2.3.5 所示。

(2)将红表笔插入"VΩmA"插孔,黑表笔插入"COM"插孔,将两只表笔笔尖分别接触被测信号源的两个端点。

(3)从显示屏上读取测试结果。

(4)注意事项:

① 在无输入时,因工频电场场强的影响,仪表可能会显示一个固定的 50 Hz 或 60 Hz 读数,但对实际测量精度无影响。

② 输入不要高于直流 60 V 或交流 30 V。

8. 电流测量

(1)将功能量程开关拨到直流(交流)电流挡位上,如图 2.3.6 所示。

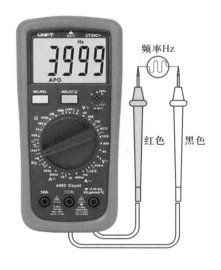

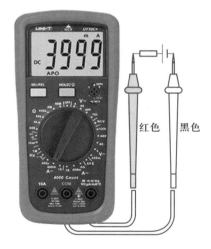

图 2.3.5　用万用表测量频率　　　　图 2.3.6　万用表测量电流

(2)将红表笔插入"VΩmA"插孔,黑表笔插入"COM"插孔,并将表笔串联到待测量的电源或者电路中。

(3)从显示屏上读取测试结果。

(4)注意事项:

① 在仪表串联到待测回路之前,必须先将回路中的电源关闭,并认真检查输入端子及其量程开关位置是否正确,确认无误后方可通电测量。

② 在未知被测电流的范围大小的情况下,应将量程开关置于最大挡位测量,然后再根

据实际读数需要逐步调低挡位。

③ "VΩmA" "10 A" 输入孔输入过载时,会将内置保险丝熔断,须予更换;

VΩmA 插孔保险丝电气规格:Fuse 0.5 A/250 V,Φ5×20 mm;

10 A 插孔保险丝电气规格:Fuse 10 A/250 V,Φ5×20 mm。

④ 电流挡测试时,切勿把表笔并联到电压电路上,避免损坏仪表和危及人身安全。

⑤ 当测量电流接近 10 A 时,每次测量时间应小于 10 s,时间间隔应大于 15 min。

9. 温度测量(摄氏/华氏测温)

(1)将功能量程开关拨到温度测量挡位上,如图 2.3.7 所示。

(2)将 K 型热电偶的插头插到仪表上,探头感温端固定到待测物体上,待数值稳定后读取显示屏上的温度值。

(3)注意事项:

开机显示"OL",仅适用 K 型(镍铬-镍硅)热电偶,适用于 250 ℃/480 ℉ 以下温度的测量。$T\,℉=(1.8t+32)℃$,T 为华氏温度数,t 为摄氏温度数。

10. 非接触交流电场感测

(1)感测空间是否存在交流电压或电磁场,将功能量程开关拨到(NCV)挡位上,如图 2.3.8 所示。

图 2.3.7　万用表测量温度

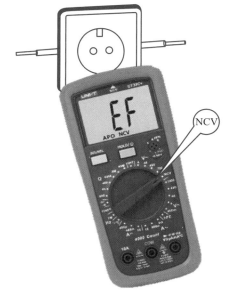

图 2.3.8　万用表非接触交流电场感测

(2)将仪表的前端靠近被测物体进行感应探测,当电场电压大于 100 V 时,LCD 以笔段指示电场感测的强度,分 5 个等级显示横段"—",横段越多(最多 4 段),电场强度越大;同时蜂鸣器发出滴滴声,红色 LED 也闪烁,随着测量电场的强弱,蜂鸣器、红色 LED 会同步改变发声与发光闪烁的频率。电场强度越大,蜂鸣的频率和 LED 闪烁的频率越高。

（3）笔段指示电场感测的强度示意图：

① 电场强度在 0～50 mV 时,LCD 显示"EF";

② 电场强度在 50～100 mV 时,LCD 显示"—";

③ 电场强度在 100～150 mV 时,LCD 显示"——"。

2.3.5　实验总结

1. 整理和记录实验数据,分析实验结果。

2. 在使用万用表测量前一定要先检查测量挡位是否正确。使用完毕,将测量选择置于交流 750 V 或者直流 1 000 V 处,以保证下次测量时不会引起数字式万用表的损坏。

3. 不要在电流挡、电阻挡、二极管挡和蜂鸣器挡测量电压。仪表在测试时,不能旋转功能转换开关,特别是高电压和大电流时。

2.4　功率分析仪的使用

2.4.1　实验目的

掌握功率分析仪的使用方法。

2.4.2　实验器材

PA1000 功率分析仪 1 台。

2.4.3　实验原理

功率分析仪是一种测量用电功率和其他电参数的一种仪器,也称电参数分析仪,除功率之外,也可以检测电压、电流、功率因数等电性能参数。

功率分析仪硬件结构上主要由电压/电流采样电路、微处理器运算电路、显示/键盘电路、USB/RS232C/RS485 通信电路、PC 端软件、电源电路组成。采样电路分为电压采样和电流采样部分,电压采样通常采用电阻降压采样,电流采样采用电流互感器 CT 隔离采样,采样电路部分包括:信号放大、自动量程处理、抗混叠低通滤波电路、模数转换器等,实现对输入的交流信号进行量化采样,然后经微处理器运算电路进行数字运算处理,并把测量数据显示在面板上。

　　针对不同的电压范围,测试时可以选用不同的量程,以获得最好的分辨率。量程的转换通常是分析仪自动转换的,称为自动量程。

1. PA1000 功率分析仪

　　PA1000 可以精确测量单相电源及所有交流供电产品,在性能指标上可以提供 0.05% 的高测量精度(基本电压/电流精度),1 MHz 带宽和 1 MS/s 的采样率,高达 600 V 的电压有效值输入,以及 20 A 电流有效值输入。PA1000 前面板示意图如图 2.4.1 所示。

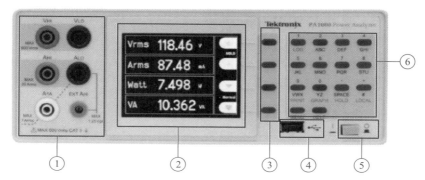

①—输入橡胶插孔;②—显示面板;③—软键;④—USB 连接;⑤—电源开关;⑥—字母数字键盘。

图 2.4.1　PA1000 前面板示意图

图中各部分功能如下:
① 输入橡胶插孔,为了安全操作,请仅使用仪器随附的测试导线组。
② 显示面板,测量参数显示以及实时波形图显示分析。
③ 软键,控制出现在仪器显示屏上的特定于屏幕的功能。
④ USB 连接,将数据保存到闪存驱动器。
⑤ 电源开关,打开仪器电源。
⑥ 字母数字键盘,输入字母数字信息并执行诸如显示图形之类的功能。

2. 主要特点

(1) 测量功率、电压、电流和功率因数等参数。
(2) 测量范围从毫瓦到兆瓦,可快速访问结果、图形和菜单。
(3) 内置能量分析仪(瓦特小时积分器),用于测量一段时间内的能耗。
(4) 内置 20 A 和 1 A 分流器,可测量宽动态范围的电流。
(5) 待机功率测量模式可实现快速准确的低功率测量。

2.4.4 实验操作

　　在交流电源的激励下,完成 220 Ω 电阻负载上,电流有效值、电压有效值、功率、电阻值的测量以及波形的显示。

1. 接通电源,PA1000 前面板显示初始状态,如图 2.4.2 所示。

2. 接线,按照图 2.4.3 的接线方式,实现线路的连接。测量之前,交流电源切断。仔细检查线路连接,确认无误后,接通电源。

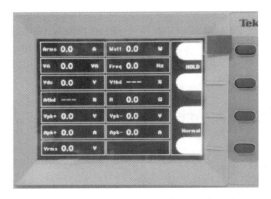

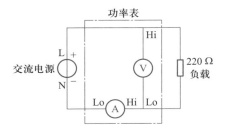

图 2.4.2 PA1000 前面板显示初始状态　　　　图 2.4.3 典型测量接线方式

3. 测量,按下菜单键(menu),选择 Mode,设置成 Normal,进行常规测量。接着按下测量键,添加所要测量的物理量,确认,测量结果面板显示如图 2.4.4 所示。

4. 波形显示,按下菜单键,选择 Graphs,选择 Waveform graph,将显示电压、电流和功率波形,如图 2.4.5 所示。图表的比例会根据所选范围和比例自动设置。使用 YZ 键在图形显示和数字显示之间切换。

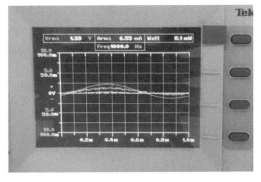

图 2.4.4 测量结果面板显示　　　　　　图 2.4.5 波形显示

2.4.5 实验总结

1. 整理和记录实验数据,分析实验结果。

2. 注意不要用手接触金属部分,负载测量时放置在实验台上。

3. 多次检查搭接线路,正确无误后,方可上电。

2.5 精密 LCR 表的使用

2.5.1 实验目的

1. 掌握 LCR 表的基本使用方法;
2. 利用 LCR 表进行实际测量。

2.5.2 实验器材

E4980AL 精密 LCR 表。

2.5.3 实验原理

LCR 表是用于测量分立元器件本征参数的专用测量工具,L 指电感,C 指电容,R 指电阻。它一般需要电路在断电情况下进行测量。因为是专用仪表,所以测量精度高,准确性强。

根据待检测元器件实际使用的条件和组合上的差别,LCR 表设有两种检测模式:串联模式和并联模式。串联模式以检测元器件的阻抗 Z 为基础,其原理图如图 2.5.1(a)所示,并联模式以检测元器件的导纳 Y 为基础,其原理图如图 2.5.1(b)所示。

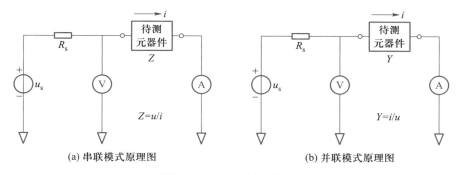

(a) 串联模式原理图　　　　　　　　(b) 并联模式原理图

图 2.5.1　LCR 表测量原理

图 2.5.1(a)和图 2.5.1(b)中的 u_s 为 LCR 表内部的正弦波信号源,R_s 为信号源的内阻,V 为数字电压表,A 为数字电流表。除此之外 LCR 表内部还装有数字鉴相器。将待测元器件接到 LCR 表上之后,数字电流表将测出流过待测元器件的电流 i,数字电压表将测出待测元器件两端的电压 u,数字鉴相器将测出电压 u 与电流 i 之间的相位角 θ。检测结果被存储在仪器内部微型计算机的三个存储单元中。

有了 u、i、θ 这三个数据,仪器内部微型计算机就会自动地算出用户所要检测的参数。

1. E4980AL 精密 LCR 表

Keysight E4980AL 精密 LCR 表适用于各种元件测量,无论是低阻抗范围还是高阻抗范围,均能提供极快的测量速度和出色的测量性能,常用于元件和材料的常规研发测试及制造过程测试。LCR 表前面板外观实物图如图 2.5.2 所示。

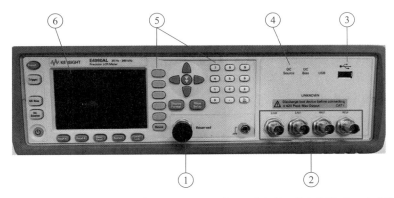

①—直流电源;②—测试信号;③—USB 接口;④—LED 状态灯;⑤—功能软键和数字按键;⑥—高分辨率 LCD 显示屏。

图 2.5.2　LCR 表前面板外观实物图

图中各部分功能如下:

① 直流电源。

② 100 μV 至 2 V 可变测试信号,提供信号电平,以测评设备的交流电压特征。

③ USB 接口(只限于存储器),将测量状态、数据记录和捕获的屏幕结果保存到 USB 存储器。

④ LED 状态灯,查看直流偏置和 USB 存储状态。

⑤ 功能软键和数字按键,一键式前面板按键和直观用户界面,用于设置测量参数。

⑥ 高分辨率 LCD 显示屏,配有 7 位显示屏和 6 种显示模式。

2. 主要特性

(1) 精确测量

仪器在低阻抗和高阻抗条件下均具有极低的噪声,以提高测试质量。

① 0.05% 基本阻抗精度。

② 开路/短路/负载补偿。

③ 电缆延长(1 m/2 m/4 m)。

(2) 快速测量

① 极快的速度提供更高的吞吐量,以降低测试成本。

② 12 ms(短),118 ms(中),343 ms(长)。

（3）测量通用性

① 测试频率范围是 20 Hz 至 300 kHz/500 kHz/1 MHz，在任何频率范围内都提供 4 位分辨率。

② 16 个阻抗参数。

③ 100 μV 至 2 V,1 μA 至 20 mA 可变测试信号。

④ 自动电平控制。

⑤ 201 点的可编程列表扫描,频率、测量范围和激励条件均可作为列表参数(最多 201 个点)。可以分别选择两个参数并在各种测量条件下进行测试。

（4）测量显示范围

屏幕上可以显示的各种测量参数的精度与范围,如表 2.5.1 所示。

表 2.5.1　屏幕上可以显示的各种测量参数的精度与范围

参数	测量显示范围
C_s、C_p	±1.000 000a F 至 999.999 9E F
L_s、L_p	±1.000 000a H 至 999.999 9E H
D	±0.000 001 至 9.999 999
Q	±0.01 至 99 999.99
R、R_s、R_p、X、Z	±1.000 000a Ω 至 999.999 9E Ω
G、B、Y	±1.000 000a S 至 999.999 9E S
V_{dc}	±1.000 000a V 至 999.999 9E V
I_{dc}	±1.000 000a A 至 999.999 9E A
θ_r	±1.000 000a rad 至 3.141 593 rad
θ_d	±0.000 1 deg 至 180.000 0 deg
$\Delta\%$	±0.000 1% 至 999.999 9%

注:a 表示 1×10^{-18},E 表示 1×10^{18}。

2.5.4 实验操作

使用精密 LCR 表测试标称值为 0.004 7 μF 的无极性电容值以及损耗因数(D)。

具体操作步骤如下:

1. 接通电源,按下电源键。

2. 使用仪器配套专用的测试夹具,与被测电容进行连接。

3. 注意显示屏中白色高亮部分,如图 2.5.3 所示,通过方向按键,选择待测量参数 C_p ,添加测量并显示。

4. 选择测量参数为损耗因数(D),添加测量并显示,如图 2.5.4 所示。

图 2.5.3 测量功能选择

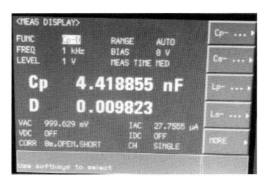

图 2.5.4 测量参数显示

5. 记录结果并分析。

6. 实验结束后,应先切断电源,整理实验台。

2.5.5 实验总结

1. 整理并记录实验数据。

2. 查阅相关技术资料,学习其他参数的测量与分析。

3. 电容器在连接至未知端子或是测试夹具前需先进行放电,以免损坏仪器。

2.6 可编程直流电源的使用

2.6.1 实验目的

1. 掌握可编程直流电源的基本使用方法;

2. 使用直流电源输出指定电压值。

2.6.2 实验器材

1. 可编程直流电源;

2. 万用表。

2.6.3 实验原理

随着各种电子设备的不断发展,其对直流供电电源的可调性要求越来越高。对于一个电子设备来说,使用单一的直流电源无法达到供电要求,往往需要不同的直流输出电源来供电。不同的电子设备需要的直流输出也不同,这就需要一种可以线性输出的可调直流电源来实现。在多通道使用环境下,可以通过编程软件控制可编程直流电源的每个通道输出不同的波形或者功率,简化使用的操作过程,从而满足设备对可调直流电源的要求。

1. IT6302 可编程直流电源

IT6302 三路可编程直流电源,每路输出电压和输出电流均可设定为从 0 到最大额定输出值。该三路电源具备高分辨率、高精度以及高稳定性,并且具有限电压、过热保护的功能。其中三组电压输出均可以调节,CH1、CH2 电压 0 ~ 30 V 连续可调,CH3 电压 0 ~ 5 V 可调,三路最大电流均为 3 A。CH1 和 CH2 可选择串、并联或同步功能使用,串联最大电压达到 60 V,并联最大电流达到 6 A。

2. 前面板介绍

(1) IT6302 三路可编程直流电源实物图如图 2.6.1 所示。

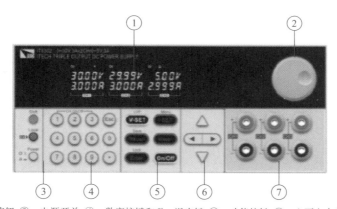

①—VFD 显示屏;②—旋钮;③—电源开关;④—数字按键和 Esc 退出键;⑤—功能按键;⑥—上下左右移动按键;⑦—输出端子。

图 2.6.1　IT6302 三路可编程直流电源实物图

(2) 真空荧光显示屏(VFD)标记描述如图 2.6.2 所示。

图 2.6.2　真空荧光显示屏(VFD)标记描述

（3）输出端子如图 2.6.3 所示。

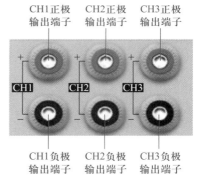

CH1正极输出端子　CH2正极输出端子　CH3正极输出端子

CH1负极输出端子　CH2负极输出端子　CH3负极输出端子

图 2.6.3　输出端子

2.6.4　实验操作

使用 IT6302 直流电源输出 ±12 V 电压。

1. 开机自检

（1）正确连接电源线，按电源开关键开机上电，电源进行自检；

（2）电源自检完成，VFD 显示屏显示输出电压电流状态信息如图 2.6.4 所示。

图 2.6.4　输出电压电流状态信息

2. 输出电压检查

验证电源在不带负载时的基本电压功能。

（1）按 Power 键打开电源供应器；

（2）按 On/Off 键使电源输出开启；

（3）设置电源电压，设置不同的电源电压按 Meter 键使其点亮，电源进入 Meter 模式，检查 VFD 上显示的电压值是否接近设置电压值，VFD 上显示的电流值是否接近 0 A；

（4）确保电源电压能够从 0 V 调节到最大输出电压；

（5）依次测试其他两个通道的电压。

3. 设置 CH1 和 CH2 的组合状态

按下 Shift+I-set（Menu）键进入菜单功能，此时 VFD 上显示出可选择菜单，可使用左右操作键来改变选项，上下按键可切换菜单项，找到 COUP 选项，选项有 OFF（解除串并设置）、SEr（输出串联设置）、PAr（输出并联设置），如图 2.6.5 所示。选择 SEr，可以将 CH1 和 CH2 通道串联。按 Enter 键确认选择，按 Esc 退出选择。将 CH1 和 CH2 设置为串联状态，面板将提示"SEr SUCC"。显示 2 s 后，系统自动退出菜单，面板将显示如图 2.6.6 所示。

4. 串联端子接线

在电源输出 Off 状态下，按图 2.6.7 中连接方式接线，选择串联后，CH1 和 CH2 的参数自动设回默认值(电压为 0 V,电流为 3.1 A)。

图 2.6.5 CH1 和 CH2 组合状态设置

图 2.6.6 CH1 和 CH2 串联
组合时的面板显示

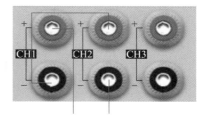

图 2.6.7 CH1 和 CH2 串联接线方式

5. 电压输出设置操作

电压设置的范围在 0 V 到最大输出电压值之间。按下 Local 键切换到 CH1,按下 V-SET 键+数字键 24,按 Enter 键确认,可直接设置为当前串联通道的电压值 24 V。

6. 使用万用表检验输出

黑表笔接 CH1 负极输出端子,若红表笔接 CH1 正极输出端子,此时输出+12 V 电压,若红表笔接 CH2 正极输出端子,此时输出为-12 V 电压。

2.6.5 实验总结

1. 注意电源不要短路,手等身体部位不要接触金属部位。
2. 使用设备提供的电缆设备。
3. 输出电压开关打开之前,请仔细检查线路连接。

第 3 章

常用电子元器件的选用及检测

3.1 电阻器的选用及检测

3.1.1 电阻器的基本知识

视频：3.1.1
电阻器的基本
知识

1. 概述

电阻器是一种利用对电流流动具有一定阻力作用的物质制成的电子元器件,也是电子产品中最常用的电子元器件之一。在进行电路分析时,为了更方便得到表述,一般将电阻器简称为电阻。

电阻器的英文名称是 resistor,一般缩写为 R,排阻的英文缩写是 RN（network resistor）。电阻器在电路中的符号为"——◻——"。

电阻器的单位是欧姆,简称欧（Ω）。除欧（Ω）外,常用阻值单位还有千欧（kΩ）、兆欧（MΩ）。各阻值单位之间的换算关系是:$1\ \mathrm{M}\Omega = 10^3\ \mathrm{k}\Omega = 10^6\ \Omega$。

2. 电阻器的特性

电阻器在工作时,其两端电压与电路中的电流成正比,比值为电阻器的阻值,所以电阻器是一种线性电子元器件。电阻器在各种电路中应用广泛,例如在滤波电路、分流电路、限流电路、分压电路、偏置电路等多种电路中都有应用。

3. 电阻器的参数

电阻器的表征参数有很多,其主要参数包括标称阻值、额定功率、误差精度、噪声系数、最高工作电压、最高工作温度等。

电阻器在电路中的参数标注方法有直标法,数码标示法,色环标注法,SMT 精密电阻表示法。

（1）直标法

直标法是指用文字符号（数字和字母）将标称阻值和误差标注在电阻器上的方法。该标注方法中一般将电阻器的允许偏差用百分数进行表示,如果电阻器上未标明偏差,则偏差值默认为 20%。

（2）数码标示法

制作工艺和组装工艺的飞速发展使电阻器的体积逐渐变小成为一种必然趋势,所以为了适应更小体积的电阻器,电阻器参数标注方法也进行了不断优化和改革。通常贴片电阻仅用三位数字标注,而电阻的允许偏差则不再表示出来（一般小于±5%）。三位数字中前两位数字表示有效数字,第三位数字表示有效数字后需要添加的 0 的个数。例如:122 表示 12×10^2 Ω（即 1.2 kΩ）、224 则表示 220 kΩ、R47 表示 0.47 Ω、17R8 表示 17.8 Ω、000 表示 0 Ω。

（3）色环标注法（简称:色标法）

色环标注法是在电阻体上标注不同颜色的色环以表示阻值和误差的方法。色环标注法中四环标注法和五环标注法是最常见的两种方法。色环标注法中一般距离电阻体一端较近的色环为第一环。四环标注法的色环定义为:第一个和第二个色环表示有效数字,第三个色环表示倍乘数,第四个色环表示允许误差（如图 3.1.1 所示）。两位有效数字阻值的色环标注法如表 3.1.1 所示。

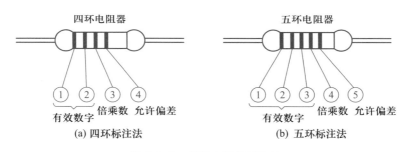

图 3.1.1　色环电阻器标注法

表 3.1.1　两位有效数字阻值的色环标注法

颜色	第一位有效值	第二位有效值	倍率	允许偏差
黑	0	0	10^0	
棕	1	1	10^1	±1%
红	2	2	10^2	±2%
橙	3	3	10^3	
黄	4	4	10^4	
绿	5	5	10^5	±0.5%
蓝	6	6	10^6	±0.25%
紫	7	7	10^7	±0.1%
灰	8	8	10^8	
白	9	9	10^9	−20% ~ +50%
金			10^{-1}	±5%
银			10^{-2}	±10%
无色				±20%

电阻器的五环标注法和四环标注法的识读基本相同,不同之处在于五环标注法的前面三个色环均为有效数字环,第四个色环是倍乘数环,第五个色环是误差环(如图 3.1.1 所示)。三位有效数字阻值的色环标注法如表 3.1.2 所示。

表 3.1.2　三位有效数字阻值的色环标注法

颜色	第一位有效值	第二位有效值	第三位有效值	倍率	允许偏差
黑	0	0	0	10^0	
棕	1	1	1	10^1	±1%
红	2	2	2	10^2	±2%
橙	3	3	3	10^3	
黄	4	4	4	10^4	
绿	5	5	5	10^5	±0.5%
蓝	6	6	6	10^6	±0.25
紫	7	7	7	10^7	±0.1%
灰	8	8	8	10^8	
白	9	9	9	10^9	−20% ~ +50%
金				10^{-1}	±5%
银				10^{-2}	±10%

(4)SMT 精密电阻表示法

允许偏差为±1%的普通精密电阻器参数表示一般用四位数字,有效数字是前面三个,10 的倍幂是第四位数字,例如 257 Ω 的精密电阻,其字迹为 2570。然而 SMT 电阻器的体积一般很小,用常用参数的标注方法进行标注会不易读数,所以此类电阻器一般用 E96 系列标示方法进行标注。

SMT 精密电阻精度一般为±5%,参数用两位数字表示有效数字,用一位字母表示 10 的幂次。该数字和字母都不是具体的电阻值,需要到精密电阻查询表里查找,表 3.1.3、表 3.1.4 是精密电阻的查询表。举例如下:

"65A"表示:$4.64×10^2$ Ω = 464 Ω;

"15B"表示:$1.40×10^3$ Ω = 1 400 Ω;

"66B"表示:$4.75×10^3$ Ω = 4 750 Ω = 4.75 kΩ;

"09C"表示:$1.21×10^4$ Ω = 12 100 Ω = 12.1 kΩ。

表 3.1.3　SMT 精密电阻查询表

代码	阻值	代码	阻值	代码	阻值	代码	阻值	代码	阻值
1	100	6	113	11	127	16	143	21	162
2	102	7	115	12	130	17	147	22	165
3	105	8	118	13	133	18	150	23	169
4	107	9	121	14	137	19	154	24	174
5	110	10	124	15	140	20	153	25	178

代码	阻值	代码	阻值	代码	阻值	代码	阻值	代码	阻值
26	182	41	261	56	374	71	536	86	768
27	187	42	267	57	383	72	549	87	787
28	191	43	274	58	392	73	562	88	806
29	196	44	280	59	402	74	576	89	825
30	200	45	287	60	412	75	590	90	845
31	205	46	294	61	422	76	604	91	866
32	210	47	301	62	432	77	619	92	887
33	215	48	309	63	442	78	634	93	909
34	221	49	316	64	453	79	649	94	931
35	226	50	324	65	464	80	665	95	953
36	232	51	332	66	475	81	681	96	976
37	237	52	340	67	487	82	698		
38	243	53	348	68	499	83	715		
39	249	54	357	69	511	84	732		
40	255	55	365	70	523	85	750		

表 3.1.4　SMT 精密电阻查询表

字母	A	B	C	D	E	F	G	H	X	Y	Z
次幂	10^0	10^1	10^2	10^3	10^4	10^5	10^6	10^7	10^{-1}	10^{-2}	10^{-3}

4. 常见电阻器分类及介绍

常见电阻器主要有以下几种分类方法。

按材料构成分类:主要有碳质电阻器、敏感电阻器、线绕电阻器、薄膜电阻器。

按结构分类:主要有阻值不变的固定电阻器和阻值可调的可变电阻器。

按用途分类:主要有精密电阻器、高压电阻器、高频电阻器、大功率电阻器、限流电阻器等。
下面介绍几种常用的电阻器。

（1）碳质电阻器

碳质电阻器是将用于导电的碳颗粒、黏合剂、填料等用压制的方式制成的电阻器。该类电阻器优点是价格便宜,但稳定性不好,噪声系数比较大,阻值的误差也比较大,所以目前已很少使用。

（2）线绕电阻器

线绕电阻器由锰铜、康铜等高阻合金在绝缘架上绕制而成,外面涂有可耐高温的釉绝缘层或者绝缘漆,如图 3.1.2 所示。绕线电阻器优点是阻值精度高、温度系数低,稳定性好,可以承受高温,主要作高精度大功率电阻使用;其不足之处是高频性能差,时间常数大。

（3）碳膜电阻器

碳膜电阻器是用蒸馏的方法将碳在一定条件下分解的结晶碳沉积在陶瓷骨架上制成的电阻器，如图3.1.3所示。这种电阻器的成本低，稳定性好，阻值范围宽，温度系数和电压系数低，并能工作在较高的温度（70℃）下，是目前应用最为广泛的电阻器；其不足之处是可承受的功率比较小。

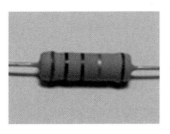 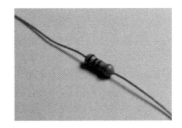

图 3.1.2　线绕电阻器　　　　图 3.1.3　碳膜电阻器

（4）金属膜电阻器

金属膜电阻器如图3.1.4所示。与碳膜电阻器不同之处是，金属膜电阻器陶瓷骨架上沉积的是金属或合金材料。与碳膜电阻器相比，金属膜电阻器的稳定性更高，精度更高，噪声系数小，温度系数小，在精度要求较高的通信设备和仪器仪表中得到广泛应用。

（5）贴片电阻器

贴片电阻器如图3.1.5所示，它的体积比较小，分布电感和分布电容很小，目前通常应用在集成度高的电路和高频电路中。由于贴片电阻很小，对精度有比较高的要求，所以通常由安装机安装。

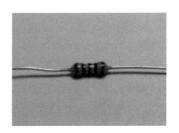 

图 3.1.4　金属膜电阻器　　　　图 3.1.5　贴片电阻器

（6）敏感电阻器

敏感电阻器是指对温度、湿度、光照、压力、磁场等各物理量的改变比较敏感的电阻器，在3.3小节中我们将会详细讲解。

（7）金属玻璃釉电阻器

金属玻璃釉电阻器是指在绝缘架上涂上玻璃釉黏合剂和贵金属氧化物的混合材料，并经高温作用后制成的电阻器，如图3.1.6所示。此类电阻器耐湿性比较好，价格便宜，性能稳定，并且有很宽的阻值范围。

（8）金属氧化膜电阻器

金属膜氧化膜电阻器是在绝缘架上喷涂锡和锑金属盐溶液制成的电阻器,如图 3.1.7 所示。这种电阻器高温下稳定,抗氧化、耐酸、耐潮湿、过载能力强;其缺点是阻值范围比较小。

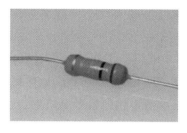 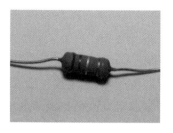

图 3.1.6　金属玻璃釉电阻器　　　图 3.1.7　金属氧化膜电阻器

3.1.2 电阻器的选用

1. 基本原则

电路中选用电阻器时,需要考虑电阻器的阻值、额定功率、允许误差、极限电压等。

（1）一般优先选用通用型电阻器。

（2）一般所选电阻器的工作功率应小于额定功率的 1/2。电阻器的额定功率是指规定条件下电阻器长时间工作允许承受的最大功率。按照国家标准,常用电阻器的额定功率有 1/8 W、1/4 W、1/2 W、1 W、2 W 等。在电路图中可直接用数字标出,或用符号表示(如图 3.1.8 所示)。小电流电路一般采用功率在 1/8 ~ 1/2 W 的电阻器,大电流电路中则通常采用功率在 1 W 以上的电阻器。

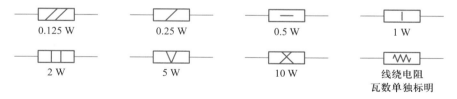

图 3.1.8　电阻器额定功率表示法

若电阻器在工作时消耗功率较小,则可以不标注额定功率,也可不必考虑。例如大部分业余电子制作中对电阻额定功率都没有要求。

（3）前置放大电路中过大的噪声会对有用信号造成很大影响,所以在此类电路中需要选用的电阻器应该有较小的噪声电动势,比如线绕电阻、碳膜电阻器、金属膜电阻器等。

（4）选用电阻的稳定性需满足要求。电阻器的温度系数是表征电阻器稳定性的参数,一般是指温度变化 1 ℃时电阻值变化的大小。若电路对稳定性要求较高,则在选择电阻器时需选择温度系数小的线绕电阻器、金属膜电阻器、碳膜电阻器、玻璃釉膜电阻器等;若电路对稳定性要求较低,则温度系数较大的实心电阻器就可以满足要求。

(5)根据安放位置选择电阻器。功率相同的电阻器当使用材料不同或者加工工艺不同时,体积也不同。例如金属膜电阻器的体积通常比碳膜电阻器的体积小得多,所以在安装电阻器的位置比较狭窄时选用金属膜电阻器,安装位置相对宽松时,可选择价格更便宜的碳膜电阻器。

(6)根据电阻器实际工作环境选择电阻器。电阻器工作时处于温度、湿度等条件不同的环境中,电阻器的使用寿命、精度等会受一定的影响。化学沉积膜电阻器耐潮和耐腐蚀性差,所以在比较潮湿或者腐蚀性比较强的环境中不适合使用该类电阻器;在温度比较高的环境中,可以考虑使用耐高温的金属氧化膜电阻器、金属膜电阻器、玻璃釉膜电阻器等。

2. 使用常识

(1)在焊接电阻器前,需要检测电阻器的测量电阻值与标称阻值是否在误差允许范围内。

(2)焊接电阻器前,应打磨或刮去电阻管脚上的镀锡,确保焊接可靠无虚焊。

(3)电阻器的管脚在焊接前要进行修剪,不能剩余太长,尤其是在高频电路中,较短的管脚可以减小分布参数对电路的影响。

(4)在电阻保存、焊接、拆卸等过程中,应注意电阻管脚不宜反复弯曲,以免折断,或使电阻管脚与电阻体之间产生松动,造成隐患。

(5)焊接电阻时,电阻管脚或贴片电阻的两端应焊接在可靠的支撑点上,以免震动等原因使电路短路或断路。焊接时电阻的阻值标称应朝向外侧,便于调试维修时查找。

(6)对于额定功率较大的电阻器,焊接时需要在电阻器周围留出散热空间。对温度敏感的元器件如晶体管、热敏电阻器等应尽可能远离这类电阻。

(7)电阻器的漆膜对其起保护作用,所以在使用和储存电阻器时,需要防止漆膜被损坏,否则电阻器的性能会下降。

3.1.3 电阻器的检测

1. 用数字式万用表判定电阻的好坏

由于储存或者使用不当,电阻器通常会出现内部短路或开路、电阻值发生变化的问题。所以在使用电阻器前需要对电阻器进行检测,检测电阻器通常使用的工具是数字式万用表。

在检测时,根据需要测量电阻器的标称电阻值将万用表调节到欧姆挡的合适挡位,万用表的红、黑表笔分别接被测电阻器的两个管脚,在显示屏上读出电阻值,若测得的阻值与电阻器的标称阻值在误差允许范围内,则认为被测电阻器正常。

2. 测量注意事项

（1）测量时,手不要接触万用表表笔或电阻器导电部分,否则人体自身阻值会对测量结果产生影响,使读数偏小。

（2）测量焊接在电路中的电阻器时,应将电阻拆卸下来,至少要拆卸一端,以免电路中其他元器件对测量产生影响。

3.2 电位器的选用及检测

3.2.1 电位器的基本知识

1. 基本结构

电位器是阻值可调的电阻器。如图3.2.1所示,电位器由一个电阻片、一个滑动片及三个接线端组成。电阻片与滑动片被封装在金属或者塑料外壳内。A和C为电位器的固定端、B为电位器的滑动端。当转动调整转轴或滑柄时,滑动片P在电阻片R上的位置随之发生改变,电位器固定端与滑动端之间的电阻值从而发生变化。

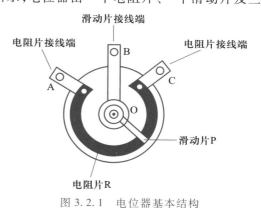

图 3.2.1　电位器基本结构

2. 作用及分类

（1）作用

如图3.2.2所示,电位器在电路中主要有以下两个方面的作用:

① 用作变阻器。电位器用作变阻器时是一个两端元件,相当于一个可调电阻。当滑动片接线端接入电路时,转动调节转轴或滑动片可以得到电位器标称阻值范围内的一个连续变化的电阻值。

② 用作分压器。当滑动臂(滑动触点)在电阻体上滑动时,根据串联电阻电路中电阻的电压与阻值大小成正比的关系,电位器电压与滑动臂滑过的行程或转过的角度成一定关系。

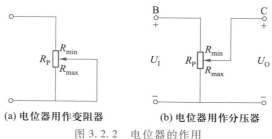

(a) 电位器用作变阻器　　(b) 电位器用作分压器

图 3.2.2　电位器的作用

（2）分类

电位器根据分类标准不同,分类的内容也不同。

① 按电阻体材料分类

电位器按材料可分为线绕电位器和非线绕电位器。

线绕电位器主要分为:通用线绕电位器、微调线绕电位器、精密线绕电位器、功率型线绕电位器。

非线绕电位器主要分为:实心电位器、金属膜电位器、碳膜电位器、导电塑料电位器。

线绕电位器:将金属电阻丝缠绕在绝缘物体上制作而成。该类电位器耐高温、精度高、稳定性好、温度系数小、额定功率大;但是体积通常比较大、阻值范围小、价格比较高。线绕电位器在电子仪器和电子仪表中得到了比较广泛的应用。

合成碳膜电位器:将合成碳膜涂在绝缘体上并经过高温形成碳膜片,碳膜片与其他零件进行组合制成。优点是有比较宽的阻值范围、较高的分辨力、低廉的价格;缺点是耐潮性差、不耐高温、使用寿命短。这类电位器在消费类产品中得到广泛应用。

有机实心电位器:利用高温压技术将导电材料和填料混合而成的电阻粉压在基座上制成。优点是阻值范围较宽,分辨力高,耐热性、耐磨性好,可靠性高;缺点是温度系数大,噪声大,耐潮湿性差。这类电位器一般焊接在电路中作微调使用。

金属玻璃釉电位器:将金属玻璃釉电阻材料烧结在陶瓷基体上制成。该类电位器的优点是温度系数小,但是噪声比较大。金属玻璃釉电位器可以在比较恶劣的环境中使用,多用于半固定的阻值调节。

导电塑料电位器:该类电位器在低温环境下阻值变化较小,价格较低,主要特征是低扭矩操作和高速应用,在医疗设备、机器人技术、汽车电子领域得到广泛应用。

多圈精密可调电位器:该类电位器精度通常很高,所以在精度要求较高的工控设备、仪器仪表电路中表现出特有的优势。

电位器的使用材料与标志符号如表 3.2.1 所示。

表 3.2.1　电位器的使用材料与标志符号

类别	碳膜电位器	合成碳膜电位器	线绕电位器	有机实心电位器	玻璃釉电位器
标志符号	WT	WTH(WH)	WX	WS	WI

② 按电阻值变化规律分类

根据电阻值与旋钮旋转角度的关系,电位器可分为直线型电位器(呈线性关系)、函数型电位器(呈指数或对数等曲线关系)。

直线型电位器(B 型电位器):电阻值随旋钮旋转角度改变呈线性变化。

函数型电位器(A 型电位器):电阻值随旋钮旋转角度改变呈指数或对数变化。

③ 按调节方式分类

根据电位器的调节方式,电位器可以分为直滑式电位器、推拉式电位器、旋转式电位器。

为了克服普通电位器寿命短的缺点,又出现了无触点电位器,如光敏和磁敏电位器等,但该类电位器只在极少数的特殊场合应用。

旋转式电位器是最常见且最常应用的电位器,该类电位器可旋转角度一般在 270° 到 300°。混音器为了能更方便控制音量的淡入淡出,通常采用直滑式电位器。直滑式电位器和旋转式电位器如图 3.2.3 所示。

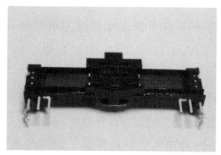 

(a) 直滑式电位器   (b) 旋转式电位器

图 3.2.3 直滑式电位器和旋转式电位器

④ 按照驱动方式分类

电位器按照驱动方式分为电动调节电位器和手动调节电位器。

⑤ 按结构特点分类

电位器按照结构组成特点可分为:单联式电位器、双联式电位器、单圈式电位器、多圈式电位器、贴片式电位器、带开关的电位器等多种类型电位器。

单圈式电位器是最简单最常见的电位器。多圈式电位器则用在精度要求比较高的工控设备和仪器仪表等场合。

单联式电位器只有一个滑动端,只能满足一路信号的控制。双联式电位器是在同一根轴上装两个一样的电位器,主要用于多路信号控制,比如立体音响声音控制。

带开关的电位器在电位器中有一个开关,通常用于电源的通、断控制,在一些 MP4、收音机等电子产品中应用比较多。

⑥ 按功能特点分类

电位器按功能特点可分为高温电位器、高精度电位器、大功率电位器、高频电位器等。

3. 主要技术指标

电位器的主要参数为标称阻值、额定功率、阻值变化特性、零位电阻值、机械寿命等。电位器的机械寿命通常用机械耐久性表示。机械耐久性是指电位器在要求的测试条件下,滑动触点可靠滑动的总次数。电位器的结构、加工材料、制作工艺等不同时,机械寿命也表现出较大差异。

（1）标称阻值

电位器的标称阻值是电位器可调节的最大电阻值,该值一般会标注在电位器上。电位器阻值系列采用 E 系列标准,线绕电位器的允许误差有 ±1% 、±2% 、±5% 、±10% ;非线绕电位器的允许误差为 ±5% 、±10% 、±20% 。

（2）额定功率

电位器的额定功率是指电位器在一定条件下长时间工作可承受的功率。国家也对电位器的额定功率制定了系列标准。

（3）阻值变化特性

电位器的阻值变化特性是指电位器电阻值的变化和滑动端转过的角度或者移动的距离之间表现出的关系。这种关系主要可以概括为三类:直线式(X 型)、指数式(Z 型)、对数式(D 型)。

直线式(X 型)电位器:当匀速转动或滑动滑动端时,电位器的电阻值会匀速变化。X 型电位器经常应用在万用表调零、分压器调节等要求匀速控制的电路中。

指数式(Z 型)电位器:电位器的阻值与转轴的转角呈指数关系。在刚开始转动转轴时,阻值变化比较慢,随着转角增大(转角超过 2/3)时,阻值变化显著,Z 型电位器的这种特性是电阻器上导电物质分布不均匀造成的。该类电位器一般应用于音量调节电路中。

对数式(D 型)电位器:电位器的阻值与转轴的转角呈对数关系,当匀速调节滑动端时,电位器的电阻值开始变化比较快,后面阻值变化会越来越慢。D 型电位器在收音机、电视机的音量控制电路中使用较多,其前一段具有粗调性质,后一段具有细调性质。

（4）机械零位电阻

该参数是指当滑动触点位于电阻体的开始端或末尾端时,滑动触点与电阻体始(末)端之间的电阻值。理论上讲电位器的零位电阻值应该为零,但实际上由于电位器的制作材料、制作工艺、结构等因素的影响,该值通常为一定的值而不是零,这个电阻值则成为零位电阻。电位器在音量控制电路中使用时,由于零位电阻不为零,会出现音量不能关死的现象。

3.2.2 电位器的选用及检测

1. 电位器的选用

（1）使用前认真检测好坏,确认无故障后上机安装使用。对于曾用过的旧电位器,必须仔细检查焊接引脚是否松动,内部接触是否良好可靠。

（2）根据应用场景选择电位器。不同的应用场景对电位器的功能要求也不尽相同,在选用电位器时需考虑电位器的结构、材质、规格、调节方式等。举例如下:

① 线绕电位器一般可承受较大功率,故经常用于大功率电路中;

② 工控设备、仪器仪表等精密仪器电路中一般选用具有高精度的精密多圈电位器、金属玻璃釉电位等;

③ 中高频电路中可选用价格低廉的碳膜电位器;

④ 收音机、电视机等电子产品的音量控制、电源开关电路中可选用带旋转开关的碳膜电位器；

⑤ 立体声音频放大器是需要双路信号控制的电路，故该类电路的音量控制可选择双联同轴电位器；

⑥ 音响系统的音调调节可选用观察更为直观的直滑式电位器；

⑦ 电源电路的基准电压调节由于不需要经常调节，故应选用微调电位器；

⑧ 计算机等紧凑型设备中多选用贴片式多圈或单圈电位器。

（3）根据设备和电路的工作要求选择符合参数要求的电位器，主要考虑的电位器参数有标称阻值、额定功率、阻值变化特性、允许误差等。

（4）电位器选择好后，在使用过程中应注意保护。由于电位器是可调元件，调节频繁，磨损较其他元件严重，所以在电路设备使用中，应注意调节的力度均匀，不要猛开猛关，才能延长电位器的使用寿命，减少损坏。

2. 电位器的检测

（1）基本结构检查

检查电位器时，首先检查电位器外壳完好性，如有破损其阻值可能会发生变化。转动旋钮，观察旋钮转动是否平滑流畅。检查焊接引脚连接是否可靠，若不稳定则无法保证焊接安全，影响电路安全，导致其他元件损坏。若电位器带开关，还要检测开关是否正常，听开关在通断时"咔哒"声是否清脆，电位器内部接触点在电阻体上滑动时产生的声音是否正常，如发出"沙沙"声或滑动受阻，说明电位器质量不好或者被损坏。

（2）检测电位器标称阻值

如图 3.2.4 所示，将数字式万用表选择欧姆挡的合适挡位，电位器的固定引脚"1""3"两端分别接万用表的红、黑表笔，查看数字式万用表的显示屏电阻值即为单位器的标称阻值。如果检测的是多脚电位器，万用表表笔应接电位器对应的固定端，测得的电阻值为电位器的标称阻值。如果实际测得的阻值与电位器标称阻值相差甚远，则表明该电位器已损坏。

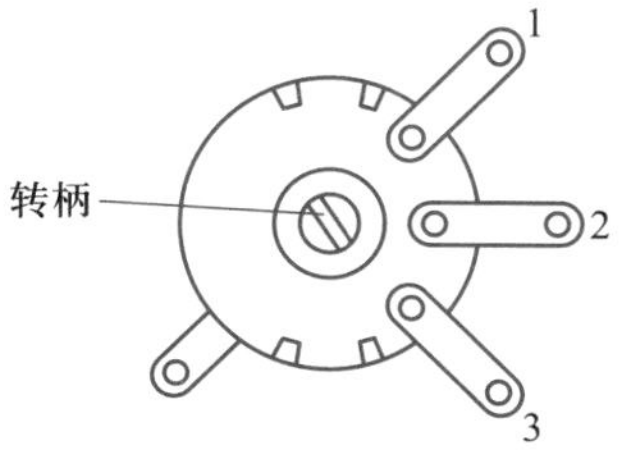

转柄

图 3.2.4 检测电位器标称阻值

（3）检测电位器滑片与电阻体是否接触良好

数字式万用表调到欧姆挡合适挡位，红黑表笔分别接"1""2"（或"2""3"）两端。将电位器的转轴旋转至接近"关"的位置，此时万用表示数应接近为零，其阻值越小越好。将电位器转轴缓慢旋转，万用表显示阻值应逐渐变大，接近"3"端时其阻值应接近标称阻值。旋转过程中万用表示数的变化应平缓稳定，若有跳动则说明电位器滑片与电阻体接触不稳定。

多脚电位器测量时应根据电位器使用要求来测量，直滑式电位器的测量方法与 3 脚旋转电位器相同。

（4）带开关的电位器开关好坏的检测

用万用表电阻挡检测电位器开关挡对应管脚。旋转至"关"位置时，电阻应为无穷大；旋转轴离开"关"位置后，电阻应随旋钮的旋转逐渐减小，直至阻值为零。在关闭位置的点，应开关多次进行测试，若每次反应均正常方可使用。

（5）双联同轴电位器的检测

数字式万用表调到欧姆挡的合适挡位，万用表红黑表笔分别接双联电位器上对应的固定端子，数字式万用表测得两组电位器的电阻值（即 A、C 之间的电阻值和 A′、C′ 之间的电阻值）是否相同且是否与标称阻值相符。电位器端点 A、C′ 及 A′、C 分别用导线短接，如图 3.2.5 所示，然后用数字式万用表测量电位器滑动触头 B、B′ 之间的电阻值，理论上，无论将电位器的转轴转到什么角度，B、B′ 两点之间的电阻值应为双联同轴电位器的标称阻值。若数字式万用表测得阻值不等于标称阻值，则说明该电位器的同步性能不好。

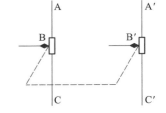

图 3.2.5　双联同轴电位器的检测

（6）检查外壳绝缘

首先观察外壳有无破损，外壳完好才能保证其绝缘性。使用万用表的 R×10k 挡，万用表一支表笔接电位器外壳，另一支表笔接电位器的各管脚焊片，若测得阻值均为无穷大，说明电位器外壳绝缘性良好；若显示固定阻值或近似为 0，则外壳与电阻体某处短路。

（7）其他注意事项

电位器的电阻体大多采用碳酸类物质制成，当接触可与之反应的化学物质时，电阻器性能会受影响，所以应避免与以下物品接触：氨水，其他胺类，碱水溶液，芳香族碳氢化合物，酮类，脂类的碳氢化合物，强烈化学品（酸碱值过高）等。也应避免在潮湿环境下使用电位器。

3. 电位器的维修方法

电位器常见故障有电阻体磨损、接触不良、旋转器件不灵活等，电位器发生故障时不能直接进行使用。根据电位器的损坏情况，可以采用下列方法简单修理，若修理后仍无法达到使用要求应更换新的器件。

（1）摩擦清洗法

电位器电阻片磨损不太严重时，表现出来的问题只是在调节时电阻值忽大忽小，示波器上显示的波形会出现杂波，在调控声音时会出现声音忽大忽小或者声音中包含杂音的现象等。产生这些现象的主要原因是触簧与碳膜片接触不良，一般是电位器中有灰尘进入或者是电位器调节不断摩擦产生了尘埃污染了触点。

在出现这种情况时，可以通过来回滑动或者旋转电位器来去除灰尘或尘埃，从而使触点变得干净光洁，使电位器恢复正常工作。若通过上面的方法不能解决问题，可以在滑动或旋转电位器后用酒精或者汽油等液体清洗电位器，从而彻底洗掉电位器上的污物，让簧片与碳膜片接触良好。

（2）替换法

若电位器磨损严重，如接触簧片或碳膜片发生断裂，这时摩擦和清洗就不能使电位器恢复正常，需要将电位器进行替换。替换时可以将电位器损坏的部分进行更换，在实际替换时，通常是使用旧电位器的好的部件来替换损坏的部分，但是在替换前需要仔细清洗要替换的部件，以确保重新组装的电位器能够正常工作。

（3）碳膜修复法

电位器碳膜层是容易磨损的重要部件，使用一定程度后碳膜层可能会部分磨损脱落。若没有其他器件能替换，可以将研磨成粉末的铅笔芯粉与黏合剂搅拌均匀抹在碳膜缺少的位置，铅笔芯具有较好的导电性，可以作为碳膜层修复的补充方法。

（4）簧片改道法

当碳膜片的碳膜层被磨损时，触点和碳膜会接触不良，这时也会导致电位器工作不正常。这时可以改变簧片的滑动轨道，使其与未磨损的碳膜接触，从而解决这种故障。具体操作方法是：打开电位器，可以看到碳膜上有明显的划痕，将簧片用镊子进行调整，使其离开之前的滑动轨道，让簧片与没有磨损的碳膜片接触好即可。

还有些电位器的簧片触点磨损也会使其损坏，这时如果没有可替换的器件，我们还可以用铜片自制簧片进行替换。

（5）润滑保护法

为了延长修理后的电位器的使用寿命，可以在电位器的碳膜片上涂一点硅脂（凡士林、汽油、机油等润滑剂均可以）。这样做的好处是可以防止产生电弧，由于硅脂的润滑作用减轻了簧片与碳膜片的摩擦，所以电位器在调节时电阻的变化均衡平滑，效果良好。

注意：润滑剂在使用时不可过多，以免造成簧片触点与电阻体接触不良或粘入灰尘。

3.3 光敏、热敏、压敏等电阻器的选用及检测

3.3.1 光敏、热敏、压敏电阻器的基本知识

1. 光敏电阻器

（1）光敏电阻器的结构及特性

光敏电阻器是一种对光照敏感的电阻器，当光线强弱发生变化时，其电阻值也会发生变化。一般照射到光敏电阻器上的光线越强，其电阻值越小。其电路符号如图 3.3.1 所示。

为了增大接触光照面积，光敏电阻器通常呈薄片状。当照射到光敏电阻器上的光线增强时，半导体材料中电子和空穴会增多，从而电阻中电流增强。其结构及外形如图 3.3.2 所示。

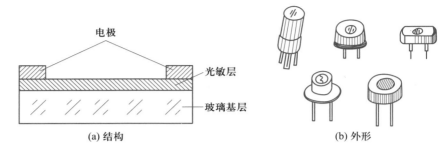

图 3.3.1　光敏电

阻器电路符号

(a) 结构

(b) 外形

图 3.3.2　光敏电阻器结构及外形

（2）光敏电阻器的应用

光敏电阻器一般在灯光的控制、调节等光控电路应用广泛,同时也可以用作光控开关。

（3）光敏电阻器的分类

① 按制作材料分类

光敏电阻器的制作材料多种多样,根据材料的物理特性分类,有单晶光敏电阻器、多晶光敏电阻器;根据材料的化学性质分类,有硒化镉（CdSe）、硫化镉（CdS）、硒化铅（PbSe）、锑化铟（InSb）光敏电阻器等。

② 按光敏感性分类

紫外光光敏电阻器:主要由硫化锌材料制成,对紫外线比较敏感,所以通常用于紫外线的探测。

红外光光敏电阻器:主要由砷化镓材料制成,在红外探测、人体病变检测、红外通信、天文探测等领域应用广泛。

可见光光敏电阻器:主要由硫化镉材料制成。广泛应用于各种光电控制系统中,如自动门、自动路灯、自动给排水装置、机械上的自动保护装置、相机自动曝光装置、延误报警系统等。

（4）光敏电阻器的主要参数

① 暗电流和暗阻:在两端加压的情况下,黑暗环境中光敏电阻器上流过的电流为暗电流;黑暗环境中光敏电阻器的阻值为暗阻,暗阻通常在几百千欧以上。

② 亮电流和亮阻:在两端加压的情况下,光照环境中光敏电阻器上流过的电流为亮电流;光照环境中光敏电阻器的阻值为亮阻,亮阻通常在几十千欧以下。

③ 最高工作电压:指在额定功率下,光敏电阻器两端允许施加的最大电压。

④ 额定功率:指光敏电阻器在规定条件下可以正常长时间工作允许的最大功率。

⑤ 光谱响应:指在不同光照下光敏电阻器的灵敏度。

2. 热敏电阻器

（1）热敏电阻器的概况

热敏电阻器是对温度比较敏感,电阻值会跟随温度变化而变化的电阻器。该类电阻器一般结构简单,体积比较小,容易受温度影响,使用寿命长。

（2）热敏电阻器的应用

热敏电阻器由于对温度比较敏感,在不同温度下呈现不同的阻值,所以一般在温度控制、温度测量、液面测量、火灾报警、气象探测等多种场合中被广泛应用;在仪器仪表的温度补偿电路中,热敏电阻器通常也作为电子线路元件使用;根据热敏电阻器阻值随温度变化的特性,还可以将其制成流量计、热传导分析仪等检测设备。

（3）热敏电阻器的分类

不同类型的热敏电阻器在温度变化时电阻值会发生不同的变化。温度升高,电阻值增大的热敏电阻器称为正温度系数(PTC)热敏电阻器;温度降低,电阻值减小的热敏电阻器称为负温度系数(NTC)热敏电阻器,如图 3.3.3 所示。NTC 热敏电阻器广泛用于温度补偿和温度自动控制电路中,如电冰箱、空调、温室温控系统;PTC 热敏电阻器主要用于彩电的消磁和冰箱的压缩机启动电路中。

按其阻值随温度变化快慢可分为:突变型热敏电阻器和缓变型热敏电阻器。

按其受热方式可分为:直热式热敏电阻器、旁热式热敏电阻器。

按其工作温度范围可分为:常温热敏电阻器、高温热敏电阻器和超低温热敏电阻器。

按其结构分类可分为:棒状、片状、垫圈形、球状、线管状等热敏电阻器。

热敏电阻电路符号、结构及外形如图 3.3.4 所示。

图 3.3.3　NTC 热敏电阻器

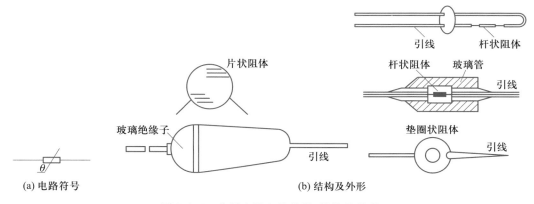

(a) 电路符号　　　　　　　　　　(b) 结构及外形

图 3.3.4　热敏电阻电路符号、结构及外形

（4）热敏电阻器的主要参数

① 标称阻值:环境温度在 25℃ 时,热敏电阻器的阻值称为标称阻值。

② 实际阻值:在实际环境中测量得到的电阻值。

③ 材料常数:表示热敏电阻器灵敏度随温度变化的技术指标,该值会随温度发生变化,并不是一个常数。

④ 时间常数：当环境温度变化时，热敏电阻器温度由初值变化到最终温度之差的63.2% 所需时间。

⑤ 额定功率：在规定的条件下，热敏电阻器长时间正常运行时允许承受的最大功率。

⑥ 最大电压：热敏电阻器正常工作时，允许加在两端的最大直流电压。

3. 压敏电阻器

（1）压敏电阻器的概况

压敏电阻器的电阻值在电压发生变化时会随之变化。当压敏电阻器两端电压超过某个特定的值，电流会迅速变大，电阻会迅速减小。图 3.3.5 展示了压敏电阻器的外形及电路符号。

当压敏电阻器两端电压小于阈值电压时，电阻值很大；压敏电阻器的两端电压超过阈值电压时，电阻值会迅速变小，电路中电流会急剧增大，从而可能造成电路短路，保护电子产品和其他相关组件，因此压敏电阻器通常用于过压保护、防雷击电路中。

（2）压敏电阻器的应用

压敏电阻器的优点是工作电压范围宽、温度系数小、体积小、价格便宜，是一种非常合适的保护电路的元器件，广泛应用在家电及其他电子产品中。该电阻器经常和其他元器件组成消除噪声电路、电火花消除电路、过压保护电路、防雷击电路等。压敏电阻器的制作材料主要是半导体材料，如氧化锌（ZnO）压敏电阻器就是最常用的一种，其结构特点如图 3.3.6 所示。

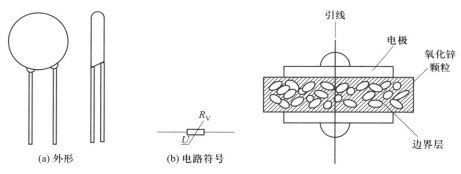

(a) 外形	(b) 电路符号

图 3.3.5　压敏电阻器外形及电路符号　　图 3.3.6　氧化锌压敏电阻器结构特点

例如：电视机的电源电路中，通常会使用压敏电阻器进行过压保护。当电网电压过大超过压敏电阻器的阈值电压时，压敏电阻器会使电压变低，从而起到保护电路的作用。

（3）压敏电阻器的分类

按照组成结构分类：体型压敏电阻器、结型压敏电阻器、薄膜压敏电阻器等。

按照制作材料分类：碳化硅压敏电阻器、氧化锌压敏电阻器、硒化镉压敏电阻器、钛酸钡压敏电阻器等。

按照伏安特性分类：非对称压敏电阻器、对称压敏电阻器。

（4）压敏电阻器的基本参数

① 标称压敏电压：压敏电阻器上流过规定的脉冲电流时的电压。

② 电压比：流过压敏电阻器上的电流分别为 1 mA 和 0.1 mA 时，压敏电阻器两端电压之比。

③ 最大限制电压：压敏电阻器正常工作时可承受的最大电压。

④ 漏电流（mA）：在规定条件下，压敏电阻器上加最大直流电压时，流过压敏电阻器的电流。

⑤ 额定功率：在技术要求下，压敏电阻器长时间工作时电压变化小于 10% 的最大功率。

3.3.2 光敏、热敏、压敏电阻器的检测

1. 光敏电阻器的检测

光敏电阻器的检测分两步，分别是检测光敏电阻器的暗电阻和亮电阻，只有两步均正常才能说明光敏电阻器正常。

（1）检测暗电阻

数字式万用表调到"200kΩ"挡位，用黑色的布或者黑色的纸将光敏电阻器遮住，万用表的红、黑表笔分别接光敏电阻器的两管脚，观察万用表显示屏上测得的电阻值。若电阻值大于 100 kΩ，说明光敏电阻暗电阻正常；若电阻值小于 100 kΩ，则说明光敏电阻器的性能不好；若电阻值为 0 则说明光敏电阻器内部短路。

（2）检测亮电阻

数字式万用表调到"20 kΩ"挡位，用手电筒照射光敏电阻器，万用表的红、黑表笔分别接光敏电阻器的两管脚，观察万用表显示屏上测得电阻值。若电阻值小于 10 kΩ，说明光敏电阻器亮电阻正常；若电阻值大于 10 kΩ，说明光敏电阻器的性能不好；若电阻值显示为"OL"，即电阻值无穷大，说明光敏电阻器内部开路。

当暗电阻和亮电阻均正常时，光敏电阻器正常。

2. 热敏电阻器的检测

热敏电阻器的检测分两步，分别是检测热敏电阻器的标称电阻值和改变温度时的电阻值，只有两步均正常才能说明热敏电阻器正常。在完成两步测试后会判断出热敏电阻器是 NTC 还是 PTC。

（1）检测标称电阻值

检查热敏电阻器的标称电阻值时，数字式万用表应选择合适的欧姆挡，此处以标称电阻值为 25 Ω 为例。数字式万用表调到"200 Ω"挡位，热敏电阻器放置于 25 ℃ 环境中，万用表的红、黑表笔分别接热敏电阻器的两端，观察万用表显示屏上的电阻值。若测得电阻值与标

称电阻值相近,说明热敏电阻器标称电阻正常;若阻值为 0,说明热敏电阻器短路损坏;若阻值为无穷大,说明热敏电阻器开路损坏;若测得电阻值与标称电阻值相差过大,说明热敏电阻性能变差或者损坏。

（2）检测改变温度时的电阻值

数字式万用表调到"200 Ω"挡位,用火焰接近热敏电阻,升高热敏电阻器温度,万用表的红、黑表笔分别接热敏电阻器的两管脚,观察万用表显示屏上电阻值是否发生变化。如果测得电阻值发生改变,说明温度变化时热敏电阻器阻值可以随之变化;若阻值变大说明热敏电阻器为 PTC,若阻值变小说明热敏电阻器为 NTC;若电阻值没有变化说明热敏电阻器失效。

只有标称电阻值和改变温度时的阻值均正常,才说明热敏电阻器正常。

检测热敏电阻器时应注意以下几点：

① 测量功率不得超过热敏电阻器的额定功率,以免引起测量误差。

② 测量电阻值时,人体需避免接触热敏电阻器,以免引起测量误差。

③ 在给热敏电阻器加热时,加热源不要靠热敏电阻太近,以免将其烫坏。

3. 压敏电阻器的检测

（1）压敏电阻器的阻值检测

将数字式万用表调节到欧姆挡的最大挡位,万用表的红、黑表笔分别接压敏电阻器的两管脚,观察万用表显示屏上电阻值,若显示为"OL"即电阻值无穷大,说明压敏电阻器正常;若电阻值接近 0 或为一定的值,则说明该电阻器已损坏。

（2）压敏电阻器的标称电压检测

一般若压敏电阻器的阻值正常,则压敏电阻器正常,但为了更保险可以同时测量压敏电阻器的标称电压。现以标称电压为 56 V 的压敏电阻器为例进行检测说明,其测量电路连接图如图 3.3.7 所示。

图中电源 U 为 0 ~ 60 V（高于 60 V 也可以）的可调直流电源,数字式万用表调到直流电流挡,测量电路电流 I。电源 U 由 0 逐渐增大,电压较小时,测得电路中电流为 0,随着电压增大,当电压增大到某个数值时,电路中电流显著增大,这时直流电源的电压值则为压敏电阻器的标称电压。若未出现上述情况说明压敏电阻器性能欠佳。

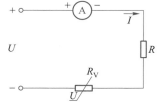

图 3.3.7　压敏电阻器测量
电路连接图

3.4　电容器的选用及检测

电容器,作为一种可以存储电荷的元件,也经常被称作电容,一般由相距很近且中间隔有绝缘介质的导体(包括导线)构成。电容的英文名称：capacitor,在电路中用符号 C 或 C_N(排容)表示。存储电荷并进行充、放电是电容器的基本特性,除此之外电容器的另外一个重要特性是隔直流、通交流。因此在能量转换电路、滤波电路、耦合电路等电路中经常会应用电容器。

3.4.1　电容器的基本知识

视频：3.4.1 电容器的基本知识

1. 电容器的分类

按照管脚是否有极性,电容器可分为有极性电容器和无极性电容器,常见的电解电容器为有极性电容器。

按照电容器的电容量是否可调节,电容器分为固定电容器和可变电容器。

按照使用场合及功能,电容器可分为滤波电容器、高频耦合电容器、调谐电容器、低频耦合电容器等。

按照应用材料,电容器可分为瓷介质电容器、纸介质电容器、云母电容器、玻璃釉电容器、电解电容器、涤纶电容器、独石电容器等。

图 3.4.1、图 3.4.2 分别是常用电容器的外形和电路图形符号。

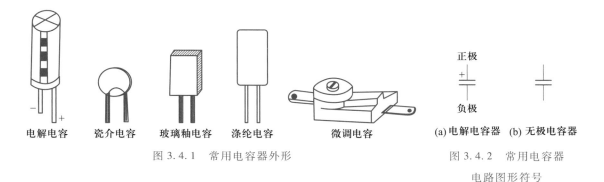

电解电容　　瓷介电容　　玻璃釉电容　　涤纶电容　　　微调电容　　(a)电解电容器　(b)无极电容器

图 3.4.1　常用电容器外形　　　　　　　　　图 3.4.2　常用电容器电路图形符号

2. 常见电容器

（1）电解电容器

电解电容器是固定电容器的一种,由于其体积小、电容量大,在各种电路中得到广泛应用。电解电容器的管脚一般分为正极和负极,正极是涂在金属片上的氧化膜,负极是电解液。从外观来看,正极管脚比较长,负极管脚比较短,通常电解电容器的正负极在电容器上会明确标出。在使用这类电容器时,正极和负极在电路中不可以乱接、反接,正极接电路中电压高的一端、负极接电路中电压低的一端,若出现正极和负极接反的情况,轻则电容器不能正常工作,重则电容器会发生炸裂。

铝电解电容器由于其电容量比较大,虽然有漏电流大、绝缘电阻低、温度变化较大环境下容易失效等缺点,但由于其低廉的价格在低压、低频率的电路中得到大量的应用。其他类型的电解电容器,例如钽电容,与铝电解电容器相比,有可靠、电荷存储能力强、温度特性好、漏电流小、绝缘电阻低等优点,但价格偏高,所以通常在高精度、高频率的电路中应用较多。直插铝电解电容器如图 3.4.3 所示。

（2）云母电容器

云母电容器的电解质是云母,在云母上喷涂银层作为电极,然后将云母片和电极叠加起来制成云母电容器。云母电容器的优点是稳定性比较高,不易受温度影响,温度系数小,介质损耗高,可靠性强,一般应用在要求比较高的场合,比如高频振荡电路。

（3）瓷质电容器

瓷质电容器的介质是陶瓷,此类电容器的特点是耐热性比较好,体积一般较小,损耗小,但是通常电容量比较小,在高频电路中应用较多,如图 3.4.4 所示。

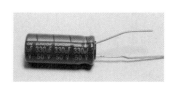

图 3.4.3　直插铝电解电容器　　　　图 3.4.4　瓷质电容器

（4）玻璃釉电容器

玻璃釉电容器是将合适的混合物喷涂成薄膜作介质,再在介质上加工电极制成。玻璃釉电容器在不同环境中可以正常工作,稳定性很好,比如在 200 ℃ 高温下仍能正常工作。

（5）纸介电容器

纸介电容器是在很薄的电容纸两面贴上金属箔做的电极,并将其卷成圆柱或扁形制成内芯,内芯外面封装金属或者绝缘外壳。该类电容器在保证大容量的同时可以将体积做得比较小,不足之处是损耗和自身电感比较大,所以在低频电路中应用较多。

（6）薄膜电容器

薄膜电容器有和纸介电容器相似的结构和加工方法。聚苯乙烯电容器、涤纶电容器、聚丙烯电容器是生活中常见的薄膜电容器。聚苯乙烯电容器优点是绝缘电阻高、损耗小,但是电容量较小、体积大,一般用在高频电路中;聚丙烯电容器有较小的体积,可以替换云母电容器;涤纶电容器由于出色的稳定性,常用作旁路电容。

（7）独石电容器

独石电容器是一种特殊的瓷质电容器,介质主要材料是碳酸钡。该类电容器的优点很多,如绝缘性好、体积小、便宜、耐高温等,因此在很多电路中可以替代其他电容器。独石电容器可以用作滤波电容器、耦合电容器等。

（8）半可调电容器（微调电容器）

半可调电容器是可变电容器的一种,如图 3.4.5 所示。其电容值在平常使用中并不是经常调节的。常见的半可调电容器有瓷质微调电容器、云母微调电容器、拉线微调电容器等。该类电容器的主要应用是调谐电路和振荡电路的校正和补偿。

图 3.4.5 半可调电容器

3. 电容器的主要参数

（1）标称容量与允许误差

电容器的标称容量是指电容器可以存储电荷的多少,容量越大,可以存储的电荷越多。容量的基本单位是法拉,用符号 F 表示。由于 1 F 电容量比较大,所以我们平常标注电容量会用 pF（皮法）、nF（纳法）、μF（微法）、mF（毫法）。通常电容器的标称容量会在电容器的外壳上标示。允许误差是真实测量电容量与标称容量之间可以允许的最大差值。

（2）额定电压

额定电压是电容器在正常允许条件下长时间工作时,两极之间允许承受的最大电压。施加在电容器两端的电压值是不允许超过额定电压值的,否则电容器的两极之间会被击穿,电容器失效。

（3）绝缘电阻

绝缘电阻是用来表征电容器两极之间绝缘体的绝缘程度的参数。理论上绝缘电阻为无穷大,但实际上由于介质的原因,绝缘电阻真实的测量值并不会无穷大,一般测量绝缘电阻值通常是几百兆欧以上。若测得绝缘电阻越大,说明电容器的绝缘性能越好,电容器质量也就越好。如果绝缘电阻很小,说明电容器可能两极之间发生漏电。

4. 电容器的标示方法

电容器的标示方法有很多,常用的标示方法有直标法、文字符号法、数码表示法和色环表示法,如图 3.4.6 所示。

（1）直标法

在电容器上直接标出电容器的相关参数,其中用"R"表示小数点。如:220 mF 表示220 mF;R56 μF 表示 0.56 μF。电解电容器一般用直标法表示。

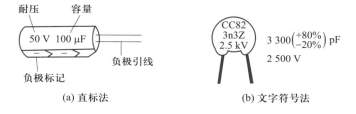

(a) 直标法   (b) 文字符号法

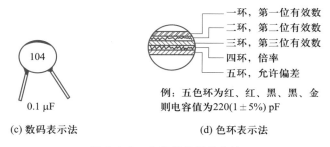

图 3.4.6　电容器的标示方法

（2）文字符号法

按照一定的规律将数字和字母进行组合表示电容器参数。电容量用数字和特定的字母进行表示，特定字母分别是 p、n、μ、m，分别表示 pF、nF、μF、mF。字母前后的数字分别表示容量的整数和小数部分，字母表示容量单位。如：P20 表示 0.2 pF、3P0 表示 3 pF、4P7 表示 4.7 pF、3μ5 表示 3.5 μF。

（3）数码表示法

只用三位数字表示电容器的电容量。第一位和第二位是有效数字，第三位是有效数字后需要添加 0 的个数。如 502 表示 $50×10^2$ pF = 5 000 pF；404 表示 $40×10^4$ pF = 0.4 μF。贴片电容经常使用这种标示方式。

（4）色环表示法

在电容器上用不同颜色的色环表征电容器的各项参数。

色环表示法中通常用字母表示电容器的允许误差，具体含义是：C 为 ±0.25 pF，D 为 ±0.5 pF，F 为 ±1%，J 为 ±5%，K 为 ±10%，M 为 ±20%。

电容器的容量也有一系列规定标称值，固定式标称容量系列 E24、E12、E6 如表 3.4.1 所示。

表 3.4.1　固定式标称容量系列 E24、E12、E6

标称值	最大误差	偏差等级	标称值
E24	±5%	Ⅰ	1.0,1.1,1.2,1.3,1.5,1.6,1.8,2.0,2.4,2.7,3.0,3.3,3.9,4.3,4.7,5.1,5.6,6.2,6.8,7.5,8.2,9.1
E12	±10%	Ⅱ	1.0,1.2,1.5,1.8,2.2,2.7,3.9,4.7,5.6,6.8,8.2
E6	±20%	Ⅲ	1.0,1.5,2.2,3.3,4.7,6.8

5. 电解电容器极性区别方法

（1）电解电容器的正极为较长管脚一端，负极为较短管脚一端，如图 3.4.7（a）所示。

（2）当电解电容器的两极处于同一直线上时，电容器的端头会设计成不同的形状，从而区别电容器的正、负极，如图 3.4.7（b）和（c）所示。

（3）有时电容器上会将电容器的负极用"−"标出，来表示该管脚为负极，如图 3.4.7（d）所示。

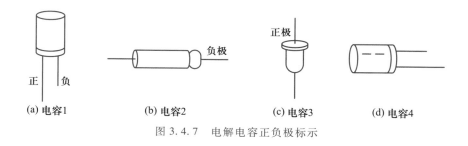

图 3.4.7 电解电容正负极标示

3.4.2 电容器的检测

环境的变化或者多次的充放电操作都会使电容器发生一些常见故障,比如电容器的容量发生变化,电容器发生漏电现象,电容器失去容量等,所以在电容器发生故障时要对电容器进行检测。

1. 无极性电容器的检测

(1)检测 0.01 μF 以上的固定电容

① 测量电容器的容量

检查电容器的标称阻值,根据标称阻值将数字式万用表调到电容挡的合适挡位,红、黑表笔分别接电容器的两个管脚,数字式万用表屏幕显示即为电容器的容量。若测得电容量与标称容量差值在误差允许范围内,则电容器正常;否则电容器存在故障。

② 测量绝缘电阻

数字式万用表选择"20 MΩ"挡位,红、黑表笔接电容器两管脚,测得电阻值开始很小,然后迅速增大,最后显示示数为"OL",测得电阻值超过 20 MΩ,说明电容器正常。该测量过程是电容器充电的过程。

(2)检测 0.01 μF 以下的小电容

对于 0.01 μF 以下的小电容,由于电容器充电时间很短,一般用万用表不能测量其充放电过程,只能根据测得的绝缘阻值判断电容器是否发生内部击穿或者因漏电造成的电容器内部损坏。

2. 有极性电容器的检测

(1)测量电容器的容量

检查电容器的标称阻值,根据标称阻值将数字式万用表调到电容挡的合适挡位,电容器的正极管脚接红表笔,负极管脚接黑表笔,数字式万用表屏幕上读数即为电容器的容量。若测得电容量与标称容量差值在误差允许范围内,则电容器正常;否则电容器存在故障。

(2)测量绝缘电阻

数字式万用表选择"2 MΩ"挡位,电容器的正极管脚接红表笔,负极管脚接黑表笔,测得电阻值开始很小,然后迅速增大,最后显示示数为"OL",测得电阻值超过 2 MΩ,说明电容器正常。该测量过程是电容器充电的过程,电阻变为"OL"时间越长,说明电容器的容量越大,进行充电的时间越长。

（3）电容器在测量前必须将电容器所在电路进行断电,并将电容器进行放电。对极小电容进行放电时,不能用过长的导线,否则可能引入杂质电容。

3. 可变电容器的检测

（1）功能正常的电容器的调节旋钮在进行电容量调节时旋转应是十分顺畅、平滑的,若在旋转过程中出现卡顿或者不顺畅则说明电容器不能继续使用。

（2）检查调节旋钮和动片的接触是否良好,若两者之间出现松动、不能紧密接触,电容器也是不能继续使用的。

（3）检测绝缘电阻。将数字式万用表调到"20 kΩ"挡位,红、黑表笔分别接微调电容器的可调节旋钮端与固定端,待电容器充电完成时,测得的电阻为无穷大。调节旋钮,改变电容器的电容量后,测得电阻最终也应为无穷大,此时说明微调电容器正常。若在调节后,测得电阻变小为一定值或者为 0,则说明微调电容器已损坏。

3.4.3　电容器的故障及处理

1. 电容器的常见故障

当发现电容器的下列情况之一时应立即切断电源。

（1）电容器外壳出现变形,比如膨胀、鼓包、漏液、炸裂等。

（2）电容器表面温度大大升高。

（3）电容器工作时内部出现非正常声音。

2. 电容器的故障处理

（1）当电容器发生强烈爆炸并引起着火时,应该立即将电路电源切断,并快速进行灭火处理。

（2）当电容器发生击穿、内部断路、失效（电解电容电解液泄漏或减少,电容量显著减少）等故障时,电容器失去修理价值,应及时更换新的电容器。

（3）存放时间较长的电解电容若漏电阻较小,可进行老化处理。将电解电容接在较低的直流电压下,电容正极接电源正极,负极接电源负极。电容器充电几个小时后,用万用表检测正反向漏电阻,如果恢复正常,则该电解电容仍可用。若 3 h 后仍不符合要求,说明电容已损坏,不宜使用。

（4）可调电容器出现静电感应时（调动时出现顿挫感）,一般可用酒精清洗。

3.4.4 使用注意事项

1. 电容器充电时所存储的电荷并不会在电源切断之后立刻消失,在电容器的内部较长时间内都会存在,这时若电容放电会产生很高的电压,若处理不当会损坏电路中其他元件。一个一次性相机的闪光模组在经过 1.5 V 干电池充电后,电压值会超过家用电的额定电压,如此高电压产生的电击甚至能使人死亡。

2. 容量比较大的电容器通常会存在大量电荷,所以该类电容器在存储前、组装前、以及在维修检查前均需将电容进行放电或将电容进行短路。因为若不进行放电,电容中存在的电荷突然放电产生的高压会将电路中的其他元器件损坏,甚至造成更加严重的危险。

3. 对于含有有害物质的电容器,比如有些电容器中含有多氯联苯,这种物质进入土壤和水源中均会造成污染,所以在处理这种电容器时,需要按照有害物质的相关要求进行处理,不能随意丢弃。

4. 若电容器工作时的电压超过其标称电压,电容器的绝缘物质会膨胀从而导致电容器出现鼓包、漏油、甚至炸裂的情况。泄漏的绝缘物质在遇到电流或者火的情况会引起火灾。当电容器工作在电流过大的场合时,电容器内部温度会升高,从而使电容器寿命变短甚至直接被损坏。

3.5 电感器的选用及检测

电感器也称"电感线圈",属于一种把电能转化为磁能的储能元件,简称电感。它是由绝缘导线绕制成单圈或多圈且能够产生自感量的电抗元件,常用在偏转、滤波、调谐等电路中。

3.5.1 电感器的基本知识

1. 电感器的结构及图形符号

电感器是由漆包线、纱包线、塑料皮线等构成的同轴串联线圈,缠绕在磁芯、铁心或绝缘骨架上,其阻抗会随着频率的增高而增大。常用的振荡电路就是由电容和电感器构成的,电感器允许直流电通过并且压降小;通过交流电时,会受到与外加电压反向的自感电动势的阻碍。

(1) 骨架

骨架是电感线圈的支架,根据不同的需求,由陶瓷、塑料、胶木制作而成。一般像振荡线圈等可调电感器或者体积大的固定电感器,为了增加电感量,在骨架缠绕好线圈后,还要把磁芯、铁心等装入骨架内腔中。一般空心电感器(空心线圈)不使用屏蔽罩、磁芯和骨架,在保证线圈间有一定距离的情况下,先利用模具绕制好线圈再移开模具。色码电感器等小型电感器也没有骨架结构,直接在磁芯上缠绕线圈即可。

（2）绕组

绕组作为电感器的重要构成部分之一,是具有特定功能的一组线圈,分为密绕、间绕等单层绕组和蜂房式绕法、乱绕、平绕等多层绕组。

（3）磁棒与磁芯

制作材料通常是镍锌铁氧体或锰锌铁氧体,形态各式各样如帽形、工字形、E 字形、柱形等。

（4）铁心

铁心通常由坡莫合金、硅钢片制作而成,具有 E 字形等多种形状。

（5）屏蔽罩

为了保护其他元件和电路免受电感器产生的磁场干扰,可以添加屏蔽罩。这样会增加线圈损耗,降低 Q 值。

（6）封装材料

塑料、环氧树脂等常作为封装材料,主要作用是对色环与色码等类型电感器的线圈或磁芯等进行密封。

电感在电路中通常用"L"加数字表示,有直标和色标两种标注方法。前者是直接用数字和文字把重要参数例如电感量、允许误差等标记在外壳上。后者同电阻的色标法一样,前两个色环为有效数字、第三色环为倍率、第四色环为误差,单位为 mH。图 3.5.1 和图 3.5.2 是其电路图形符号及实物图。

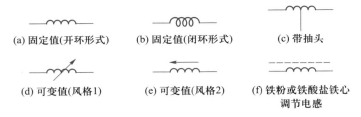

图 3.5.1　电感器电路图形符号

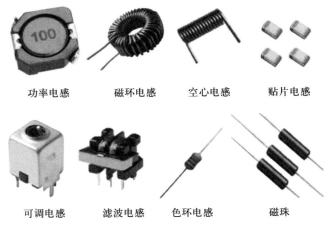

图 3.5.2　电感器实物图

2. 电感器的主要参数

（1）电感量

电感量是体现电感器产生自感应能力的一个物理量。它与电感线圈的结构、匝数和绕组方式等有关，和电流无关，单位有 H（亨）、mH（毫亨）、μH（微亨），$1\ H = 10^3\ mH = 10^6\ \mu H$。

（2）允许误差

允许误差是指实际电感量相对于标称值的最大允许偏差范围。

（3）感抗 X_L

交流电通过线圈受到的阻碍作用就是感抗。若用 X_L 表示感抗、f 表示交流电频率、L 表示电感量，则计算公式为 $X_L = 2\pi fL$，单位是 Ω。

（4）品质因数 Q

品质因数是表征线圈质量的参数，亦称作 Q 值。由表达式 $Q = \omega L/R$ 可见，工作角频率 ω 越大，电感量 L 越大，等效电阻 R 越小，则 Q 值越高。影响 Q 值的因素有：铁心损耗、直流电阻、屏蔽罩损耗、介质损耗等。

（5）额定电流、标称电压

额定电流和标称电压都是为了保证电路安全可靠运行而设定的。工作时如果超出额定值，电感器就可能发热，其性能指标也会被迫改变，以至于发生因过流而烧毁的状况。

（6）分布电容（寄生电容）

分布电容通常是指在印刷电路板或其他电路中的线和线之间以及印刷板的上层和下层之间形成的电容。因互感像寄生在布线间，又称之为寄生电容。

通常电阻可以等效于电容 C、电感 L 和电阻 R 的串联连接，由于低频时性能不明显，而在高频时，等效值会增加，故高频条件下的电容特性不能忽略。在印刷电路板的设计中，要充分考虑高工作频率下分布电容对电路的影响。分布电容越小，稳定性越好。

3. 电感器的分类

电感器的类别繁多，具体分类如图 3.5.3 所示。

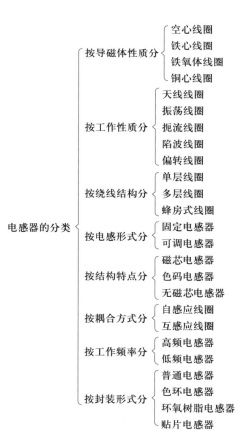

图 3.5.3　电感器的具体分类

其中,常用的电感类型有以下几种:

(1) 小型固定电感器

小型固定电感器没有骨架结构,就是线圈直接缠绕磁芯,在振荡电路、陷波电路、滤波电路中经常使用。具体形式有立式密封型、卧式密封型、立式不密封型、卧式不密封型四种。

(2) 可调电感器

可调电感器一般是通过改变线圈的匝数或者改变铁心在线圈中的位置来调节电感值的大小。比较常见的有音响的声频补偿线圈、半导体无线电的振荡线圈等。

(3) 功率电感器

功率电感器一般由粗导线绕制而成,能承受较大功率,如图 3.5.4 所示。常用在脉冲记忆程序设计、计算机显示板卡和 DC-DC 转换器上。

图 3.5.4　功率电感器

4. 电感器的用途

(1) 滤波作用

电感器最常见的应用是 LC 滤波电路。当带有干扰信号的直流电通过 LC 滤波电路时,电容器将交流干扰信号转化为热能,电感器将阻拦频率较高的交流电,进而使较高频率的干扰信号受到抑制。

(2) 阻流作用

电感线圈中的自感应电动势始终阻碍电流的变化,分为高频阻流与低频阻流电感器。

(3) 调谐与选频作用

LC 调谐电路是由电感 L 并联电容 C 构成的。如果用 f 表示非交流信号频率,用 f_0 表示固有振荡频率,当 $f=f_0$ 时,感抗与容抗等大反向,电路就会发生谐振现象。此时总阻抗最大、总电流最小,因而可以选择出一定频率 f 的交流信号。

(4) 磁珠、磁环的作用及特点

磁芯能够增加电感,还可以提高 Q 值,为了缩小电感器的体积,常把磁芯置于线圈中。磁环的作用是屏蔽高频噪声,常见由电缆和磁环构成抗干扰的铁氧体磁环。磁珠可以屏蔽高频噪声,还能专门用来吸收静电脉冲、抑制尖峰干扰。磁珠和磁环主要用于电磁辐射干扰的抑制,是能量消耗的元件;而电感更侧重于导电干扰的抑制,是储存能量的元件。

3.5.2 电感器的检测

在业余检测条件下,一般较难检测出电感器的电感值,但可以使用数字式万用表测量电感器的通断以及电阻值,通过测量可以辨别电感器的好坏,具体检测电感器的步骤如下。

1. 外观检查

首先检查外观是否完好,引脚是否折断,金属部分是否腐蚀氧化,线圈是否松散,标识是否清晰完整等。

2. 阻值测量

首先进行初步测试,使用数字式万用表测量其直流电阻。然后和已知的正常值进行比对,若测量值比正常值小很多,那么可能是本体短路;若测量值为 0 或比正常值大很多,那么可能是本体开路。

将数字式万用表切换至蜂鸣二极管挡,将表笔放在两个引脚上,观察读数。对于贴片电感,若此时读数为零,则说明该电感正常;若读数偏大甚至为 ∞,则说明该电感已经损坏。若不能通过磁环明显损坏或者元件发烫判断出来,则可以采用电感表测量电感,或者使用替换方法进行判别。

3.5.3 电感器的选用

许多电器中都使用了电感器元件,在选择时一般需要注意以下几项要求。

1. 对电感量的要求

在选用之前,首先要了解电路对电感量的要求,根据电感量标识选择电感器。若是在检修时发现有故障的电感器,一般有三种修理方式:① 把完好的成品电感器替换到电路中;② 维修损坏的电感器,修好后重新安装;③ 前两种方式都无法进行时,需要重新制作同样的电感器进行替换。不管是上述哪种方式使用的电感器,最好先检测其电感量,确保满足原电路要求再使用,否则不能应用。可调磁芯线圈需要把磁芯处于量程的中心再测量电感量。通过增加(或减少)匝数的方法可以调整电感量过小(或过大)的电感线圈。

不同应用电路对电感量的需求各异。比如在电视机的谐振电路中,电感量的微小变化会引发收看质量的重大偏差,所以需要严格要求线圈的电感量,而在退耦、滤波的电器电路中,则对电感量的要求不是很高。上述两种电路线圈变质概率很小,即便存在轻微变质,电器工作也不会受到很大影响。

2. 对 Q 值的要求

当电感器的 Q 值降低至不满足电路要求时,信号损耗会增大,特别是谐振回路的电感器,这种情况将直接降低电视机、收音机的接收灵敏度,严重时无法正常收看、收听,因此,需要选择 Q 值高的电感器用于谐振电路中。无仪器检测时最好选用 Q 值有保证的、干净的新电感器,而不用霉变、受潮或积尘的电感器。

要想在重新绕制线圈时人为提高 Q 值,可以在确保原有电感量的情况下,选择加粗绕制导线的直径。另外,电感线圈的损耗与制作材料有关。相比胶木、塑料及纸等材料,陶瓷制作骨架损耗小,可以在高频电路中的应用满足损耗小的要求。

3. 对机械强度的要求

电感线圈的绕组端头必须固定且每圈线圈紧密缠绕才能确保结构牢固,有些线圈为了加强绝缘,防止受潮和霉烂,还要进行浸绝缘漆处理。

太细的导线不适合绕制线圈,不仅会降低 Q 值,增加线圈电阻,还会引起载流量不够而烧坏。为了加强机械强度,要检查可调磁芯电感线圈有无磁芯破碎和滑丝现象,检查有磁芯的线圈其磁芯的牢固情况。

4. 按电路频率选用电感器的要求

依照信号频率的高低,将彩电等电路的组成分为九种:① 电源电路;② 高频电路;③ 场频电路;④ 伴音中频电路;⑤ 行频电路;⑥ 图像中频电路;⑦ 色副载波电路;⑧ 视频电路;⑨ 音频电路。

通常,选择带低频铁氧体或带铁心的电感线圈用于 20 ~ 20 000 Hz 的电路中;选择铁氧体磁芯线圈用于几十千赫至几百千赫的电路中;选择导磁系数较高的铁氧体磁芯线圈用于几兆赫至几十兆赫的电路中;选择空心铜管式电感器或空心线圈用于 100 MHz 以上的电路中;选择可调电感器用于需要在某一范围调节频率的电路中。

选择电感器时,既要注意电性参数还要注意体积大小。此外,更换的元件不得与任何其他组件接触,避免短路故障发生。

5. 代换原则

色环电感器、小型固定电感器与色码电感器三者可直接代换的条件是:相近的外观规格、相同的电感量、相等的额定电流。

如果电感量、频率范围及 Q 值相同,哪怕是不同型号的振荡线圈也能在半导体无线电中代换。

为了避免对线圈的安装和电路的工作状态造成影响,应尽量选择同种规格和型号的行振荡线圈用于电视机中。

不同型号的偏转线圈若性能参数及规格相近也可以替换使用。偏转线圈常与显像管配套使用,也可以和行、场扫描电路组合使用。

3.5.4 使用注意事项

1. 由于温升的影响,电感类元件的绕线与铁心容易发生电感量变化,所以需要按规定控制温度。

2. 电流通过电感器的绕组后易形成电磁场。放置元件时,应注意使相邻的电感器相互远离或绕组彼此成直角,以减少互感。

3. 电感器的各层绕组间存在间隙电容,在多圈细线间表现尤为突出,不仅会导致高频信号旁路,而且会降低实际的滤波效果。

4. 要想获得正确的电感值及 Q 值,在测试时引线要尽可能靠近元件本体。

3.6 二极管的选用及检测

二极管是最常见的半导体电子元器件,可以和其他器件构成稳压、检波、整流以及各种调制电路。正因为该类元器件的出现,才诞生了当今多种多样的电子产品。所以要想为以后的电子技术学习打下扎实的基础,就必须牢牢掌握这些基础元件的工作原理以及基本电路。

3.6.1 二极管的基本知识

1. 二极管的结构及种类

视频:3.6.1 二极管的基本知识

二极管(diode)的全称为晶体二极管,由电极引线和 PN 结通过管壳密封而成。二极管的结构及电路符号如图 3.6.1 所示。

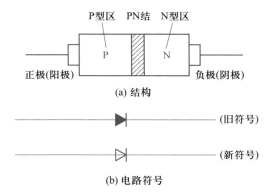

图 3.6.1 二极管的结构及电路符号

二极管的管脚有正、负极之分。常用"−"号在管壳上表示负极,也可以用一个不同颜色的环代替标注。外壳的密封形式有玻璃壳、塑封和金属壳,其中金属壳常用于大功率二极管。

二极管的类别繁多,具体分类如图 3.6.2 所示。

2. 二极管特性

二极管只允许电流正向通过,这是它最显著的特性——单向导电性。

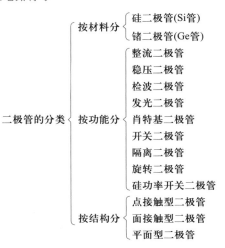

图 3.6.2 二极管的具体分类

（1）正向特性

正向偏置是指对二极管施加正向电压，P 区与 N 区电极引线分别接外电源正极和负极。二极管伴随着正向电压由小变大的过程，依次经历了无法导通、开始导通、完全导通三个阶段。第一阶段，由于内电场强大的阻挡作用，正向电流极小，称为死区。第二阶段，二极管达到"死区电压"开始导通，Ge 管和 Si 管的死区电压分别约为 0.1 V 和 0.5 V。第三阶段，二极管的稳定电压值叫作"正向压降"，Ge 管和 Si 管的正向压降分别约为 0.3 V 和 0.7 V。

（2）反向特性

反向偏置是指对二极管施加反向电压，P 区与 N 区电极引线分别接外电源负极和正极，此时会有极小的"漏电流"通过。当反向电压达到击穿电压时，反向电流会迅速增大，二极管处于击穿状态。

（3）正向管压降

不同类型的二极管，其正向管压降也大不相同，如图 3.6.3 所示。

（4）特性曲线

施加的正向电压很小时，电流十分微弱；当所施加的电压达到开启电压时，电流按指数形式增大；达到导通电压时二极管完全导通，如图 3.6.4 所示。

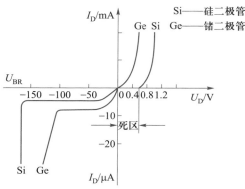

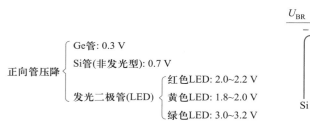

图 3.6.3　二极管的正向管压降　　　　　图 3.6.4　二极管特性曲线

对二极管施加反向电压，当所施加的电压很小时，反向饱和电流 I_S 很小；当电压超过反向击穿电压 U_{BR} 时，I_S 迅速增大。二极管的型号不同，其 U_{BR} 值从几十伏到几千伏，差异明显。

由于二极管的电压与电流并非线性关系，所以不同二极管并联时要选择合适的电阻。

（5）二极管的反向击穿

反向击穿是指当施加的反向电压超出一定值时，反向电流忽然增大的现象。反向击穿分为齐纳击穿和雪崩击穿两种。若反向电压过高，则该电压足以使其 PN 结反向导通，此时的临界电压叫作二极管反向击穿电压，会使二极管严重受损。因此要避免施加过高的反向电压。

3. 二极管的作用及应用

（1）整流

整流二极管能把交流电变换成脉动的直流电。该类型的二极管多为面结合型二极管，结面积大,多采用 Si 材料制成。特点是结电容大,工作频率低。

（2）开关

二极管的开关特性是依据单向导电性来实现对电路开通或关断的控制。各种逻辑电路的组成常用到二极管的开关特性。

（3）限幅

当二极管正向导通后,可把信号幅度控制在所需范围内,此时的正向压降保持恒定。

（4）检波

检波二极管大多采用 Ge 材料制成点接触型二极管,能够将调制在高频载波上的低频信号检测出来。

（5）稳压

稳压管是利用 PN 结在反向击穿时其两端电压恒定而达到稳压的目的,常用的稳压管有 2CW55、2CW56 等。

（6）触发

触发二极管常用于触发双向可控硅或用作过压保护等,属于三层构造的对称两端器件。

此外二极管还具有续流作用、显示作用、阻尼作用等。

3.6.2 二极管的检测

1. 普通二极管的检测

对于普通二极管,通常用万用表来检测电阻值,识别极性,分辨好坏。

（1）极性识别

用指针式万用表电阻 100 Ω 或 1 kΩ 挡,将红、黑表笔接到二极管的两端交换测量。小阻值是正向电阻,此时黑、红表笔分别相连二极管的正极和负极。大阻值是反向电阻,接线情况与正向电阻时正好相反。

（2）单向导电性能的检测与判断

由于 Ge 管和 Si 管的正向管压降不同,所以可以通过正向电阻值来判别是 Ge 管还是 Si 管,正向电阻值为 1 kΩ 左右和 5 kΩ 左右的分别为 Ge 管和 Si 管。二极管的正、反向阻值差异越大,表明单向导电性越好。

观察正、反向两个阻值,正常时两者应相差很大,且后者接近于 ∞ ;如果两者均为 ∞ ,则表示该二极管开路损坏;如果两者均为 0,则表示该二极管已被击穿短路;如果两者差异较小,则说明该二极管质量较差,最好不用。

（3）反向击穿电压的检测

方法一:晶体管直流参数测试表。首先将"NPN/PNP"选择键选为 NPN 状态,再将测试表的"e"孔插入二极管正极,测试表的"c"孔插入二极管负极,按下"V(BR)"键,此时表的示数为反向击穿电压值。

方法二：万用表和兆欧表。首先将兆欧表的正极与二极管的负极相连，剩余的两个电极也连到一起。然后将万用表置于直流电压挡，注意选择合适的挡位，监测二极管的电压。由慢到快摇动兆欧表手柄，稳定时的电压值就是反向击穿电压值。

2. 稳压二极管的检测

（1）极性识别

从外观上看，塑料封装稳压二极管的负极端有彩色标记，金属封装稳压二极管的正负极端分别为平面形和半圆面形，如图3.6.5所示。若标记不清，可采用普通二极管的判别方法，指针式万用表选电阻1 kΩ挡。

（2）稳压值的测量

① 外加电压判别稳压值

在外加偏压（提供反向电流）的条件下，将稳压二极管（RD3.6E 型）与可调直流电源（3 ~ 10 V）、限 流 电 阻（220 Ω）一起串联搭建检测电路。接下来使用万用表调至直流电压挡，仿照普通二极管的接线方式，观察表的示数。

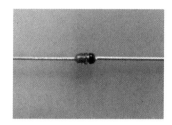

图 3.6.5　稳压二极管

当直流电源输出电压较小时，稳压二极管截止，表的示数为电源电压值。当电源电压超过3.6 V时，万用表的示数为3.6 V。继续增加直流电源的输出电压，直到10 V，若表的示数仍不改变，则3.6 V就是稳压值。RD3.6E 型稳压二极管的稳压值为3.47 ~ 3.83 V，只要在这个范围内都是合格产品。若要检测较高稳压值的稳压二极管，则应使用大于稳压值的直流电路。

② 用万用表测量稳压值

稳压值在15 V以下的稳压二极管，也可以用指针式万用表电阻10 kΩ挡(内含15 V高压电池)测量。读数时刻度线最左端为15 V，最右端为0 V。这是利用高阻挡测量反向电阻，进而估测稳压值的方法，注意导通黑笔接负极。若选择万用表50 V挡，稳压值为$(50-A)/50 \times 15$ V，式中 A 为对应的表盘示数。

3. 双向触发二极管的检测

（1）正、反向电阻值的测量

用指针式万用表电阻10 kΩ或1 kΩ挡测量双向触发二极管（DIAC）。观察正、反向两个阻值，正常时两者应均为∞；若两者均为0或很小，则表明二极管已被击穿损坏。

（2）测量转折电压

方法一：先用万用表测量市电电压 U，然后在万用表的交流电压测量回路中串入双向触发二极管，接入 U 读出电压值 U_1，再对调二极管两极，读出电压值 U_2。若 $U_1 = U_2 \neq U$，表明该二极管的导通性对称；若 U_1 与 U_2 相差较大，则表明导通性不对称；若 $U_1 = U_2 = U$，则表明该二极管已短路损坏;若 $U_1 = U_2 = 0$,则表明该二极管已开路损坏。

方法二:将可调直流电源(0～50 V)、限流电阻(20 kΩ)、双向触发二极管、万用表直流 1 mA 挡一起串联搭建检测电路。先将直流电源调到 5 V 以下,然后逐渐升高输出电压。当电源电压较低时,双向触发二极管呈高阻状态而截止,万用表指针指示 0 mA。当电源输出电压为 30 V 时,双向触发二极管被击穿,万用表指针突然摆动,此时即为转折电压。将该结果与技术规格中的值对照,若对照结果符合技术要求,则说明双向触发二极管正常。

4. 发光二极管的检测

(1)极性识别

将发光二极管放在光源下,采用直接观察法。管体通常是用透明塑料制成的,可以清晰地看到两条引出线在管体内的形状,较大端是负极、较小端是正极。发光二极管正负极如图 3.6.6 所示。

(2)性能好坏的判断

方法一:用指针式万用表的电阻 10 kΩ 挡,若测量 LED 正向阻值为 10～20 kΩ,反向阻值为 250 kΩ 至无穷大,则表明该发光二极管性能良

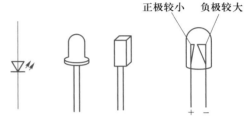

图 3.6.6 发光二极管正负极

好;如果改用 1 kΩ 挡,由于正向压降大于 1.6 V,则发现正、反向电阻均接近于 ∞ 。使用指针式万用表的电阻 10 kΩ 挡对一只 220 μF/25 V 电解电容器充电,电容器充电后与 LED 连接,注意极性的正确接线。若 LED 有很亮的闪光,则表明其完好无损。

方法二:将 3 V 直流电源、一个开关、33 Ω 电阻、LED 一起串联搭建如图 3.6.7 所示的检测电路。若其发光,则表明该二极管正常。

将可调直流电源(0～50 V)、限流电阻(20 kΩ)、双向触发二极管、万用表直流 1 mA 挡一起串联搭建检测电路。

方法三:将 1 节 1.5 V 电池串接在指针式万用表(选择 10 Ω 电阻挡)的黑表笔,将电池正极接 LED 的正极,万用表红表笔接 LED 负极,如图 3.6.8 所示。若其发光,则表明该二极管正常。

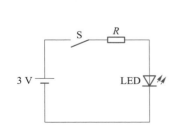
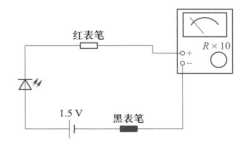

图 3.6.7 发光二极管外接电源检测电路图Ⅰ   图 3.6.8 发光二极管外接电源检测电路图Ⅱ

5. 红外发光二极管的检测

（1）极性识别

方法一：红外发光二极管与普通发光二极管相类似，封装多采用透明树脂，管内宽大端是红外 LED 的负极，窄小端是正极。

方法二：与侧向小平面靠近的是负极，远离的是正极。

方法三：长、短管脚分别为正、负极。

（2）性能好坏的测量

用指针式万用表电阻 10 kΩ 挡，若测量 LED 正向阻值为 15 ~ 40 kΩ，反向阻值大于 500 kΩ 时，则表明 LED 性能良好；若两个电阻值均接近 0，表明 LED 已击穿损坏；若两个阻值均为 ∞，表明 LED 已开路损坏；若反向阻值远远小于 500 kΩ，表明 LED 已漏电损坏。

6. 红外光电二极管的检测

用指针式万用表电阻 1 kΩ 挡来检测红外光电二极管，与测量普通二极管的方法一样。测出正向阻值应为 3 ~ 10 kΩ；反向阻值应大于 500 kΩ 或为 ∞。若正向阻值过大或为 ∞，表明该二极管开路或导通电阻过大；若反向阻值过小或为 0 Ω，表明其漏电或已击穿。红外光电二极管如图 3.6.9 所示。

还可以使用电视机遥控器对准被测二极管的接收窗口。若该二极管正常，则按动遥控器上按键时，其反向阻值会由 500 kΩ 以上减小至 50 ~ 100 kΩ 之间。阻值下降幅度越大，说明该二极管的灵敏度越高。红外光电二极管检测如图 3.6.10 所示。

图 3.6.9　红外光电二极管

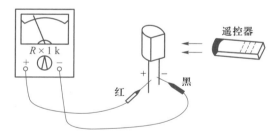

图 3.6.10　红外光电二极管检测

7. 其他光电二极管的检测

（1）电阻测量法

光电二极管电阻测量法如图 3.6.11 所示。首先用黑纸遮住光电二极管的光信号接收窗口。然后用指针式万用表电阻 1 kΩ 挡，若测量正向阻值在 10 ~ 20 kΩ 之间，反向阻值为 ∞ 时，则表明该二极管正常；若两个阻值均为 ∞，表明该二极管断路损坏；若两个阻值均很小，表明该二极管漏电，再把黑纸换成光源，继续观察两个电阻值的变化。在正常情况下，正、反向阻值变化越大,说明该二极管的灵敏度越高。

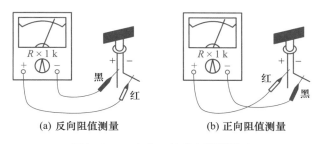

(a) 反向阻值测量   (b) 正向阻值测量

图 3.6.11 光电二极管电阻测量法

（2）电压测量法

将光源对准光电二极管的光信号接收窗口,把万用表置于 1 V 直流电压挡,黑表笔接光电二极管的负极,红表笔接光电二极管的正极。若电压在 0.2 ~ 0.4 V 之间,电压和光强成正比,则表明该二极管正常。

（3）电流测量法

将万用表置于 200 mA 电流挡,黑表笔接光电二极管的负极,红表笔接光电二极管的正极。正常的光电二极管在白炽灯光下的现象是随着光强的递增,电流从几微安增大至几百微安。

8. 激光二极管的检测

（1）阻值测量法

用指针式万用表电阻 10 kΩ 挡测量拆下的激光二极管。若正向电阻在 20 ~ 40 kΩ 之间,反向电阻为 ∞,表明该二极管正常;若正向阻值超过 50 kΩ,表明该二极管的性能已下降;若正向阻值大于 90 kΩ,表明该二极管已严重老化。

（2）电流测量法

用万用表对激光二极管驱动电路中负载电阻两端的电压降进行测量,再由欧姆定律估算出通过该管的电流值,当电流超过 100 mA 且不会因调节激光功率电位器而变化时,可判断该二极管已严重老化。若电流剧增而失控,表明该二极管的光学谐振腔已损坏。

9. 变容二极管的检测

（1）极性识别

有些变容二极管的管壳上有极性标记,负极端可能涂有黑色,也可能涂有黄色。无标识时可用万用表二极管挡测量正、反向压降以辨识极性。正常的变容二极管,在测量正向电压降时,红、黑表笔分别接二极管的正、负极,读数为 0.58 ~ 0.65 V;测量反向电压降时,表的读数显示为溢出符号"1"。

（2）性能好坏的判断

用指针式万用表的 10 kΩ 挡测量变容二极管的正、反向电阻。若两者均为 ∞,表明该二极管正常;若两者均有一定阻值,表明该二极管漏电;若两者均为 0,表明该二极管击穿损坏。

10. 双基极二极管的检测

（1）极性识别

将指针式万用表置于 1 kΩ 挡,若两表笔测得任意两个电极间的正、反向阻值均为 2 ~ 10 kΩ,这两个电极即为 B_1 极和 B_2 极,余下的电极是 E 极;再将黑、红表笔分别接 E 极和 B_1、B_2 极,阻值较小时所对应的是 B_2 极,则另一个是基极 B_1,如图 3.6.12 所示。

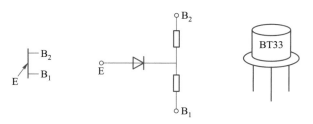

E—发射极;B_1—第一基极;B_2—第二基极。

图 3.6.12　双基极二极管管脚结构

（2）性能好坏的判断

通常用双基极二极管各极间的电阻值来判断该类二极管性能的好坏。指针式万用表选择 1 kΩ 挡,将黑、红两表笔分别接发射极 E 和两个基极（B_1 和 B_2）,正常时有几千欧至十几千欧 的电阻值,再将表笔对调,正常时阻值为 ∞ 。B_1 和 B_2 之间的正、反向阻值正常时均在 2 ~ 10 kΩ 范围内,若测得任意两个电极间的阻值远远超出上述正常范围,表明该二极管已损坏。

11. 桥堆二极管的检测

（1）全桥的检测

全桥是四只整流二极管按一定规律连接的组合器件,具有 2 个交流输入端（~）,直流正 （+）、负（−）极输出端。分别测量"+"极与两个"~"极、"−"极与两个"~"之间的正、反向电 阻,由阻值是否正常判断全桥是否损坏。若某只二极管的两个阻值均为∞ 或均为 0,表明二 极管开路损坏或已击穿。

（2）半桥的检测

用指针式万用表测量组成半桥的两只整流二极管,如不符合单向导电性则说明半桥已 损坏。

12. 高压硅堆二极管检测

用指针式万用表 10 kΩ 挡测量高压硅堆二极管的正、反向电阻。若正向阻值大于 200 kΩ,反向阻值为 ∞ ,表明该二极管正常;若测得两个电阻均有一定数值,则说明该二极管 已击穿损坏。

13. 变阻二极管的检测

用指针式万用表的 10 kΩ 挡测量变阻二极管的正、反向电阻。若高频变阻二极管的正向阻值为 4.5 ~ 6 kΩ,反向阻值为 ∞,表明该二极管正常;若两个阻值均很小或均为 ∞,表明该二极管已损坏。

14. 肖特基二极管的检测

用指针式万用表 1 Ω 挡测量肖特基二极管的正、反向电阻。若正向阻值为 2.5 ~ 3.5 Ω,反向阻值为 ∞,表明该二极管正常;若两个阻值均为 ∞ 或均接近 0,表明已开路或击穿损坏。

三端型肖特基二极管应先测其公共端,判断其是共阴对管还是共阳对管后,再分别测量两个二极管的正、反向电阻。

3.6.3 使用注意事项

1. 使用前应查清该二极管最大正向电流。若最大正向电流超过限值,PN 结将发热而被烧毁。最大正向电流值可以在半导体器件手册中查找。

2. 使用前应查清该二极管反向峰值电压,为安全运行一般取 $\frac{1}{2}U_{BR}$ 或 $\frac{2}{3}U_{BR}$,U_{BR} 是反向击穿电压。

3. 使用前应查清该二极管反向直流电流 I_R。实际 I_R 的大小与反向电压有关,I_R 越小单向导电性越好。半导体手册上给出的 I_R 为最高反向工作电压时的 I_R。小功率硅二极管的 I_R 一般小于 0.1 μA,锗管的 I_R 为几十微安到几百微安。

4. 最高工作频率 f_M 主要由二极管的势垒电容 C_T 和扩散电容 C_D 的大小来决定,f_M 值可从半导体器件手册中查出。

5. 二极管的选择原则:(1)导通电压低时选 Ge 管,反向电流小时选 Si 管;(2)反向击穿电压高时选 Si 管,耐高温时选 Si 管;(3)导通电流大时选平面型,工作频率高时选点接触型。

6. 焊接时二极管不能通电,烙铁最大功率为 50 W,预热最高温度为 100 ℃。

7. 为使 LED 稳定工作,焊接时可串联保护电阻,阻值可根据 $R=(V_{CC}-U_F)/I_F$ 计算。式中 V_{CC} 为电源电压,U_F 为 LED 驱动电压,I_F 为顺向电流。

8. 注意区分数字式万用表和指针式万用表在测试二极管时表笔的接法。

3.7　晶体管的选用及检测

晶体管全称为晶体三极管或半导体三极管,主要起电流放大作用,此外还具有振荡或开关等作用,是电子线路中最重要的器件之一。

3.7.1　晶体管的基本知识

1. 晶体管基本结构

晶体管实际上是在一块半导体基片上制作两个距离很近的 PN 结。这两个 PN 结把整块半导体分成三部分,依次为集电区、基区、发射区。前两个区形成集电结,后两个区形成发射结。排列方式有 NPN 型和 PNP 型,三条引线分别为基极(b),发射极(e)、集电极(c),如图 3.7.1 所示。其图形符号只有发射极有表示电流方向的箭头,NPN 型箭头朝外,PNP 型箭头朝内。

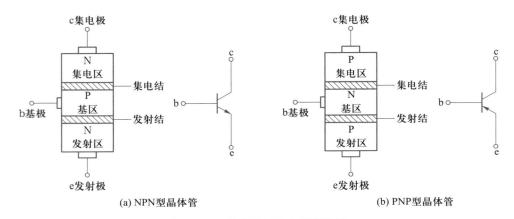

(a) NPN型晶体管　　　　　　　　　　(b) PNP型晶体管

图 3.7.1　晶体管结构和图形符号

2. 晶体管工作原理

晶体管是一种电流放大器件,其放大作用可以理解为一个水闸。水闸上方储存水,存在水压,相当于集电极上的电压。水闸侧面流入的水流称为基极电流 I_B。当 I_B 有水流流过,冲击闸门时,闸门便会开启,这样水闸侧面很小的水流流量(相当于 I_B)与水闸上方的大水流流量(相当于集电极电流 I_C)汇集到一起流下(相当于发射极电流 I_E),发射极便产生放大的电流 I_E。这就是晶体管的放大作用,即输入很小的 I_B 去控制很大的 I_C,导通能力大小由 I_B 决定,它属于电流控制型元件,根据实际需求也可由电阻转变为电压放大作用。

以 NPN 型管为例介绍内部放大原理。NPN 型管由两个 N 型半导体和一个 P 型半导体构成,PN 结外加正向电压时,发射结正偏 $U_{BE}>0$,集电结反偏 $U_{BC}<0$,要保证两个电源 $E_B<E_C$。基区的多数载流子浓度小于发射区的,故发射区大量自由电子可越过发射结扩散到基区,产生电子流,也称为 I_E。因基区很薄且集电结反偏,故注入基区的大部分电子可越过集

电结进入集电区形成 I_C,只剩下 1% ~10% 的电子在基区与多数载流子复合形成了 I_B。三个电流中 I_B 最小,且远小于 I_E 和 I_C;I_E 最大,满足 $I_E = I_B + I_C$。β_1 为直流放大倍数,$\beta_1 = I_C / I_B$。β 为交流放大倍数,数值为几十至一百多,等于两个电流变化量之比,即 $\beta = \Delta I_C / \Delta I_B$。由于在低频时 β_1 和 β 近似相等,所以为了方便,一般不严格区分。

晶体管的工作条件如图 3.7.2(a)所示,由此可得到 NPN 型和 PNP 型的工作状态,如图 3.7.2(b)、(c)所示。

3. 晶体管的分类及型号

（1）晶体管的种类

晶体管种类繁多,分类方式也不尽相同,具体分类如图 3.7.3 所示。

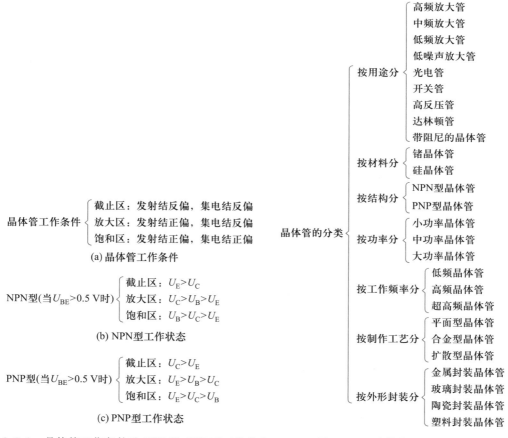

图 3.7.2　晶体管工作条件及 NPN 型、PNP 型工作状态　　图 3.7.3　晶体管的具体分类

（2）晶体管的型号

国产晶体管的型号命名如图 3.7.4 所示,其材料、结构和功能可查阅字母含义对照表,如表 3.7.1 所示。

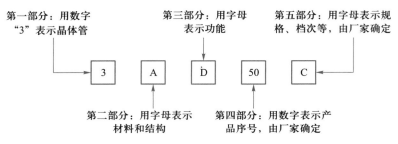

图 3.7.4　国产晶体管型号命名

表 3.7.1　国产晶体管字母含义对照表

材料、结构符号	含义	功能	含义	功能	含义
A	PNP 型锗材料	G	高频小功率管	K	开关管
B	NPN 型锗材料	X	低频小功率管	V	微波管
C	PNP 型硅材料	A	高频大功率管	B	雪崩管
D	NPN 型硅材料	D	低频大功率管	J	阶跃恢复管
E	化合物材料	T	闸流管	U	光敏管

日产晶体管的型号命名如图 3.7.5 所示。

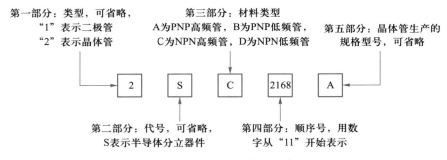

图 3.7.5　日产晶体管型号命名

美产晶体管的型号命名如图 3.7.6 所示。

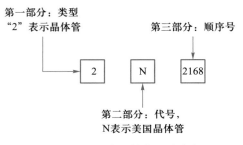

图 3.7.6　美产晶体管型号命名

3.7.2 晶体管的基本电路

1. 晶体管电路中的主要参数

（1）电流放大系数 β：$\beta = \Delta I_C / \Delta I_B$，$I_B$ 较小变化控制 I_C 较大变化。

（2）极间反向电流：c 极与 b 极的反向饱和电流 I_{CBO}。

（3）极限参数：反向击穿电压 U_{BR}、c 极最大电流 I_{CM}、c 极最大功耗 P_{CM}。

2. 晶体管基本电路

模拟电路中常应用晶体管的放大作用，数字电路中常应用晶体管的另外两种工作状态：饱和与截止。

（1）晶体管的三种基本放大电路如表 3.7.2 所示。

表 3.7.2　晶体管的三种基本放大电路

放大电路类型	共射极放大电路	共集电极放大电路	共基极放大电路
电路形式			
直流通道			
静态工作点	$I_B \approx \dfrac{V_{CC}}{R_b}$ $I_C = \beta I_B$ $U_{CE} = V_{CC} - I_E R_e$	$I_B = \dfrac{U_{CC}}{R_b + (1+\beta) R_e}$ $I_C = \beta I_B$ $U_{CE} = V_{CC} - I_C R_e$	$U_B \approx \dfrac{R_{b2}}{R_{b1} + R_{b2}} V_{CC}$ $I_C = I_E = \dfrac{U_B - 0.7\text{ V}}{R_e}$ $U_{CE} = V_{CC} - I_C (R_c + R_e)$

放大电路类型	共射极放大电路	共集电极放大电路	共基极放大电路
交流通道			
微变等效电路			
A_u	$-\dfrac{\beta R_L'}{r_{be}}$	$\dfrac{(1+\beta)R_L'}{r_{be}+(1+\beta)R_L'}$	$\dfrac{\beta R_L'}{r_{be}}$
r_i	$R_b \mathbin{/\mkern-5mu/} r_{be}$	$R_b \mathbin{/\mkern-5mu/} [r_{be}+(1+\beta)R_L']$	$R_e \mathbin{/\mkern-5mu/} \dfrac{r_{be}}{1+\beta}$
r_o	R_c	$R_e \mathbin{/\mkern-5mu/} \dfrac{r_{be}+R_S'}{1+\beta},\ R_S'=R_b \mathbin{/\mkern-5mu/} R_S$	R_c
用途	多级放大电路的中间级	输入、输出级或缓冲级	高频电路或恒流源电路

（2）上述类型可由交流信号的传输路径来区分,既不是输入端也不是输出端的极称为公共极。如果交流信号从 b 极输入、c 极输出,那么 e 极称为公共极;如果交流信号从 b 极输入、e 极输出,那么 c 极称为公共极;如果交流信号从 e 极输入、c 极输出,那么 b 极称为公共极。

3.7.3 晶体管的检测

1. 管型的判别

（1）字母表述法

根据前面介绍的国产晶体管命名规则,可通过管壳上标记的型号当中第二个字母来识别管型,B、D 表示 NPN 管,A、C 表示 PNP 管。字母表述法示例如表 3.7.3 所示。

表 3.7.3　字母表述法示例

字母	晶体管类型
3AX	PNP 型低频小功率 Ge 管
3BX	NPN 型低频小功率 Ge 管
3CG	PNP 型高频小功率 Si 管
3DG	NPN 型高频小功率 Si 管
3AD	PNP 型低频大功率 Ge 管
3DD	NPN 型低频大功率 Si 管
3CA	PNP 型高频大功率 Si 管
3DA	NPN 型高频大功率 Si 管

（2）数字表示法

国际流行的 9011~9018 系列高频小功率管中,大多为 NPN 型管,只有 9012 和 9015 系列为 PNP 管。

2. 管极的判别

（1）指针式万用表检测

下面,将具体介绍晶体管的基极、集电极和发射极的分辨方法。

① 基极的判别

判别晶体管的管极时首先要确定基极。对于 NPN 型管,黑表笔接假设的 b 极,红表笔接另外两个管脚,记录两次的测量结果。指针式万用表测量电阻时,阻值越小(越大)指针偏转角度越大(越小)。接下来改为红表笔接假设的 b 极,黑表笔接另外两个极,再次记录数据。如果前两次测量结果所得到的阻值均较小,而后两次测量结果所得到的阻值均较大,则说明假设成立,假设极就是 b 极。对于 PNP 型管,与上述情况相反。基极及管型判别如图 3.7.7 所示。

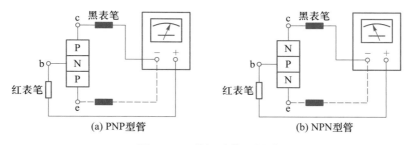

图 3.7.7　基极及管型判别

小功率管的基极常排列在中间,可用上述方法,分别将黑、红表笔接基极,这样既可测定晶体管的 PN 结是否完好无损,又可确定晶体管的管型。

② 集电极和发射极的判别

b 极确定后,继续假设剩余两个管脚,分别为 c 极和 e 极。将手指当作 b 极电阻 R_b,分

别握住假设的 c 极和已经确定的 b 极,与此同时,
万用表的两表笔分别与两个假设极接触。若为
NPN 型管,则用黑表笔接触假设的 c 极,红表笔接
触假设的 e 极,观察指针角度记录数据(PNP 型管
相反),如图 3.7.8 所示;然后再假设另一管脚为 c
极,重复上述过程,对比两次数据,指针偏转大的
那次对应的 c 极、e 极假设正确,说明 I_c 大,晶体管
处于放大状态。

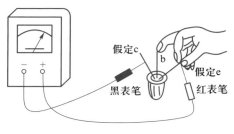

图 3.7.8 集电极和发射极判别

（2）数字式万用表检测

数字式万用表不仅可以识别 Si 管和 Ge 管,还可以测量晶体管的共射电流放大系数 h_{FE}
和判定电极。检测时置于二极管挡或者 hFE 挡。

① 使用万用表判断晶体管类型

采用假设法:假设某晶体管的一脚为 b 极,将数字式万用表调到二极管挡,如图 3.7.9
所示。用红表笔和黑表笔分别接触 b 极和另外两只管脚,若所测得的电压值都很小(通常万
用表会显示 700 mV 左右),则所假设的管脚就为实际的 b 极,且此管为 NPN 型晶体管。如
果没有得到上述两次测量值均为 700 mV 左右的情况,则对另外两个管脚依次进行假设法测
量。若仍未成功,则换用黑表笔进行假设法测量,假设此晶体管其中一脚为 b 极,用黑表笔
和红表笔分别接触 b 极和另外两只管脚,直到两次测得的电压值都较小,此时假设的管脚就
是实际的 b 极,且该晶体管为 PNP 型晶体管。

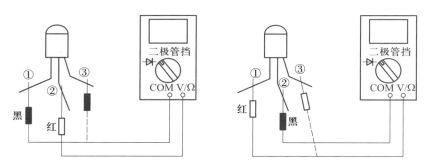

图 3.7.9 数字式万用表二极管挡测试

② 晶体管 c、e 引脚的判别

以 NPN 型晶体管为例,在已判别出 b 极的基础上,假设另外两个管脚分别为 c 极和 e
极,在 b 极和 c 极间加一个几十千欧的电阻,红表笔接 c 极,用二极管挡测量 c 极与 e 极之间
的电压降,若测得的电压较小,则所假设的为 c 极和 e 极是正确的。

③ 测量晶体管的直流电流放大倍数

将万用表切换至 hFE 挡,若被测管是 NPN 型,将该管各管脚插入相应的插孔中,读取表
中显示的 h_{FE} 值。

3. 其他检测

（1）万用表测量 I_{CEO} 和电流放大系数 β

在 b 极开路的情况下,指针式万用表的黑、红表笔分别连接 NPN 管的 c 极和 e 极(PNP 型管相反),观察 c、e 间阻值的大小。电阻值大说明 I_{CEO} 小,电阻值小说明 I_{CEO} 大。

用手指代替 b 极电阻 R_b,继续用上述方法记录 c、e 间的阻值。若此时的阻值比 b 极开路时阻值小得多,说明 β 值大。

（2）万用表 hFE 挡测 β

按照数字式万用表上指定的极性类型插入晶体管测量 β,若 β 很小或为 0,则说明该晶体管已损坏,可用万用表二极管挡分别测两个 PN 结,确认该晶体管是否被击穿或断路。

（3）晶体管的好坏检测

① 选量程:指针式万用表 1 kΩ 或 100 Ω 挡位。

② 测量 PNP 型管的 e 极和 b 极的正向电阻值。指针式万用表的红、黑表笔分别连接 b 极及另外两极,测得阻值分别为 e 极和 c 极的正向电阻,正向电阻愈小愈好。

③ 测量 PNP 型管的 e 极和 c 极的反向电阻值。指针式万用表的黑、红表笔分别连接 b 极及另外两极,所测得阻值分别为 e 极和 c 极的反向电阻,反向电阻愈大愈好。

④ 测量 NPN 型管的 e 极和 c 极的正向电阻值的方法和测量 PNP 型管的方法相反。

3.8　集成电路元器件选用及检测

集成电路(integrated circuit),又称"IC",在电子产品中应用十分广泛,具有高度集成、重量轻、体积小、稳定性高等特点。集成电路是由多种元器件组合而成的,包括二极管、电阻、晶体管、电容等。将这些元器件及连线在半导体晶片或绝缘基板上构成完整电路,并用特制的外壳进行封装,则构成了集成电路。

3.8.1 集成电路的基本知识

1. 集成电路的分类

集成电路的类别繁多,具体分类如图 3.8.1 所示。

模拟集成电路和数字集成电路都可以产生、处理和放大信号,前者针对收音机的音频信号等各种模拟信号,后者针对电脑 CPU 信号、3G 手机信号等各种数字信号。前者由于输出和输入信号成比例,也称为线性电路。数模混合集成电路是高度固件化、集成化的系统电路,其核心思想是将完整的电子系统集成于一个芯片之中,应用在整个电子领域中。

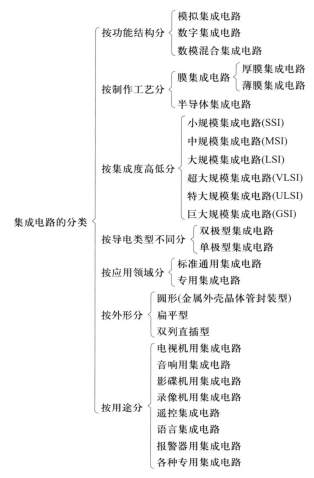

图 3.8.1　集成电路的具体分类

2. 集成电路常见的封装形式

根据外形的不同,集成电路常见的封装名称及形式如图 3.8.2 所示。

集成电路的常见封装 {
四面有鸥翼型脚(QFP)→图3.8.2(a)
球栅阵列(BGA)→图3.8.2(b)
四边有内勾型脚→图3.8.2(c)
两边有内勾型脚(SOJ)→图3.8.2(d)
两面有鸥翼型脚(SOIC)→图3.8.2(e)

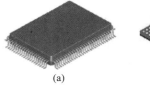
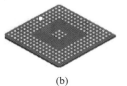

(a)　　　　　　　(b)　　　　　　　(c)

(d)   (e)

图 3.8.2 集成电路常见封装名称及形式

3.8.2 集成电路的检测

1. 基本检测内容

（1）集成电路的脚位判别

对于 BGA 芯片，引脚分布用坐标表示，字母为横坐标，数字为纵坐标。如：A_1、A_2。计数起点有特殊的标识，可能是打点或颜色。逆时针开始数横轴，依次为 A、B、C 等（I、O 除外）；顺时针开始数纵轴 1、2、3 等。

其余封装形式，例如在特殊的标识处逆时针计数，依次对应引脚①、②、③等。标识除上述两种形式外还可能是凹槽。

（2）常用检测方法

① 在线测量法

在线测量法包括电流、电阻、电压测量法。通过依次检查集成电路每个引脚的这些参数是否正常来判断该集成电路是否有故障。

② 非在线测量法

在集成电路焊接到电路前，先测量各引脚的电阻值，与同类型标准值对比以确定该集成电路是否有故障。

③ 代换法

用同规格同型号的合格产品替换该集成电路，是判断该集成电路好坏的一条捷径，可减少许多由检查分析带来的麻烦。

2. 检测常识

（1）在检测前，应对集成电路的内部结构、功能、封装形式及连接线等具有全面的了解，保证性能参数在允许范围内。

（2）测试不要造成引脚间短路。

（3）要注意电烙铁的绝缘性能。电烙铁不允许带电工作，外壳必须接地。

（4）要保证焊接质量，避免焊料堆积和出现气孔。焊接时间尽量少于 3 s。

（5）要注意集成电路的散热。集成电路应有良好的散热性能，不允许无散热器的集成电路高功率运行。

（6）测试仪表内阻要大，以减小测量误差。

（7）引线要合理。若集成电路的部分元件损坏，应选用较小的组件替换，并且布线要合理避免寄生耦合。

（8）严禁带电插拔集成电路。

3. 集成电路选择及使用注意事项

（1）首先应根据相应部位的电气性能、体积以及价格等方面的要求来选择集成电路的种类与型号。

（2）优选抗瞬态过载能力强的集成电路。

（3）针对相应部位的可靠性要求来确定所选集成电路的质量等级和技术要求。

（4）优先采用静电敏感度高的集成电路。

（5）对于大功率集成电路的器件，应选择内热阻足够小的型号。

（6）安装集成电路时要注意方向，处理好空引脚。

第 4 章

电子电路设计的基本原则和方法

电子电路的设计需遵循整体性、稳定性和性价比这三个基本原则。整体性指在设计电子电路时,需要有从整体到局部的思想,从整体出发,将电路划分为不同的功能模块进行分块设计,然后再根据电路实际情况,将各个模块融合成为一个整体。稳定性指要保证电路中任何一个小部件都要达标,包括部件型号、参数设置以及产品性能等各方面。性价比指任何电路设计都是约束性设计,都必须要对生产周期和成本进行有效的控制,才会有高使用性和高性价比。因此,利用现有设备和器材条件展开因地制宜和因材制宜的设计,是重要的工程理念。

4.1 电子电路设计的基本内容

电子电路设计的目的是实现电子产品的技术要求和功能要求,其主要内容包括以下几个方面。

4.1.1 拟定电子电路设计的技术条件

视频: 4.1.1 拟定电子电路设计的技术条件

拟定电子电路设计的技术条件即选择控制平台等主要技术环境。通常情况下,主控芯片是电子电路中较为核心的设计内容,主控平台选择的芯片类型、芯片数量、芯片之间的通信方式等内容对整体电路的其他模块往往起着决定性作用。

4.1.2 选择电源种类

根据产品的使用需求,电源可分为交流电源、直流电源两大类。根据电子电路的不同要求,电源的选择也各不相同。

4.1.3 确定产品功耗,即负荷容量

数字电路的功耗一般都不大,主要是 IC 芯片功耗、负载功耗以及电源稳压带来的功

耗等。在高性能设计中,因超过临界点温度而产生的过多功耗会削弱可靠性,在芯片上表现为电压下降,由于片上逻辑不再是理想电压条件下运行的那样,功耗甚至会影响时序。为了处理功耗问题,设计师必须贯穿整个芯片设计流程,建立功耗敏感的方法学来处理功率。

在许多设计中,功耗已经变成一项关键的参数。在电路设计阶段,设计师提前考虑可以发现更多自动降耗的机会。

1. 采用高级设计技术来减少功耗,例如电压/功率岛划分、模块级时钟门控、功率下降模式、高效存储器配置和并行。能减少功耗的高级抽象技术包括动态电压和频率调整、存储器子系统分区,电压/功率岛划分以及软件驱动睡眠模式等。此外,还可以利用高级功耗估算工具来为设计者提供所需的信息。

2. 研究所有自动降低功耗的机会,在降耗的同时还不能影响时序或者增加面积。例如,在逻辑综合阶段,寄存器时钟门控能够被有效地使用,但是这样做可能会对物理设计过程造成时序和信号完整性问题。一个替代的方法就是在物理设计阶段实现时钟门控,这一阶段已经能得到精确的时序和信号完整性信息。

3. 在电路设计阶段通过优化互连来减少高功耗节点的电容,从而节省功耗。一旦互连电容被减少,驱动这些更低电容负载的逻辑门可以有更小的尺寸或者被优化来产生更低的功耗。使用多阈值电压单元替代来减少泄漏功耗也能够在物理级得到有效实现。过多的峰值功耗可能在片内和片外都造成大的噪声毛刺。

4. 减少电源电压或使用小几何尺寸的工艺解决功耗问题。更低的电源电压减小了噪声裕量,并且减慢了电路运行速度,这使得电路难以达到时序收敛,甚至难以满足功能规格。在90 nm 及以下工艺,会呈现更大的漏电流。

成熟的电子电路产品应当在设计初期就开始考虑功率问题,等到快要设计完成时才开始担心功耗问题,就可能会发现减少功耗的工作做得太少了,也太晚了。现代电子产品的复杂程度已不能指望一个"按钮式"的低功耗解决方案或方法,必须在设计过程中的所有阶段实现功耗管理——有时需要设计决策,更多的是自动化实现。

4.1.4 绘制整体电路原理框图及各单元电路原理框图

"框图"又称方框图,是一个方框,方框内有说明电路功能的文字,一个方框代表一个基本单元电路、电路框图示例或者集成电路中一个功能单元电路等。电气设备中任何复杂的电路都可以用相互关联的方框图形象地表述出来。

"电路框图"是电气设备的核心和灵魂。掌握了电路原理框图就能清楚电子产品中包含了哪些电路及其作用,从而对设备电路中的核心电路名称有所了解。掌握了原理框图的画法,就能轻松地从整体上把握各种单元电路的基本结构,从而顺利地开展各分支的原理图绘制。

此外,了解各单元电路在原理图中的位置、相互关系及其功能,就能很好地把握该电子产品的电路工作原理图,通过检测相关电路,就能准确判断故障位置,为后期检测做好准备。

4.1.5 设计电子电路原理图、电子电路PCB图(印制电路板图)

电子电路原理图及 PCB 图(印制电路板图)的设计有两种途径:一种是设计人员通过手工描绘完成集成电路的设计、布线等工作;一种是采用计算机辅助设计软件即电子设计自动化(Electronic Design Automation,EDA)系统来完成。

对于复杂度低、元器件少的电子电路,可以使用第一种方法。但对于复杂度较高的现代电子技术而言,几乎所有的电子产品电路都需要采用电子电路辅助设计软件完成。电子电路设计软件工具的电路原理图、印制电路板图制作详见第 5、6 章。

4.1.6 选择电子元器件、制定负载和电子元器件明细表

为保证各单元电路达到功能指标要求,就需要用电子技术知识对参数进行计算,例如放大电路中各电阻值、放大倍数、振荡频率等参数。只有很好地理解电路工作原理,正确利用计算公式,计算出的参数才能满足设计要求。

在选择元器件时,设计者应熟悉元器件的类型、性能、质量指标。尽可能选用市场中便于提供的通用器件,其原因不仅在于通用器件易于购买、价格低,更重要的是通用器件可靠性、稳定性更高,并且易于替换。

具体的电路参数计算及元器件特性参见本书前两章及相关资料。

4.1.7 编写设计计算说明书和使用说明书

设计计算说明书作为产品设计的重要技术文件之一,是图样设计的基础和理论依据,也是进行设计审核的依据。因此,编写设计计算说明书是设计工作的重要环节之一。设计计算说明书是反映设计思想、设计方法以及设计结果等的主要手段,不仅是设计者后期审核的重要技术文件,也是其他相关开发者进行制作开发的重要资料。

设计计算说明书是审核设计是否合理的技术文件之一,主要在于说明设计的正确性,故不必写出全部分析、运算和修改过程。但要求分析方法正确,计算过程完整,图形绘制规范,语句叙述通顺,文字缮写清晰。

使用说明书主要面向产品使用者,应完整描述所设计电子电路的功能、电子特性、输入输出模式、使用步骤和方法等。若设计者设计的电路为电子产品整体电路中的一部分,则应将该单元电路的电气外部连接方法、要求描述清楚。

4.2 电子电路设计的基本方法

4.2.1 总体方案的设计与选择

1. 方案原理的构想

（1）提出原理方案

一个复杂的系统需要进行原理方案的构思,也就是用什么原理来实现系统要求。因此,应对课题的任务、要求和条件进行仔细的分析与研究,找出其关键问题是什么,然后根据此关键问题提出实现的原理与方法,并画出其原理框图（即提出原理方案）。提出原理方案关系到设计全局,应广泛收集与查阅有关资料,广开思路,开动脑筋,利用已有的各种理论知识,提出尽可能多的方案,以便作出更合理的选择。所提方案必须对关键部分的可行性进行讨论,一般应通过试验加以确认。

（2）原理方案的比较选择

原理方案提出后,必须对所提出的几种方案进行分析比较。在详细的总体方案尚未完成之前,只能就原理方案的简单与复杂,方案实现的难易程度进行分析比较,并作出初步的选择。如果有两种方案难以敲定,那么可对两种方案都进行后续阶段设计,直到得出两种方案的总体电路图,然后就性能、成本、体积等方面进行分析比较,才能最后确定下来。

2. 总体方案的确定

原理方案选定以后,便可着手进行总体方案的确定,原理方案只着眼于方案的原理,不涉及方案的许多细节,因此,原理方案框图中的每个框图也只是原理性的、粗略的,它可能由一个单元电路构成,亦可能由许多单元电路构成。为了把总体方案确定下来,必须把每一个框图进一步分解成若干个小框,每个小框为一个较简单的单元电路。当然,每个框图不宜分得太细,亦不能分得太粗,分得太细会给选择不同的单元电路或器件带来不利,并使单元电路之间的相互连接复杂化;但分得太粗将使单元电路本身功能过于复杂,不好进行设计或选择。总之,应从单元电路和单元之间连接的设计与选择出发,恰当地分解框图。

4.2.2 单元电路的设计与选择

1. 单元电路结构形式的选择与设计

按已确定的总体方案框图,对各功能框分别设计或选择满足其要求的单元电路。因此,必须根据系统要求,明确功能框对单元电路的技术要求,必要时应详细拟定单元电路的性能指标,然后进行单元电路结构形式的选择或设计。

满足功能框要求的单元电路可能不止一个,因此必须进行分析比较,择优选择。

2. 元器件的选择

(1) 元器件选择的一般原则

元器件的品种规格十分繁多,性能、价格和体积各异,而且新品种不断涌现,这就需要我们经常关心元器件信息和新动向,多查阅器件手册和有关的科技资料,尤其要熟悉一些常用的元器件型号、性能和价格,这对单元电路和总体电路设计极为有利。选择什么样的元器件最合适,需要进行分析比较才能得出结论。首先应考虑满足单元电路对元器件性能指标的要求,其次是考虑价格、货源和元器件体积等方面的要求。

(2) 集成电路与分立元件电路的选择问题

一块集成电路常常就是具有一定功能的单元电路,它的性能、体积、成本、安装调试和维修等方面一般都优于由分立元件构成的单元电路。但在某些特殊情况,如:高频、宽频带、高电压、大电流等场合,集成电路往往还不能适应,有时仍需采用分立元件。另外,对一些功能十分简单的电路,往往只需一只晶体管或二极管就能解决问题,不必选用集成电路。

(3) 怎样选择集成电路

集成电路的品种很多,总的来说可分为模拟集成电路、数字集成电路和模数混合集成电路等三大类。按功能分,模拟集成电路有:集成运算放大器、比较器、模拟乘法器、集成功率放大器、集成稳压器,集成函数发生器以及其他专用模拟集成电路等;数字集成电路有:集成门驱动器、译码器/编码器、数据选择器、触发器、寄存器、计数器、存储器、微处理器、可编程器件等;混合集成电路有:定时器、A/D 转换器、D/A 转换器、锁相环等。

按集成电路中有源器件的性质又可分为双极型和单极型两种集成电路。同一功能的集成电路可以是双极型的,亦可以是单极型的。双极型与单极型集成电路在性能上的主要差别是:双极型器件工作频率高、功耗大、温度特性差、输入电阻小等,而单极型器件正好相反。至于采用哪一种,这要由单元电路所要求的性能指标来决定。

数字集成电路有:双极型的 TTL、ECL 和 I^2L 等,单极型的 CMOS、NMOS 和动态 MOS 等。选择集成电路的关键因素主要包括性能指标、工作条件、性能价格比等,集成电路选择流程如图 4.2.1 所示。

图 4.2.1　集成电路选择的流程

4.2.3 单元电路之间的级联设计

各单元电路确定以后,还要认真仔细地考虑它们之间的级联问题,如:电气特性的相互匹配、信号耦合方式、时序配合,以及相互干扰等问题。

1. 电气性能相互匹配问题

关于单元电路之间电气性能相互匹配的问题主要有:阻抗匹配、线性范围匹配、负载能力匹配、高低电平匹配等。前两个问题是模拟单元电路之间的匹配问题,最后一个问题是数字单元电路之间的匹配问题。而第三个问题(负载能力匹配)是两种电路都必须考虑的问题。从提高放大倍数和负载能力考虑,希望后一级的输入电阻要大,前一级的输出电阻要小,但从改善频率响应角度考虑,则要求后一级的输入电阻要小。

线性范围匹配问题涉及前后级单元电路中信号的动态范围。显然,为保证信号不失真地放大则要求后一级单元电路的动态范围大于前级。

负载能力的匹配问题实际上是前一级单元电路能否正常驱动后一级的问题。这在各级之间均有,但特别突出的是在后一级单元电路中,因为末级电路往往需要驱动执行机构。如果驱动能力不够,则应增加一级功率驱动单元。在模拟电路里,如对驱动能力要求不高,可采用运放构成的电压跟随器,否则需采用功率集成电路或互补对称输出电路。在数字电路里,则采用达林顿驱动器、单管射极跟随器或单管反向器。

电平匹配问题在数字电路中经常遇到。若高低电平不匹配,则不能保证正常的逻辑功能,为此,必须增加电平转换电路。尤其是 CMOS 集成电路与 TTL 集成电路之间的连接,当两者的工作电源不同时(如 CMOS 为+15 V,TTL 为+5 V),此时两者之间必须加电平转换电路。

2. 信号耦合方式

常见的单元电路之间的信号耦合方式有四种:直接耦合、阻容耦合、变压器耦合和光电耦合。

(1) 直接耦合方式

直接耦合:将前一级的输出端直接连接到后一级的输入端的耦合方式。如图 4.2.2 所示为直接耦合电路。

缺点:采用直接耦合方式使各级之间的直流通路相连,因而静态工作点情况下,两个单元电路存在相互影响,有零点漂移现象。这在电路分析与计算时,必须加以考虑。

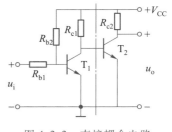

图 4.2.2　直接耦合电路

优点:这种耦合方式最简单,具有良好的低频特性,可以放大变化缓慢的信号;由于电路中没有大容量电容,易于将全部电路集成在一片硅片上,构成集成电路。

(2) 阻容耦合方式

阻容耦合方式:将放大电路的前级输出端通过电容接到后级输入端,称为阻容耦合方式。图 4.2.3 所示为两级阻容耦合放大电路。阻容耦合传递脉冲信号如图 4.2.4 所示。

直流分析：由于电容对直流量的电抗为无穷大，所以阻容耦合放大电路各级之间的直流通路不相通，各级的静态工作点相互独立。

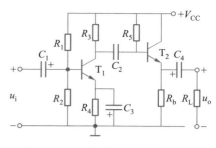

交流分析：只要输入信号频率较高，耦合电容容量较大，前级的输出信号可几乎没有衰减地传递到后级的输入端。因此，在分立元件电路中阻容耦合方式得到非常广泛的应用。

图 4.2.3　两级阻容耦合放大电路

（3）变压器耦合方式

将放大电路前级的输出端通过变压器接到后级的输入端或负载电阻上的电路，称为变压器耦合电路。图 4.2.5 所示为变压器耦合共射放大电路。

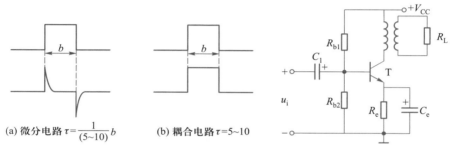

(a) 微分电路 $\tau = \dfrac{1}{(5 \sim 10)} b$　　(b) 耦合电路 $\tau = 5 \sim 10$

图 4.2.4　阻容耦合传递脉冲信号　　　　图 4.2.5　变压器耦合共射放大电路

缺点：变压器耦合电路的前后级靠磁路耦合，它的各级放大电路的静态工作点相互独立。它的低频特性差，不能放大变化缓慢的信号，且非常笨重，不能集成化。

优点：可以实现阻抗变换，因而在分立元件功率放大电路中得到广泛应用。

变压器耦合的阻抗变换如图 4.2.6 所示，设一次电流有效值为 I_1，二次电流有效值为 I_2，将负载折合到一次侧的等效电阻为

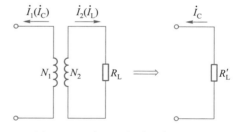

图 4.2.6　变压器耦合的阻抗变换

$$R_L' = \left(\frac{I_2}{I_1} \right)^2 R_L$$

变压器一次绕组匝数为 N_1，二次绕组匝数为 N_2，可得

$$R_L' = \left(\frac{N_1}{N_2} \right)^2 R_L$$

变压器共射放大电路的电压放大倍数为

$$\dot{A}_u = -\frac{\beta R_L'}{r_{be}}$$

根据所需的电压放大倍数，可选择合适的匝数比，使负载电阻上获得足够大的电压。当匹配得当时，负载可获得足够大的功率。

（4）光电耦合方式

光电耦合器：是实现光电耦合的基本器件，它将发光元件（发光二极管）与光电元件（光电晶体管）相互绝缘地组合在一起，其内部组成如图 4.2.7 所示。

工作原理：发光元件为输入回路，它将电能转换成光能；光电元件为输出回路，它将光能再转换成电能，实现了两部分电路的电气隔离，从而可有效地抑制电干扰。

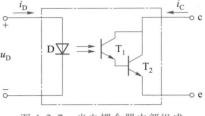

图 4.2.7　光电耦合器内部组成

传输比 CTR：在 c、e 之间电压一定的情况下，i_C 的变化量与 i_D 的变化量之比称为传输比 CTR，即

$$CTR = \frac{\Delta i_C}{\Delta i_D} \bigg|_{U_{CE}}$$

CTR 的数值只有 $0.1 \sim 1.5$。

图 4.2.8 所示为光电耦合放大电路。当动态信号为零时，输入回路有静态电流 I_{DQ}，输出回路有静态电流 I_{CQ}，从而确定出静态管压降 U_{CEQ}。当有动态信号时，随着 i_D 的变化，i_C 将产生线性变化，电阻 R_c 将电流的变化转换成电压的变化。由于传输比的数值较小，所以一般情况下，输出电压还需进一步放大。实际上，目前已有集成光电耦合放大电路，具有较强的放大能力。

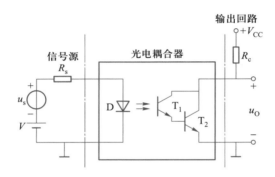

图 4.2.8　光电耦合器放大电路

3. 时序配合

单元电路之间信号作用的时序在数字系统中是非常重要的。哪个信号作用在前，哪个信号作用在后，以及作用时间长短等，都是根据系统正常工作的要求而决定的。换句话说，一个数字系统有一个固定的时序。时序配合错乱，将导致系统工作失常。

时序配合是一个十分复杂的问题，为确定每个系统所需的时序，必须对该系统中各个单元电路的信号关系进行仔细的分析，画出各信号的波形关系图——时序图，确定保证系统正常工作的信号时序，然后提出实现该时序的措施。

4.2.4 画出总体电路草图

单元电路和它们之间连接关系确定后,就可以进行总体电路图的绘制。总体电路图是电子电路设计的结晶,是重要的设计文件,它不仅仅是电路安装和电路板制作等工艺设计的主要依据,而且是电路试验和维修时不可缺少的文件。总体电路涉及的方面和问题很多,不可能一次就把它画好,因为尚未通过试验的检验,所以不能算是正式的总体电路图,而只能是一个总体电路草图。对画出总体电路图的要求是:能清晰工整地反映出电路的组成、工作原理、各部分之间的关系以及各种信号的流向。因此,图纸的布局、图形符号、文字标准等都应规范统一。

4.2.5 总体电路试验

由于电子元器件品种繁多且性能分散,电子电路设计与计算中又采用工程估算,再加之设计中要考虑的因素相当多,所以,设计出的电路难免会存在这样或那样的问题,甚至差错。实践是检验设计正确与否的唯一标准,任何一个电子电路都必须通过试验检验,未能经过试验的电子电路不能算是成功的电子电路。通过试验可以发现问题,分析问题,找出解决问题的措施,从而修改和完善电子电路设计。只有通过试验,证明电路性能全部达到设计的要求后,才能画出正式的总体电路图。

电子电路试验应注意以下几点:

1. 审图。组装电子电路前应对总体电路草图全面审查一遍,尽早发现草图中存在的问题,以避免实验中出现过多反复或重大事故。

2. 电子电路组装。一般先在面包板上采用插接方式组装,或在多功能印刷板上采用焊接方式组装。有条件时亦可试制印刷板后焊接组装。

3. 选用合适的试验设备。一般电子电路试验必备的设备有:直流稳压电源、万用表、信号源、双踪示波器等,其他专用测试设备视具体电路要求而定。

4. 试验步骤:先局部,后整体。即先对每个单元电路进行试验,重点是主电路的单元电路试验。可以先易后难,亦可依次进行,视具体情况而定。调整后再逐步扩展到整体电路。只有整体电路调试通过后,才能进行性能指标测试。性能指标测试合格才算试验完结。

4.2.6 绘制正式的总体电路图

经过总体电路试验后,可知总体电路的组成是否合理及各单元电路是否合适,各单元电路之间连接是否正确,元器件参数是否需要调整,是否存在故障隐患,以及解决问题的措施,从而为修改和完善总体电路提供可靠的依据。画正式总体电路应注意的几点与画草图一样,只不过要求更严格,更工整。一切都应按制图标准绘图。

第 5 章

电子电路设计技术及工具

电路设计自动化(Electronic Design Automation,EDA)指的是用计算机协助完成电路设计过程中的各种工作,比如电路原理图(schematic)的绘制、印制电路板(PCB)的设计制作、电路仿真(simulation)等设计工作。

随着电子技术的发展,大规模、超大规模集成电路的使用使 PCB 板设计越来越精密和复杂。Altium 系列软件是 EDA 软件的突出代表,它操作简单、易学易用、功能强大。本章实验以 Altium Designer 19 为例,对电子电路的设计技术进行展开介绍。

5.1 Altium Designer 软件简介

5.1.1 实验目的

视频: 5.1 Altium Designer 软件简介

1. 熟悉 Altium Designer 软件的安装、使用;
2. 掌握 Altium Designer 软件相关的概念。

5.1.2 实验器材

1. 计算机;
2. Altium Designer 软件系统。

5.1.3 实验原理及步骤

Altium Designer 提供了一款统一的应用方案,其综合了电子产品一体化开发所需的所有技术和功能。Altium Designer 在单一设计环境中集成了板级和 FPGA(现场可编程门阵列)系统设计、基于 FPGA 和分立处理器的嵌入式软件开发以及 PCB(印制电路板)版图设计、编辑和制造,并集成了现代设计数据管理功能,从而成了电子产品开发的完整解决方案——一个既满足当前,也满足未来开发需求的解决方案。

最新发布的 Altium Designer 19 显著地提高了用户体验和效率,其利用时尚界面使设计流程流线化,同时实现了前所未有的性能优化。使用 64 位体系结构和多线程的结合实现了在 PCB 设计中更大的稳定性、更快的速度和更强的功能。

1. 软件的安装

(1) 以下是有关安装和运行 Altium Designer 的推荐和最低系统要求。

推荐系统要求:

- Windows 7、Windows 8 或 Windows 10(仅限 64 位)英特尔®酷睿™i7 处理器或等同产品;

- 16 GB 随机存储内存;

- 10 GB 硬盘空间(安装+用户文件);

- 固态硬盘;

- 高性能显卡(支持 DirectX 10 或以上版本),如 GeForce GTX 1060、Radeon RX 470;

- 分辨率为 2560×1440(或更好)的双显示器;

- 用于 3D PCB 设计的 3D 鼠标,如 Space Navigator;

- Adobe ® Reader ®(用于 3D PDF 查看的 XI 或以上版本);

- 网络连接;

- 最新网页浏览器;

- Microsoft Excel(用于材料清单模板)。

最低系统要求:

- Windows 7、Windows 8 或 Windows 10(仅限 64 位)英特尔®酷睿™i5 处理器或等同产品;

- 4 GB 随机存储内存;

- 10 GB 硬盘空间(安装+用户文件);

- 显卡(支持 DirectX 10 或更好版本),如 GeForce 200 系列、Radeon HD 5000 系列、Intel HD 4600;

- 最低分辨率为 1 680×1 050(宽屏)或 1 600×1 200(4∶3)的显示器;

- Adobe ® Reader ®(用于 3D PDF 查看的 XI 版本或以上版本);

- 最新网页浏览器;

- Microsoft Excel(用于材料清单模板)。

(2) 具体安装步骤如下:

第一步:连接网络,打开浏览器,进入官方网址并找到软件下载界面,浏览器将下载最新版的 Altium Designer 19 的官方下载安装程序 AltiumDesignerSetup_19_＊_＊.exe。

第二步:找到下载文件夹,打开下载安装程序 AltiumDesignerSetup_19_＊_＊.exe 文件,弹出 Altium Designer 19 的安装界面,如图 5.1.1 所示。

图 5.1.1　安装界面

第三步：单击 Next(下一步)按钮,弹出 Altium Designer 19 的安装协议对话框。无需选择语言,因为此处是安装协议的语言,选择接受协议(I accept the agreement)同意安装,如图 5.1.2 所示。

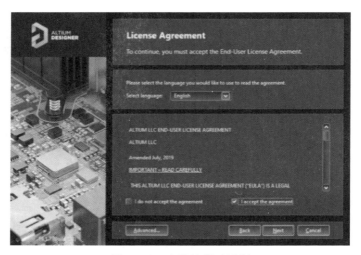

图 5.1.2　安装协议对话框

第四步：单击 Next(下一步)按钮,进入账户登录界面,如图 5.1.3 所示。在官网填写相关注册信息后,在此输入账户、密码登录方可继续安装。

第五步：单击 Next(下一步)按钮,进入下一个安装界面,选择我们需要安装的软件类型,有五种类型,如果只做 PCB 设计,只选第一个,系统默认选择前四项,根据需要设置完毕后如图 5.1.4 所示。

第六步：单击 Next(下一步)按钮,进入安装路径选择界面。在该界面中,用户需要选择 Altium Designer 19 的安装路径,系统默认的安装路径为 C:\Program Files\Altium\AD19,用户可以通过单击小文件夹按钮来自定义其安装路径,如图 5.1.5 所示。

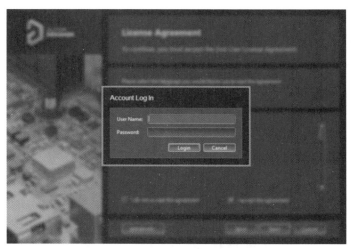

图 5.1.3　账户登录界面

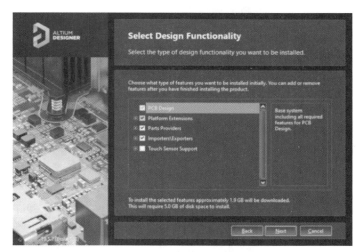

图 5.1.4　安装类型选择界面

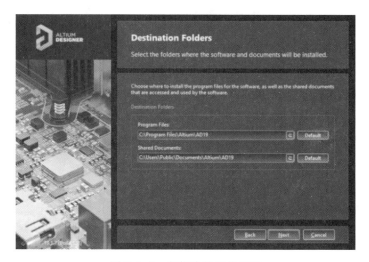

图 5.1.5　安装路径选择界面

第七步:确认安装路径后,单击 Next(下一步)按钮进入确认安装界面,如图 5.1.6 所示。继续单击 Next(下一步)按钮,进入 Altium Designer 19 的下载安装界面,如图 5.1.7 所示,安装程序需要先下载数据,此时需要连接网络,数据下载完成后自动进行安装。

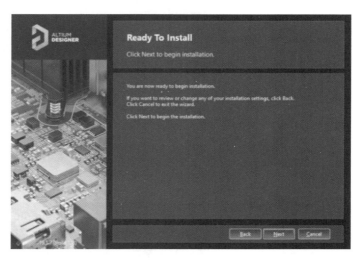

图 5.1.6 确认安装界面

图 5.1.7 下载安装界面

第八步:等待若干分钟后,安装结束会出现安装完成(Installation Complete)界面,如图 5.1.8 所示。选中 Run Altium Designer 按钮为立即运行 Altium Designer 19 软件,单击 Finish 按钮完成安装工作。

2. Altium Designer 环境介绍

打开软件,该软件界面主要由系统主菜单、系统工具栏、工作区面板和工作区四部分组成,如图 5.1.9 所示。右上角为账户及系统设置按钮。

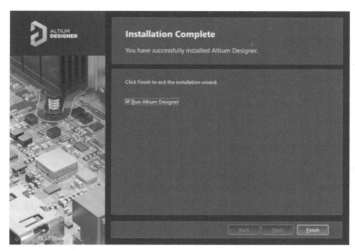

图 5.1.8　安装完成界面

系统工具栏　系统主菜单　　　　　　　　　　　　　　　　设置按钮

工作区面板　　　　　　　　　　　　　　工作区

图 5.1.9　软件界面

如果想改为中文界面,可以通过以下操作进行:单击软件右上角处的齿轮按钮,进入 Preferences(首选项)界面,如图 5.1.10 所示。在该界面中的 Localization 标签中选中 Use localized resources,单击 OK 保存后重启软件,即可改为中文界面。

5.1.4　注意事项及实验总结

1. 独立完成 Altium Designer 19 软件的安装、启动,注意观察启动过程。
2. 打开安装路径中 Shared Document 目录下,Examples 文件夹中的例子,初步了解电路原理图、PCB 板。

图 5.1.10　Preferences(首选项)界面

5.2　电路原理图 (SCH) 设计

5.2.1 实验目的

1. 熟悉 Altium Designer 软件绘制原理图的基础知识;
2. 能够熟练掌握绘制电路原理图的方法。

5.2.2 实验器材

1. 计算机;
2. Altium Designer 软件系统。

视频: 5.2 Altium Designer 软件的功能介绍

5.2.3 实验原理及步骤

1. 电路原理图的设计步骤

电路原理图的设计大致可以分为新建原理图文件,设置工作环境,放置元器件,原理图的布线,建立网络报表,原理图的电气规则检查,编译和调整,存盘和报表输出等几个步骤,原理图设计流程图如图 5.2.1 所示。

电路原理图的具体设计步骤如下。

（1）新建原理图文件

在进入电路原理图设计之前,首先要创建新的工程,在工程中建立原理图 .sch 文件。

（2）设置工作环境

根据实际电路的复杂程度来设置图纸的大小。在电路设计的整个过程中,图纸的大小随时都可以进行调整,以适应设计过程中出现的变化,设置合适的图纸大小是完成原理图设计的第一步。

（3）放置元器件

从元器件库中选取元器件,放置到图纸的合适位置,并对元器件的名称、封装进行定义和设定,根据元器件之间的连线关系对元器件在工作平面上的位置进行调整和修改,使原理图美观且易懂。

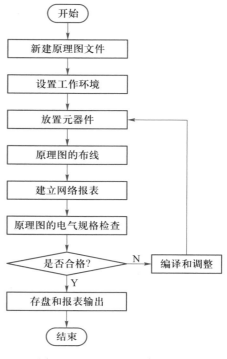

图 5.2.1 原理图设计流程图

（4）原理图的布线

根据实际电路的需要,利用原理图提供的各种工具、指令进行布线,将工作平面上的元器件用具有电气意义的导线、符号连接起来,构成一幅完整的电路原理图。

（5）建立网络报表

完成上面的步骤以后,可以看到一张完整的电路原理图了,但是要完成电路板的设计,还需要生成一个网络报表文件。网络报表是电路原理图和印制电路板之间的桥梁。

（6）原理图的电气规则检查

当完成原理图布线后,需要设置项目编译选项来编译当前项目,利用 Altium Designer 19 提供的错误检查报告修改原理图。

（7）编译和调整

如果原理图已通过电气检查,那么原理图的设计就完成了。这是对于一般电路设计而言,但是对于较大的项目,通常需要对电路进行多次修改才能够通过电气规则检查。

（8）存盘和报表输出

Altium Designer 19 提供了利用各种报表工具生成的报表(如网络报表、元器件报表清单等),同时可以对设计好的原理图和各种报表进行存盘和输出打印,为印制板电路的设计做好准备。

2. 创建一个新项目

（1）在菜单栏选择 File→New→Project,如图 5.2.2 所示。

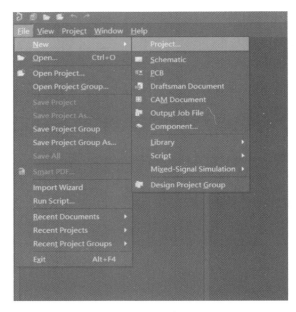

图 5.2.2　新建项目

（2）之后进入创建工程界面,如图 5.2.3 所示。在该界面中选择 Local Projects(本地工程),软件有多种工程类型供选,在这里我们选择<Default>默认类型,用户可自行修改工程所在文件夹以及工程项目名称,完成后单击 Create 创建新工程项目。

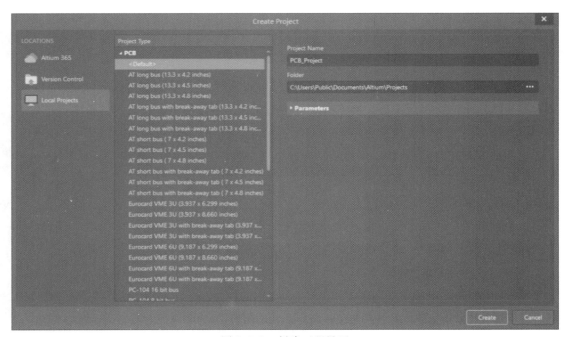

图 5.2.3　创建工程界面

（3）创建完成后在 Projects 面板会出现如图 5.2.4 所示界面,表明目前该工程下不存在任何文件,工程名命名为"test. PrjPcb",后缀 . PrjPcb 为 PCB 工程的工程文件后缀,这样就完成了 test. PrjPcb 工程的创建。

3. 给工程项目添加原理图图纸

图 5.2.4　Projects 面板

（1）在菜单栏选择 File→New→Schematic，即可在该工程项目下创建一个空白的原理图文件，其默认文件名为 Sheet1. SchDoc，如图 5.2.5 所示。

（2）此外，我们还可以采用右键命令创建新的原理图文件。在新建的工程项目文件上单击鼠标右键，在弹出的快捷菜单中选择 Add Newto Project→Schematic 选项即可添加新原理图文件，如图 5.2.6 所示。

图 5.2.5　新建原理图文件

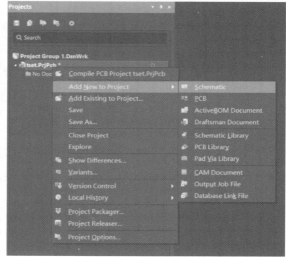

图 5.2.6　添加新原理图文件

4. 设置原理图选项

（1）在工作区右下角单击 panels 按钮，弹出快捷菜单，选择 Properties（属性）命令，如图 5.2.7 所示，即打开 Properties（属性）面板，显示在界面右侧，如图 5.2.8 所示。用户可点击按钮 ▣ 使得面板固定在右侧边界上。

Properties（属性）面板包含当前工作区中所选择的条目相关的信息和控件。如果在当前工作空间中没有选择任何对象，从 PCB 文档访问时，面板显示电路板选项。从原理图访问时，显示文档选项。从库文档访问时，显示库选项。从多板文档访问时，显示多板选项。面板还显示当前活动的 BOM 文档（＊. BomDoc）。还可以迅速即时更改通用的文档选项。在工作区中放置对象（弧形、文本字符串、线等）时，面板也会出现。在放置之前，也可以使用 Properties（属性）面板配置对象。通过 Selection Filter，可以控制在工作空间中可以选择的和不能选择的内容。

图 5.2.7 panels 菜单图 图 5.2.8 Properties 面板

（2）单击 Properties（属性）面板中的 Page Options（图页选项）选项组，Formatting and Size（格式与尺寸）选项为图纸尺寸的设置区域。Altium Designer 19 给出了三种图纸尺寸的设置方式，分别为 Template（模板）、Standard（标准）和 Custom（自定义）。

单击 Template（模板）下拉按钮，如图 5.2.9 所示。在下拉列表框中可以选择已定义好的图纸标准尺寸，包括模型图纸尺寸（A0_portrait ～ A4_portrait）、公制图纸尺寸（A0 ～ A4）、英制图纸尺寸（A ～ E）、CAD 标准尺寸（A ～ E）、OrCAD 标准尺寸（OrCAD_a ～ OrCAD_e）及其他格式（Letter、Legal、Tabloid 等）的尺寸。

在 Standard（标准）选项中单击 Sheet Size（图纸尺寸）右侧的下拉按钮，如图 5.2.10 所示。在下拉列表框中可以选择已定义好的图纸标准尺寸，包括模型图纸尺寸（A0_portrait ～ A4_portrait）、公制图纸尺寸（A0 ～ A4）、英制图纸尺寸（A ～ E）、CAD 标准尺寸（A ～ E）、OrCAD 标准尺寸（OrCAD_a ～ OrCAD_e）及其他格式（Letter、Legal、Tabloid 等）的尺寸。

在 Custom（自定义）选项中，用户可自定义图纸的大小，自行设定 Width（定制宽度）、Height（定制高度），如图 5.2.11 所示。

图纸尺寸默认类型为标准类型中的 A4，如果所要设计的电路原理图较大，可以采用其他的图纸尺寸，根据需要自己选择。本实验中采用 A4 就可以。

图纸方向可通过 Page Options（图页选项）选项组下的 Orientation（定位）下拉列表框进行设置，如图 5.2.12 所示。可以设置为 Landscape（水平方向）即横向，也可以设置为 Portrait（垂直方向）即纵向。一般在绘制原理图时设为横向，在打印输出时可根据需要设为横向或纵向。

图 5.2.9 Template 选项卡

图 5.2.10 Standard 选项卡

图 5.2.11 Custom 选项卡

图 5.2.12 Orientation(定位)设置

5. 原理图文件保存

在开始绘图之前,保存这个图纸,可以选择 File→Save,或者快捷键(Ctrl+S),或者工具栏上的"保存"按钮,弹出保存文件对话框,原理图文件名默认为 Sheet1.SchDoc,用户可自行修改文件名,以便浏览查找更加直观明确。文件默认保存在所属工程的文件夹中,无须修改。

6. 元器件库的加载

(1)打开 Components(元件)面板的方法有两种:一种是将鼠标箭头放置在工作区右侧的 Components(元件)标签上,此时会自动弹出一个 Components(元件)面板,如图 5.2.13 所示。另一种则是单击右下角的 Panels 按钮,在弹出的快捷菜单里单击 Components(元件)选项,同样可以打开如图 5.2.13 所示的 Components(元件)面板。

（2）在 Components(元件)面板顶部的下拉列表中可选择已安装的元器件库,Altium Designer 19 已经安装了两个默认的元件库,分别为通用元件库(Miscellaneous Devices. IntLib) 以及通用接插件库(Miscellaneous Connectors. IntLib),下方即是元器件库内所包含的元器件的名称,默认元件库如图 5.2.14 所示。

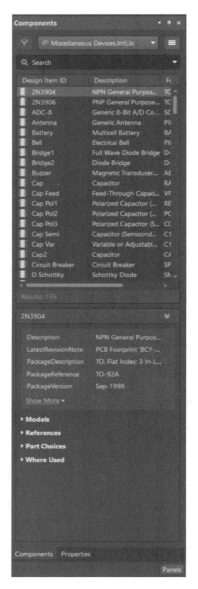

图 5.2.13　Components(元件)面板

图 5.2.14　默认元件库

（3）单击元器件库下拉列表右方的按钮,在弹出的快捷菜单中选择 File-based Libraries Preferences...（基于文件的库首选项）,即可打开 Libraries(库)界面。选择 Installed 选项卡, 可以看到目前已安装的元器件库的情况,如图 5.2.15 所示。

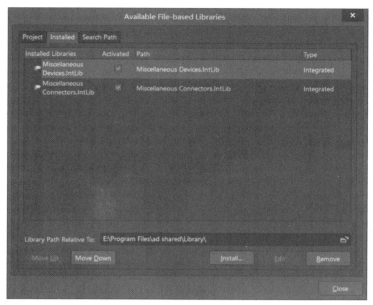

图 5.2.15　Libraries(库)界面

用户可在此进行元器件库的安装和删除,提前将需要安装的库文件复制到安装时的 ad shared 目录下 Library 文件夹中。单击"Install..."按钮,在对话框中选择想要安装的库,单击打开即可安装元器件库,如找不到待安装的库文件,修改对话框中查看的格式,使其与待安装的库文件格式一致。成功安装库文件界面如图 5.2.16 所示。

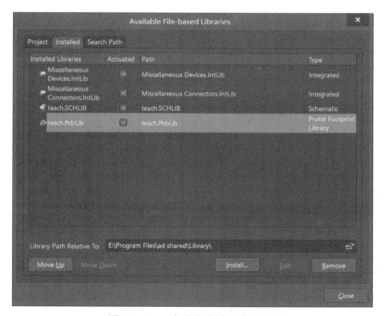

图 5.2.16　成功安装库文件界面

7. 在原理图上放置元器件

关于这一步骤,本文主要介绍如何从默认的安装库中放置两个晶体管。

（1）从菜单栏选择 View→Fit Document,确认设计者的原理图纸显示在整个窗口中。也可以按 Page Up 和 Page Down 键放大和缩小图纸视图。

（2）从菜单栏中选择或在原理图空白处单击鼠标右键选择 Place→Part...,或者直接在工作区右侧找到 Components（元件）面板,在这里选择元器件所在的库 Miscellaneous Devices. IntLib,然后选择想要放置的器件 NPN 型晶体管,型号为 2N3904。使用搜索栏可以快速定位需要的元器件,例如输入 2N3904,即可快速定位到 2N3904 元器件的位置。搜索元器件如图 5.2.17 所示。

（3）单击 2N3904 选中,然后右键单击,在弹出的快捷菜单中选择"Place 2N3904",或者也可以双击元器件名。这样光标将变成十字状,并且在光标上悬浮着一个晶体管的轮廓。现在设计者处于元件放置状态,如果设计者移动光标,晶体管轮廓也会随着移动。

（4）在原理图上放置元器件之前,首先要对元器件编辑其属性。当晶体管悬浮在光标上时,按下 TAB 键,将会打开元器件 Properties（属性）面板,如图 5.2.18 所示。

图 5.2.17　搜索元器件　　　　图 5.2.18　元器件 Properties（属性）面板

在面板中可对元器件的各种属性进行更改。下面介绍常用选项区域的设置。

① Properties:属性,主要包括元器件标识和命令栏的设置等。

Designator:代号,用来设置元器件的序号,如 Q_1、R_1、U_1 等。文本框右侧的"可见"按钮用来设置元器件序号在原理图上是否可见。

Comment:注释,一般用来说明元器件的名称。文本框右侧的"可见"按钮用来设置注释在原理图上是否可见。

Part:部件,对于有多个部件的元器件,显示元件的部件名,Part A、Part B 等。对于没有部件的元器件,该选项显示灰色,无法激活。

Description:描述,对元器件功能作用的简单描述。

② Location(地址)选项卡:Rotation(旋转)选项主要设置元器件在原理图中的放置角度,有 0 Degrees、90 Degrees、180 Degrees、270 Degrees 四种选择。也可以在放置元器件时按空格键使元器件旋转,每按一下旋转90°。

③ Footprint(封装)选项卡:显示元件的 PCB 封装。一般库中都已设置好,无须修改。

(5)单击工作区中心的"暂停"按钮可回到元器件放置状态,移动光标到原理图中的合适位置,单击光标把元器件放置在原理图上,如图 5.2.19 所示。放置后可继续进行放置,单击鼠标右键或者按 ESC 键退出元器件放置状态。

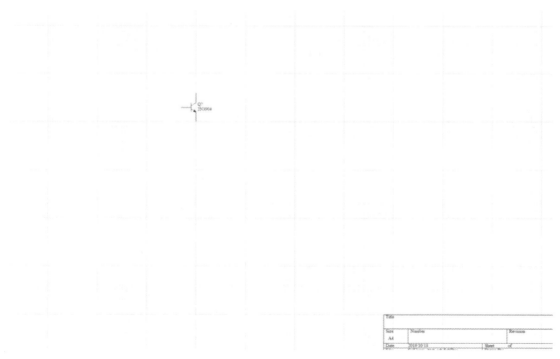

图 5.2.19 放置元器件

(6)按照图 5.2.20 所示的音频功率放大器原理图,放置对应的元器件,注意选择对应元器件所在的库,否则可能出现找不到该器件的情况。

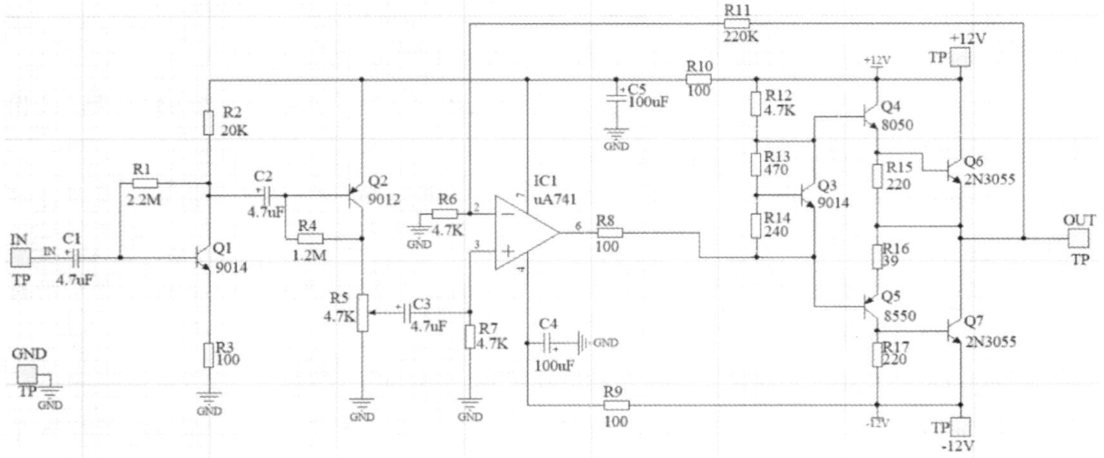

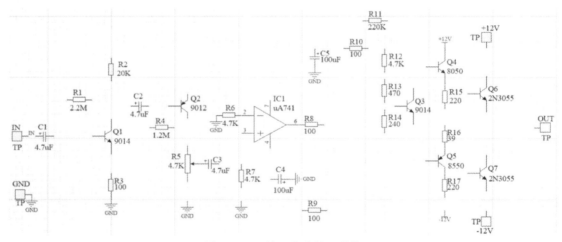

图 5.2.20 音频功率放大器原理图

在该原理图上放置 5 个电容,16 个电阻,7 个晶体管,1 个运算放大器,1 个滑动变阻器和 5 个接线端子。并且按照上图的标号和阻值,设置正确的参数。放置完成的元器件如图 5.2.21 所示。

图 5.2.21 放置完成的元器件

8. 连接电路

连线起着在电路中的各种元器件之间建立连接的作用。

(1)为了使原理图清晰,可以使用 Page Up 键来放大,或者用 Page Down 键来缩小,除了这种方式之外,还可以通过以下方式进行放大和缩小:① 保持 Ctrl 键按下,使用鼠标的滑轮的滚动实现放大和缩小;② 按下滚轮,上下移动鼠标,也可以实现原理图的放大和缩小。

如果想查看全图视图,可以用菜单栏的 View→Fit Document 指令。

(2)首先用以下方法将电容 C_1 和晶体管 Q_1 连接起来。从菜单栏选择 Place→Wire 操作,或者用快捷键 P→W,也是放置导线,光标变成十字形状。

(3)将光标放在 C_1 的右端,当设计者放置的位置正确时,一个红色的连接标记"×"会出现在光标处,这表示光标在元件的一个电气连接点上。

(4)左击或者按 ENTER 固定第一个导线点,移动光标会看到一根导线从光标处延伸到固定点。

(5)将光标移到 C_1 右侧 Q_1 的基极位置上,会看到光标变为一个红色连接标记,如图 5.2.22 所示,左击或按 ENTER 在该点固定导线。在第一个和第二个固定点之间的导线就放好了。

(6)完成了上一步之后,会注意到光标仍然为十字形状,表示设计者还可以继续放置其他导线。要完全退出放置模式恢复箭头光标,应该再一次右击或按 ESC 键。

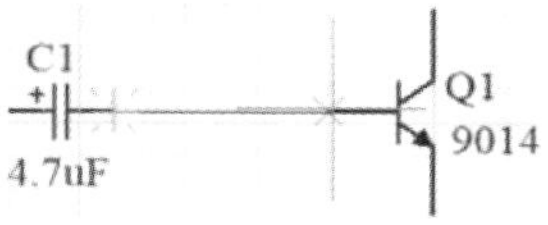

(7)在连线模式中,按照图 5.2.20 连接完成所有的连线。

(8)在完成所有连线后,右击或按 Esc 退出放置模式,光标恢复为箭头形状。

图 5.2.22 连线时光标变为红色标记

(9)如果想移动元件,让连接该元件的连线一起移动,当移动元件的时候,保持按住 Ctrl 键,或者从菜单上选择 Edit→Move→Drag 进行操作。

在连接电路时,上述方法用到的是连线,也可以采用网络标号的方式进行连接。只要两个点或者多个点的网络标号相同,在电路中就认为这些点是连在一起的。添加网络标号可以按照以下步骤进行。

① 从菜单 Place→Net Label 或者工具栏上选择 Net。一个带点的 Netlabel1 框将悬浮在光标上。

② 在放置网络标号之前应先编辑,按 TAB 键在 Properties(属性)面板中显示 Net Label 的属性。网络标号属性如图 5.2.23 所示。

图 5.2.23 网络标号属性

③ 在 Net Name 栏输入所需的"网络名称",如 GND。Rotation 选项可调整网络标号的旋转角度。

④ 在电路图中,把网络标号放置在连线的上面,当网络标记跟连线接触时,光标会变成红色十字准线,左击或按 ENTER 键即可。注意:网络标记一定要放在连线上。

⑤ 放完第一个网络标记后,光标仍然处于网络标记放置模式,在放置完成后,按 ESC 退出键退出放置网络标号模式。

在原理图编辑完成之后,按 Ctrl+S 快捷键进行保存。

9. 编译项目

编译项目可以检查设计文件中的设计草图和电气规则的错误,并给出错误提示,具体方法如下。

（1）要编译此项目，选择 Project→Compile PCB Project test. PrjPcb。

（2）当项目被编译后，任何错误都将显示在 Messages 面板上，如果电路图有严重的错误，Messages 面板会自动弹出，如图 5.2.24 所示，否则 Messages 不出现，可以通过界面右下角的 Panels→Messages 调出，查看编译结果。

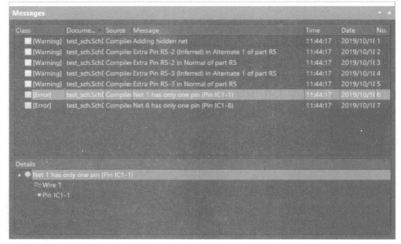

图 5.2.24　Messages 面板

图 5.2.24 中红色部分提示错误，是由于电路图中所用 μA741 芯片的 1 号和 8 号引脚未接线，软件默认此处有错误，但在此电路图中 1 号和 8 号引脚确实为悬空使用。

解决方法是在菜单栏选择 Project→Project Options，在 Error Reporting 选项卡中找到 Violation Associated with Nets 中的 Nets with only one pin，如图 5.2.25 所示。右键单击，在弹出的快捷菜单中选择 Selected Off，单击 OK 即可。

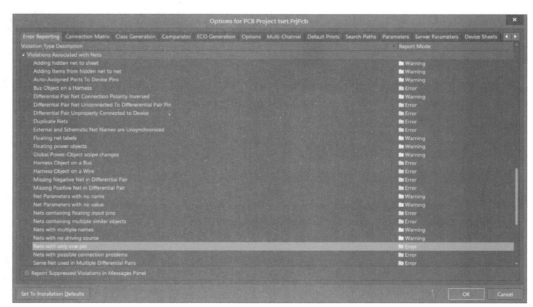

图 5.2.25　Project Options 面板

（3）如果出现例如未连线等错误，在 Messages 面板中双击出错的信息，会在原理图出错位置出现高亮显示状态，电路图上的其他元器件和导线处于模糊状态，如图 5.2.26 所示。根据出错信息提示，对电路原理图进行修改，修改后再次编译，直到没有错误信息出现为止。

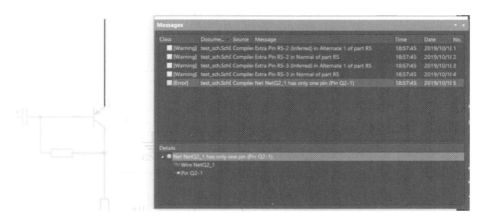

图 5.2.26　显示出错位置

5.2.4 注意事项及实验总结

1. 通过本实验，学会在原理图中放置元件，能够连接电路，学会添加网络与网络标号。
2. 能够通过编译项目，排查电路原理图中的错误。
3. 能够通过修改元器件的属性，确定好元器件的封装类型。

5.3　印制电路板(PCB)设计

5.3.1 实验目的

视频: 5.3 印制电路板（PCB）设计

1. 熟悉印制电路板（PCB）的基础知识；
2. 熟悉掌握用 Altium Designer 软件创建 PCB 板；
3. 熟练掌握用封装管理器来检查所有元件的封装；
4. 能够熟练使用 Update PCB 命令将原理图的信息导入目标 PCB 中。

5.3.2 实验器材

1. 计算机；
2. Altium Designer 软件系统。

5.3.3 实验原理及步骤

印制电路板的英文名称为 printed circuit board,简称 PCB。其结构原理为:在塑料板上印制导电铜箔,用铜箔代替导线,只要将各种元件安装在印制电路板上,铜箔就可以将它们连接成一个电路。

下面先对 PCB 设计的一些基础知识进行介绍。

1. 印制电路板设计基础知识

(1)印制电路板的种类

① 单面板

单面印制电路板只有一面有铜箔,另一面没有。在使用单面板时,在没有铜箔的一面安装元器件,将元器件的引脚通过插孔穿到有铜箔的一面。导电铜箔将元件引脚连接起来就构成了电路。单面板的制作成本低,但因为只有一面有导电铜箔,不适用于复杂的电子设备。

本实验中所设计的即为单面板。

② 双面板

双面板包括两层:顶层和底层,与单面板不同的是,双面板的两层都有导电铜箔,其结构示意图如图 5.3.1 所示。

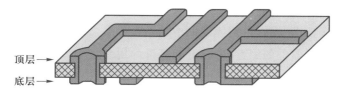

图 5.3.1　双面板结构示意图

③ 多层板

多层板是具有多个导电层的电路板,多层板的结构示意图如图 5.3.2 所示。它除了具有双面板一样的顶层和底层外,在内部还有导电层,内部层一般为电源或接地层,顶层和底层通过过孔与内部的导电层相连接。多层板一般是将多个双面板采用压合工艺制作而成的,主要应用于复杂的电路系统。

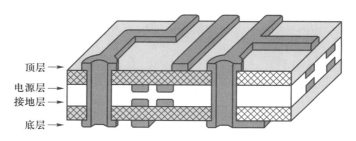

图 5.3.2　多层板的结构示意图

（2）元器件的封装

按照元器件的安装方式，元器件可以分为直插式和表贴式两大类。

典型的直插式元器件的封装外形及其PCB焊盘图如图5.3.3所示。直插式元件焊接时先将元器件引脚插入焊盘通孔中，然后再焊锡。由于焊点要贯穿整个电路板，所以其焊盘中心必须有通孔，至少要占用两层电路板。

典型的表贴式元器件的封装外形及其PCB焊盘图如图5.3.4所示。此类封装的焊盘只限于表面板层，即顶层或者底层，采用这种封装的元器件的引脚占用板上的空间，不影响其他层的布线，一般引脚较多的元器件常采用这种封装形式。不过这种封装的元器件手工焊接难度相对较大，多用于大批量机器生产。

图5.3.3　典型的直插式元器件封装外形　　　图5.3.4　典型的表贴式元器件封装外形
　　　　　及其PCB焊盘图　　　　　　　　　　　　及其PCB焊盘图

（3）铜箔导线

印制电路板以铜箔作为导线将安装在电路板上的元器件连接起来，所以铜箔导线简称导线，印制电路板的设计主要是布置铜箔导线。

与铜箔导线类似的还有一种线，叫作飞线，又称预拉线。飞线主要用于表示各个焊盘的连接关系，指引铜箔导线的布置。它只是显示了电路的连接关系，而不是实际的导线。飞线和铜箔导线如图5.3.5所示。

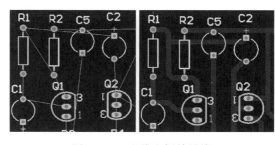

图5.3.5　飞线和铜箔导线

（4）焊盘

焊盘的作用是用来焊接元器件时放置焊锡，将元器件的引脚和铜箔导线连接起来。焊盘的形状有圆形、方形和八角形，常见的焊盘如图5.3.6所示，图中从左向右依次为：圆形焊盘、方形焊盘、八角形焊盘、圆角方形焊盘和表贴式焊盘。焊盘有针脚式和表贴式两种，表贴式无需钻孔；而针脚式需要钻孔，它有孔直径和焊盘直径两个参数。在设计时，要考虑到元器件的形状、引脚大小、安装方式、受力及振动大小等情况。

（5）过孔

双面板和多层板有两个以上的导电层，导电层之间互相绝缘，如果需要将某一层和另一层进行电气连接，可以通过过孔实现。过孔的制作方法为：在多层需要连接处钻一个孔，然后在孔壁上沉积导电金属，又称电镀，这样就可以将不同的导电层连接起来。过孔主要有穿透式和盲过式两种，如图5.3.7所示。

图 5.3.6　常见焊盘　　　　　　　　图 5.3.7　穿透式和盲过式过孔示意图

2. PCB 电路的设计

（1）创建一个新的 PCB 文件

在菜单栏选择 File→New→PCB，如图 5.3.8 所示，即可在该工程项目下创建一个空白的 PCB 文件，其默认文件名为 Pcb1. PcbDoc。

此外，我们还可以采用右键命令创建新的 PCB 文件。在工程项目文件上单击鼠标右键，在弹出的快捷菜单中选择 Add New to Project→PCB 选项即可添加新 PCB 文件，如图 5.3.9 所示。

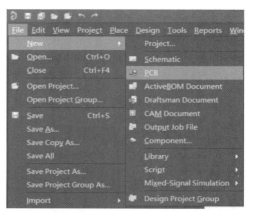

图 5.3.8　新建 PCB 文件图

单击右下角的 Panels 按钮，在弹出的快捷菜单中选择 View Configuration（视图配置）选项，打开 View Configuration 面板，在 Layer Sets（层设置）下拉列表中选择 All Layers（所有层），即可查看系统提供的所有层，如图 5.3.10 所示。

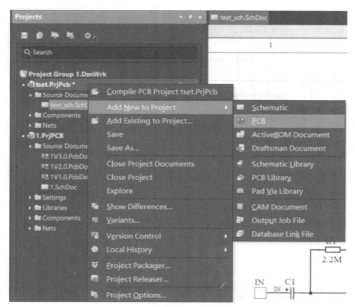

图 5.3.9　添加新 PCB 文件

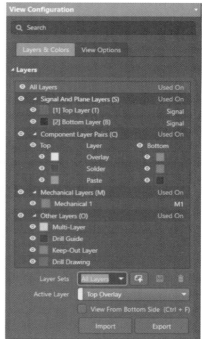

图 5.3.10　View Configuration
（视图配置）面板

此外,在工作区下方也可以选择 PCB 的板层标签,如 Top Layer、Bottom Layer、Mechanical 1、Top Overlay、Bottom Overlay 等。

(2) PCB 板边界设定

PCB 板边界设定包括 PCB 板物理边界设定和电气边界设定两个方面。物理边界用来界定 PCB 板的外部形状,而电气边界用来界定元器件放置和布线的区域范围。

① 物理边界设定

A. 单击工作窗口下方的 Mechanical 1(机械层)标签,使层处于当前的工作窗口中。

B. 单击菜单栏中的 Place(放置)→Line(线),光标将变成十字形状。将光标移到工作窗口的合适位置,单击鼠标左键即可进行线的放置操作,每单击鼠标左键一次就确定一个固定点。通常将板的形状定义为矩形。

C. 当绘制的线组成了一个封闭的边框时,即可结束边框的绘制,注意拐角处的连接情况,放大后仔细观察。单击鼠标右键或者按 Esc 键即可退出该操作。

D. 双击任一边框线即可打开该线的"Properties(属性)"面板,如图 5.3.11 所示。面板中可设置线的起止点和线宽等参数,还可修改线所处的层,如一开始画线时未选择 Mechanical 1(机械层)标签,在此处修改所属层也可实现上述操作的效果,但是要对所有框线进行设置。

② 板形的修改

在机械层利用线条画出封闭图形后,以此为边界可重新定义板形,具体步骤如下:

A. 通过 Place(放置)→Line(线)可绘制所需的 PCB 板的边界,确保框线是封闭的,如图 5.3.12 所示。

图 5.3.11 框线属性面板

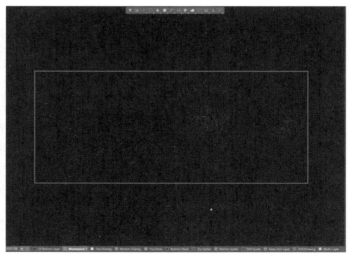

图 5.3.12 绘制 PCB 板的边界

B. 选中绘制的所有框线,单击 Design(设计)→Board Shape(板子形状)→Define from se-lected objects(按照选择对象定义),电路板即可变成所需形状,如图 5.3.13 所示。

图 5.3.13　改变后的板形

③ 电气边界设定

在 PCB 板自动布局和自动布线时,电气边界是必需的,它界定了元器件放置和布线的范围,具体步骤如下:

A. 在已设定物理边界的情况下,单击工作区下方的"Keep-Out Layer(禁止布线层)"板层标签,将其设定为当前层。

B. 选择菜单栏中的"Place(放置)"→"Keepout"→"Track"命令,光标变成十字形,绘制出一个封闭的多边形。

C. 绘制完成后,单击鼠标右键,退出绘制状态,电气边界设定完成。

(3) 用封装管理器检查所有元件的封装

在将原理图信息导入 PCB 之前,请确保所有与原理图和 PCB 相关的库都是可用的。需要使用封装管理器检查所有元器件的封装。在原理图编辑器内,执行"Tool(工具)"→"Footprint Manager...(封装管理器)",会弹出如图 5.3.14 所示对话框。在该对话框的元件列表区域,显示原理图内的所有元件。用鼠标左键选择每一个元件,当选中一个元件时,在对话框的右边的封装管理器编辑框内设计者可以添加、删除、编辑当前选中元件的封装。如果对话框右下角的元件封装区域没有出现,可以将鼠标放在"Add(添加)"按钮的下方,把这一栏的边框往下拉,就会显示封装图的区域。在所有的元器件检查完全正确后,单击"Close(关闭)"按钮,关闭对话框。

(4) 将原理图信息导入 PCB 文件

如果项目已经编译,并且在原理图中没有任何错误,则可以使用 Update PCB 命令来产生 ECO(Engineering Change Order,工程变更命令),它将把原理图信息导入到目标 PCB 文件中。具体步骤如下：

① 打开原理图文件 test. SchDoc。

② 在原理图编辑窗口选择 Design→Update PCB Document test. PcbDoc 命令，工程变更命令对话框出现，如图 5.3.15 所示。

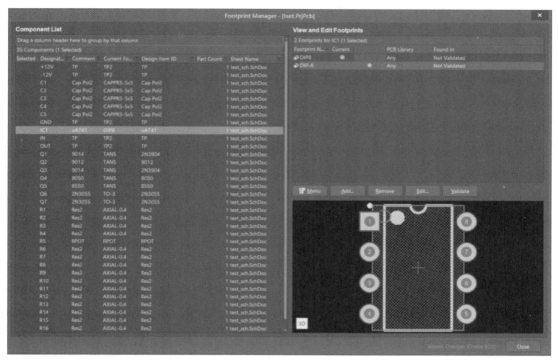

图 5.3.14 封装管理器对话框

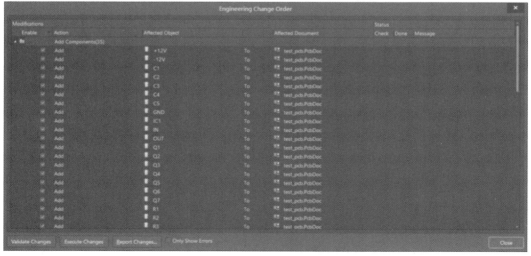

图 5.3.15 工程变更命令对话框

③ 单击"Validate Changes(生效更改)"按钮，验证一下有无错误。如果执行成功，则在"Check(检测)"一列中会显示"√"符号；如果执行过程中出现问题，则会显示红色的"×"符

号。检查 Messages 面板,查看出现错误的原因,直到清除所有错误为止。

④ 如果上一步中没有错误,可以直接执行下一步,单击“Execute Changes(执行更改)”,将信息发送到 PCB。当完成后,“Done”那一列将被标记,电路原理图的信息就导入到了 PCB 文件中。

⑤ 单击“Close”按钮,目标 PCB 文件打开,并且元器件放置在 PCB 板外框的外面以备放置。设计者可以通过 V、D 快捷键来查看文档,信息导入 PCB 的效果图如图 5.3.16 所示。

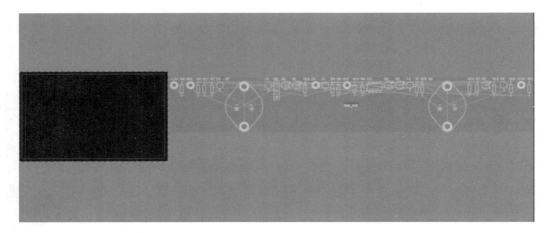

图 5.3.16　信息导入 PCB 的效果图

PCB 文档中显示了一个默认尺寸的白色图纸,要关闭图纸需要在工程变更命令对话框内把 Add Room 一项勾掉,然后再单击“Execute Changes(执行更改)”,将信息发送到 PCB。

(5) 设计新的设计规则

Altium Designer 的 PCB 编辑器是一个规则驱动环境。这就意味着,在设计者改变设计的过程中,如放置导线、移动元件或者自动布线,Altium Designer 都会检测每个动作,并且检查设计是否符合设计的规则。如果不符合,则会立即警告,强调出现错误。在设计之前首先要设计规则。设计规则总共有 10 个类,包括电气设计、布线设计、布局设计、信号完整性分析等的约束。

下面以设定线宽为例,简单介绍规则的设定方法。

① 激活 PCB 文件,选择 Design(设计)→Rules...(规则)。

② “PCB Rules and Constraints Editor(PCB 规则和约束编辑器)”对话框出现。每一类的规则都显示在对话框面板的左侧,如图 5.3.17 所示。单击规则名左侧的三角形符号可展开规则,展开“Routing”,然后展开“Width”,单击“Width”,在右侧的界面中可设定线宽的最大、最小和默认值。

③ 设定最小宽度为 30 mil、默认值为 30 mil、最大值为 100 mil。

④ 单击选择每条规则。当设计者单击每条规则时,右边的对话框的上方将显示规则的范围,下方将显示规则的限制。这些规则都是默认值,用户可根据实际情况自行修改,添加或删除。

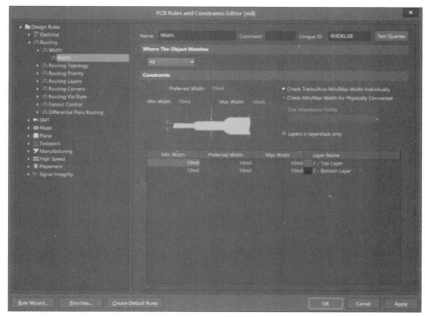

图 5.3.17　PCB 规则和约束编辑器对话框

（6）在 PCB 中放置元器件

① 按快捷键 V、D 将显示整个板子和所有元器件。

② 放置 R_5，将光标放在 R_5 的中部上方，按下鼠标左键不放。光标会变成一个十字形状并跳到元器件的参考点。

③ 不要松开鼠标左键，移动鼠标拖动元器件。

④ 拖动连接时，按下 Space（空格）键可以将其旋转 90°。

⑤ 元器件定位好后，松开鼠标左键将其放下，注意元件的飞线将随着元器件被拖动。

⑥ 参考图 5.3.18 放置其余的元器件。当设计者拖动元器件时，如有必要，使用 Space 键来旋转元器件，让该元器件与其他元件的距离最短。

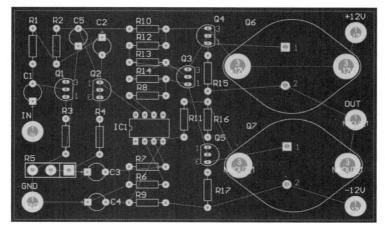

图 5.3.18　放置元器件

（7）手动布线

布线是在板上通过走线和过孔以连接元器件的过程。Altium Designer 通过提供先进的交互式布线工具以及 Situs 拓扑自动布线器来简化这项工作。

自动布线提供了一种简单而有效的布线方式。但在有些情况下，设计者将需要精确地控制排布的线，或者设计者想享受一下手动布线的乐趣。在这些情况下可以手动为部分或者整块电路板进行布线。本实验中，需要手动对单面板进行布线，将所有的线都放在板的底部。具体步骤如下：

① 在设计窗口的底部单击 Bottom Layer 标签，使 PCB 板的底部处于激活状态。

② 在菜单中单击 Place→Track，或者按快捷键 P,T。光标变成十字形状，表示设计者处于导线放置模式。

③ 检查文档工作区底部的层标签。如果 TopLayer 标签是激活的，按数字键盘上的"＊"键，在不退出走线模式的情况下切换到底层。按"＊"符号键可以在信号层之间切换。

④ 将光标定位在"IN"的焊盘上，选中焊盘后，焊盘周围有一个小框围住。左击鼠标或按 Enter 按钮，以确定线的起点。

⑤ 将光标移向 C_1 底下的焊盘。双击或按下 Enter 键，完成连接。

⑥ 按照此方法完成其他的连接。如果在布线过程中，认为连接不合理，可以删除这条线，方法为选中这条线，按 Delete 键来清除所选的线段，该线段变成飞线，然后重新布线。

⑦ 完成 PCB 上的所有连接后，绘制完成的 PCB 图如图 5.3.19 所示，右击或者按 ESC 键以退出放置模式。

⑧ 保存设计。

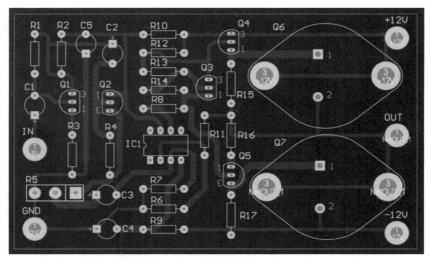

图 5.3.19　绘制完成的 PCB 图

（8）验证设计者的板设计

Altium Designer 提供一个规则驱动环境来设计 PCB，并允许设计者定义各种设计规则来保证 PCB 板设计的完整性。比较典型的做法是，在设计过程的开始设置好设计规则，然后在

设计进程的最后用这些规则来验证设计。具体操作步骤如下:

① 在"View Configuration(视图配置)"面板中,选择 System Colors(系统颜色)列表中的"DRC Error/WaivedDRC ErrorMarkers"旁的按钮◉呈高亮状态,这样 DRC 错误标记才会显示出来。

② 选择菜单栏中的 Tool(工具)→ Design Rule Check...(设计规则检查),会弹出图 5.3.20 所示的 DRC 检查对话框。Design Rule Checker 对话框的实时和批处理设计规则都设置好后,点一个类查看所有原规则。

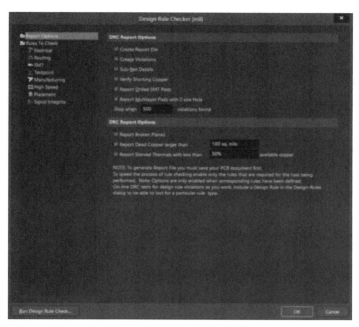

图 5.3.20　DRC 检查对话框

③ 保留所有选项为默认值,单击"Run Design Rule Check..."按钮,DRC 就开始运行,Design Rule Verification Report 将自动显示。如果有错误,将会出现提示,按照提示的错误信息,找出问题,并且进行修改,直到出现图 5.3.21 所示界面为止。这样,一个 PCB 电路就设计完成了。

图 5.3.21　设计规则检查报告

5.3.4　注意事项及实验总结

1. 通过本实验,掌握印制电路板的基础知识。能够将上一个实验中的电路原理图绘制成 PCB 电路。

2. 在 PCB 电路绘制的过程中,首先创建一个新的 PCB 文件,然后用封装管理器检查所有元器件的封装之后,将原理图的信息导入到 PCB 文件中。接下来进行设计,设计要求为单面板,正面放元器件,背面走线。在 PCB 中放置元器件、手动布线,验证设计者的板设计(DRC 检查),这样就完成了 PCB 电路的设计。

5.4　创建原理图库和 PCB 库

5.4.1　实验目的

1. 熟悉掌握用 Altium Designer 软件创建原理图库;

2. 掌握用 Altium Designer 软件绘制原理图库元件;

3. 熟悉掌握用 Altium Designer 软件创建 PCB 库;

4. 掌握用 Altium Designer 软件绘制 PCB 库元件封装。

5.4.2　实验器材

1. 计算机;

2. Altium Designer 软件系统。

5.4.3　实验原理及步骤

Altium Designer 软件支持用户自己进行原理图库文件和 PCB 库文件的创建和绘制,用户可根据实际需要绘制对应的原理图文件和其 PCB 封装。此处以 74HC165 芯片为例讲解如何绘制原理图文件和其 PCB 封装。

1. 绘制原理图库元件

(1) 在菜单栏中选择 File(文件)→New(新的)→Library(库)→Schematic Library(原理图库)选项,如图 5.4.1 所示,即可创建新的原理图元件库,默认命名为“Schlib1. SchLib”,同时打开原理图元件库文件编辑器。单击保存按钮或按“Ctrl+S”保存文件,并将其命名为“sch. SchLib”。

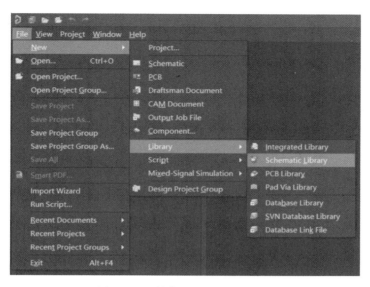

图 5.4.1　创建新的原理图元件库

（2）在创建新的原理图元件库的同时，系统自动为该库添加了一个默认的库文件，其原理图符号名为"Component_1"，在界面左侧的 SCH Library（SCH 元件库）面板中可以看到。单击"Add"按钮可在库中添加库文件，添加时可设置新建的元件名称。

（3）开始绘制原理图库元件。在菜单栏中选择 Place（放置）→Rectangle（矩形）选项，鼠标变成十字形状，并附有一个矩形符号。单击一次，确定矩形左下角位置，单击第二次，确定矩形右上角位置，即可绘制一个矩形，如图 5.4.2 所示。矩形一般要画得大一些，以便于引脚的放置，引脚放置完毕后，再调整成合适的尺寸。

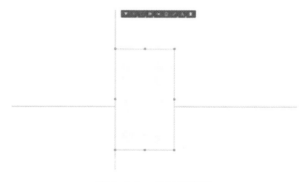

图 5.4.2　绘制矩形图

（4）放置引脚。在菜单栏中选择 Place（放置）→Pin（引脚）选项，鼠标变成十字形状，并附有一个引脚符号。移动该引脚到矩形边框处，单击完成放置。需要注意的是，在放置引脚时，一定要保证具有电气连接特性的一端即带有"×"号的一端朝外，这可以通过放置引脚时按"空格键"旋转来实现。

在放置引脚时按"TAB"键或双击已放置的引脚，可打开引脚的 Properties（属性）面板，在此处可设置引脚的名称。Designator(引脚标号)用于设置库元件引脚的编号,应该与实际元件的引脚编号相对应。Name(名称)用于设置库元件引脚的名称,名称应该体现此引脚的功能。根据74HC165芯片的引脚定义,此处输入"P\L\"(反斜杠\表示取反)。设置完毕后按回车键,放置单个引脚后如图5.4.3所示。

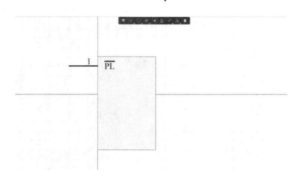

图 5.4.3　放置单个引脚

(5)根据74HC165芯片的引脚定义放置好所有引脚后,在菜单栏中选择Place(放置)→Text String(文本字符串)选项,鼠标将变成十字形状,并附有一个文本字符串。移动鼠标到元件符号中心,按"TAB"或双击字符串,在Properties面板中Text文本框内输入"74HC165",按回车设置完毕。设置完成的库元件如图5.4.4所示。

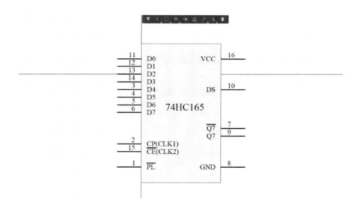

图 5.4.4　放置完成的库元件

(6)在SCH Library面板中双击库文件名,即可打开Properties(属性)面板,常固定在界面右侧,如图5.4.5所示。面板中可设置元件的各种属性,主要包括以下几项:

① General(通常)选项卡

Design Item ID:库元件名称,改为74HC165。

Designator:库元件标号,即把该元件放置到原理图文件中时,系统默认显示的元件标号Ux,绘制原理图时根据电路图及时改为正确的序号。

Comment:用于说明库文件型号,这里将其设置成74HC165。

Description：用于描述库元件功能。这里输入
8-bit parallel input serial output shift register（8 位 并 行
输入串行输出移位寄存器）。

Type：库元件符号类型。采用系统默认的"Stand-
ard（标准）"即可。

Footprint：封装。单击"Add"按钮可为该元件添加
PCB 封装模型，在打开的对话框中单击"Browse…"按
钮，在下一节将要绘制的 PCB 库"pcb. PcbLib"中选择
封装"DIP16"，单击 OK 确定。

Models：模式。单击"Add"按钮可为该元件添加
PCB 封装以外的模型，如仿真模型、PCB 3D 模型等。

② Pin（引脚）选项卡：可对该元件所有引脚进行
一次性的编辑设置。

2. 绘制 PCB 图库元件封装

（1）在菜单栏中选择 File（文件）→New（新的）→
Library（库）→ PCB Library（PCB 元件库）选项，如
图 5.4.6 所示，即可创建新的 PCB 元件库，默认命名

图 5.4.5 Properties（属性）面板

为"Pcblib1. PcbLib"，同时打开 PCB 元件库文件编辑器。单击保存按钮或按"Ctrl+S"保存文
件，并将其命名为"pcb. PcbLib"。

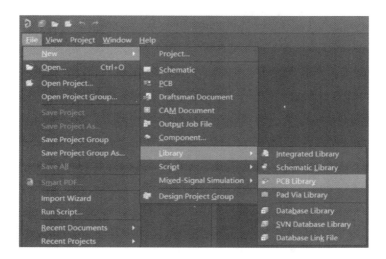

图 5.4.6 创建新的 PCB 元件库

（2）在创建新的 PCB 元件库的同时，系统自动为该库添加了一个默认的 PCB 库封装文
件，其 PCB 封装名为"PCBCOMPONENT_1"，在界面左侧的 PCB Library（PCB 元件库）面板中
可以看到。单击"Add"按钮可在库中添加封装文件。

（3）使用 PCB 封装向导可以方便快捷地创建规则的 PCB 元件封装,常用的元件封装有 BGA、PGA、QUAD、DIP、SOP、LCC 等种类。在菜单栏中选择 Tool(工具)→Footprint Wizard... (封装向导)选项,系统将弹出 Footprint Wizard(封装向导)界面,如图 5.4.7 所示。

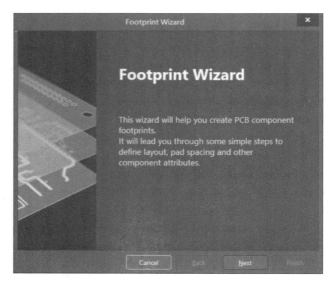

图 5.4.7　Footprint Wizard(封装向导)界面

（4）单击"Next(下一步)"按钮,进入元件封装模式选择界面,如图 5.4.8 所示。此处选择 Dual In-line Packages(DIP)封装模式,在"Select a unit(选择单位)"下拉列表中选择 Imperial (mil)。

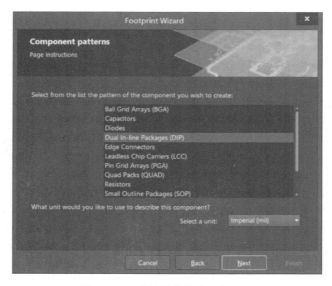

图 5.4.8　元件封装模式选择界面

（5）单击"Next(下一步)"按钮,进入焊盘尺寸设定界面。在这里设定焊盘长为 60 mil, 宽为 60 mil,中心孔径为 32 mil,如图 5.4.9 所示。

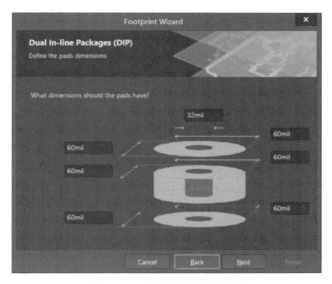

图 5.4.9　焊盘尺寸设定界面

（6）单击"Next（下一步）"按钮，进入焊盘间距设定界面。在这里设定焊盘行间距为 100 mil，焊盘列间距为 300 mil，如图 5.4.10 所示。

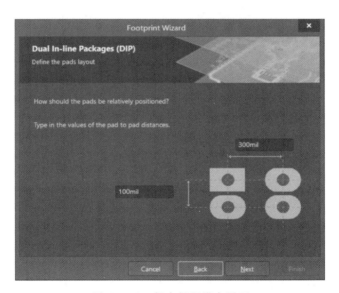

图 5.4.10　焊盘间距设定界面

（7）单击"Next（下一步）"按钮，进入轮廓宽度设定界面。此处采用默认宽度 10 mil 即可，如图 5.4.11 所示。

（8）单击"Next（下一步）"按钮，进入引脚数量设定界面。此处设定引脚数量为 16，如图 5.4.12 所示。

（9）单击"Next（下一步）"按钮，进入封装命名界面。此处采用默认的 DIP16 名称，如图 5.4.13 所示。

图 5.4.11　轮廓宽度设定界面

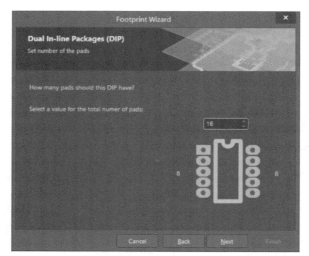

图 5.4.12　引脚数量设定界面

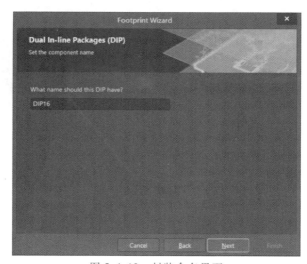

图 5.4.13　封装命名界面

（10）单击"Next（下一步）"按钮，进入封装制作完成界面。单击"Finish（完成）"按钮，DIP16 的封装就制作完成了，如图 5.4.14 所示。

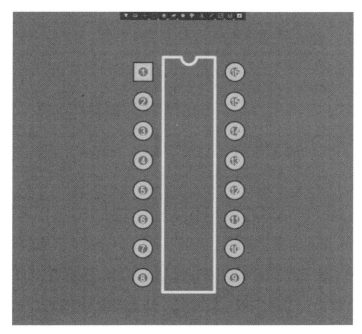

图 5.4.14　封装制作完成

5.4.4 注意事项及实验总结

1. 通过本实验，掌握原理图库和 PCB 库的创建。
2. 掌握元器件的原理图符号和 PCB 封装的绘制方法。

第6章

印制电路板制作技术

6.1 印制电路板热转印制作工艺

6.1.1 实验目的

1. 学习印制电路板热转印制作工艺的整体流程；
2. 掌握印制电路板 PCB 图打印及设置方法；
3. 掌握印制电路板热转印、腐蚀等工序环节。

视频：6.1 单面PCB电路板制作

6.1.2 实验器材

1. 覆铜板 1 块；
2. 油性笔 1 支；
3. 打印机、热转印机各 1 台；
4. 台钻 1 台；
5. $FeCl_3$、松香水、细砂纸若干。

6.1.3 实验原理及过程

在电路实验阶段或课程设计中，经常遇到对某些电路进行测试，或仅需要一两块印制电路板即可的情况。这时如果送到工厂外加工或按照工业流程进行制作，不仅周期长，也很不经济。因此，常采用自制印制电路板的方法来制作电路板。

热转印制作法是借助于热转印机，将打印到热转印纸张上的 PCB 图，直接转印到覆铜板上的电路板制作方法。热转印后的覆铜板，再放在环保腐蚀剂中进行腐蚀，这样没有印有墨迹的地方都被腐蚀掉，剩下的就是覆铜线路图了。

热转印法简单易行，在自制电路板时经常用到，掌握此项技术在电路板试制过程中很有必要。

1. 单面板的制作

（1）打印印制电路图

① 打印机、打印纸的选择

在选择打印机时最好使用激光打印机，其图像分辨率高，油墨打印附着效果好，能够实现较细密的引线打印。条件不允许时，普通打印机也可以完成基本线路的打印工作，但需要用油性笔进行修补。

条件允许时，应选用专用的热转印纸，其油墨干燥、转移的效果都很好。一般实验室环境中，也可选择表面光滑的纸张代替，这种纸吸水性差，墨粉附着在纸张表面不下渗，有利于进行油墨的转印。一般可选择照片纸来进行打印，有些杂志的彩页也可裁下来使用。

② 软件设置

A. 扩孔设置

由于后期需要进行手工钻孔，精度比工业加工时要低得多，所以必须将软件画好的电路中，所有有孔的焊盘和过孔设置得大一些，这样可以避免后期手工钻孔时将焊盘打飞。条件允许的情况下，带孔焊盘应设置得越大越好，不应小于 70 mil。若空间太小，无法扩大，可将焊盘设置成椭圆形。

B. 软件打印设置

把线路板图的布线层打印到热转印纸上前需要对软件进行设置，现以 Altium Designer 打印设置为例进行说明。

第一步：1∶1 打印 PCB 设置。

打开 PCB，点击 FilePage Setup 选项，进入设置对话框，并在 Scaling 中 Scale Mode 下拉条中选择 Scale Print，如图 6.1.1 所示。Size 可以根据打印纸来选择使用纸张的大小。Scale 中可以设置打印比例，1.00 即 1∶1 打印，如图 6.1.2 所示。

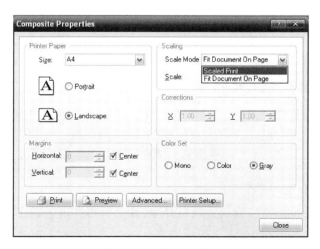

图 6.1.1 设置对话框

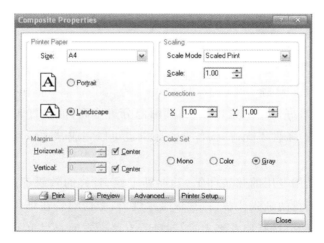

图 6.1.2 设置打印比例

第二步：PCB 指定层打印设置。

单击图 6.1.1 中 Advanced 按钮，弹出打印层选择对话框，当前显示的层均为打印层。如果不需要打印某一个层，则选中该层后单击右键，选择 Delete，即可删除，如图 6.1.3 所示。如果需要打印的层未出现，则单击右键，选择 Insert Layer 选项，弹出图 6.1.4 所示的对话框，选择需要添加的层，然后点击"OK"。

图 6.1.3 删除打印层

第三步：颜色设置。

选择好所要打印的层后，应设置为黑白打印，各个层的打印色彩在黑白打印中主要是灰度的调整，引线层应为最高黑度，文字标示等可以略浅。在图 6.1.3 中的对话框里选择 Preference 进入颜色设置界面，如图 6.1.5 所示。

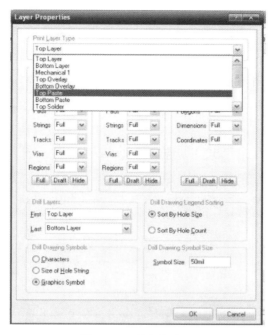

图 6.1.4　添加打印层

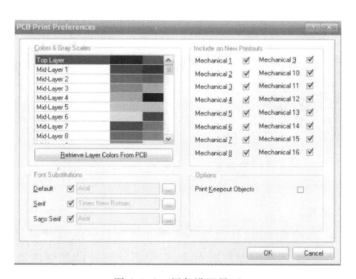

图 6.1.5　颜色设置界面

第四步:进行打印。

在图 6.1.1 所示对话框中点击 Preview,预览即将打印的 PCB。点击 Print,即进入打印界面,如图 6.1.6 所示,完成设置后点击 OK 进行打印。

(2)覆铜板处理

第一步:裁切覆铜板。

由于电路需求各异,电路板的大小也不同,制板前要根据 PCB 的大小裁切面积适合的覆铜板,注意四周要预留约 1 cm 的边框。裁切工具应选择专用的裁板机,条件不允许时可用钢锯条代替,裁切覆铜板如图 6.1.7 所示。

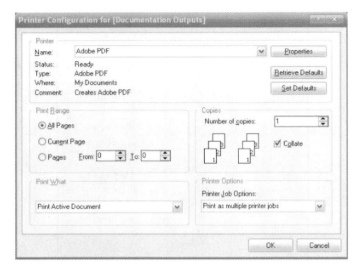

图 6.1.6　打印界面

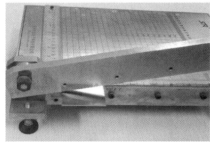

图 6.1.7　裁切覆铜板

第二步:覆铜板抛光。

覆铜板由于储存、运输等原因,往往会不太干净或附着一层氧化膜,使用前需要用细砂纸对覆铜板进行抛光处理,将覆铜面打磨光滑,以免影响热转印和腐蚀质量,如图 6.1.8(a)所示。此外,铜板四周由于剪裁的原因,可能有一些金属铜的毛刺,应用锉刀将其磨掉,防止伤手,如图 6.1.8(b)所示。

第三步:裁打印纸。

裁出来的打印纸要比对应的板子稍大,以使纸能把覆铜板包住,防止热转印时纸和板之间发生错位,如图 6.1.9(a)所示。

第四步:打印纸与覆铜板叠放。

把打印纸有油墨的一面和覆铜板覆铜一面叠放在一起,使 PCB 图居中,如图 6.1.9(b)所示。将打印纸四周折到覆铜板的背面,并用胶带粘牢。

(a) 覆铜面抛光　　　　　　　　　　(b) 覆铜板四周打磨

图 6.1.8　打磨覆铜板

(a) 裁剪打印纸　　　　　　　　　　(b) 粘贴打印纸

图 6.1.9　打印纸叠放

（3）热转印

第一步：热转印机预热。

先将热转印机打开，按下加热键，使热转印机预热。

第二步：热转印。

待温度达到 180 ~ 200 ℃ 时，可将叠好打印纸的覆铜板放进热转印机的入口处，如图 6.1.10（a）所示。热转印机一边加热一边转动，板子从另一边缓缓出来（热转印时不可拉拽板材，应以缓慢加力的方式加热）。

板子冷却后可慢慢把纸和覆铜板撕开，原来在热转印纸上的油墨已全部转印至覆铜面上，如图 6.1.10（b）所示。揭下热转印纸时板子应动作缓慢，若揭开一角后发现没有完全转印至覆铜板上，可以在不移动热转印纸位置的情况下再次热转印。若发现有断线等情况，可用油性笔描线。注意，油性笔一定要选择质量好的，水性笔的画线会在腐蚀时脱落，无法留住铜层。

没有热转印机时，可用家用电熨斗来进行加热。加热时应将电熨斗的温度调至最高挡，达到足够高的温度后，在转印纸上均匀用力地移动。注意移动时应缓慢有力，方向不要来回转变，以免使转印纸和铜板发生错位。整个加热时间应维持 5 ~ 8 s，有时一次加热并不能完全成功，加热一到两次即成。

（4）腐蚀

电路板腐蚀的原理是把转印好的覆铜板放进环保腐蚀剂溶液中,没有油墨的覆铜面和腐蚀剂发生化学反应,即被腐蚀掉了。有油墨保护的覆铜板没被腐蚀,这样便得到了打印图中的电路板。

 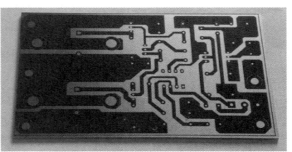

(a) 将叠好打印纸的覆铜板　　　　　　(b) 转印后的板材
放在热转印机的入口处

图 6.1.10　打磨覆铜板

第一步:腐蚀液配比。

腐蚀液的配比有以下几种方式:

① 盐酸、双氧水（即过氧化氢）、水（1:1:8）,腐蚀速度快、质量好,腐蚀过程大约 3 min。但盐酸与双氧水都是强氧化剂,对人体有一定危害,因此在非专业的场所不建议使用。

② $FeCl_3$、水（1:3）,腐蚀速度取决于温度控制,将盛放 $FeCl_3$ 溶液的容器放在热水盆中,可以大大提高腐蚀速度,但水温不宜超过 50 ℃。根据温度控制的不同,时间为 5 ~ 15 min。

第二步:进行腐蚀。

有条件时应选用专业的腐蚀槽进行电路板蚀刻,如图 6.1.11 所示。条件不允许时可用塑料、陶瓷、玻璃材质的容器代替。注意腐蚀槽不要选择金属材质的容器,以免发生化学反应。

腐蚀时可用竹镊子夹住电路板轻轻晃动,以促使铜离子脱离板基。

腐蚀电路板如图 6.1.12(a) 所示,腐蚀后的电路板如图 6.1.12(b) 所示。

第三步:清洗表面。

腐蚀完成后,可以明显看到覆铜面的铜层被

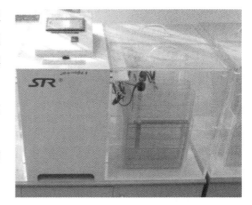

图 6.1.11　专业腐蚀槽

腐蚀下去,露出塑料板基。这时可用清水冲洗电路板,用酒精棉或沾有稀料、丙酮的棉球擦掉油墨层,露出铜箔。条件不允许时,也可用红花油、风油精、卸甲水等日化用品进行油墨碳膜的清除。

$FeCl_3$ 溶剂腐蚀后的腐蚀液一般为蓝色液体,主要为置换出来的氯化铜物质。由于是中性溶液,所以对人体没有危害,使用时不用担心碰触问题。但由于其金属离子含量较高,所以不能直接倾倒至土壤或水环境中,以免对土质或水环境产生影响。使用后的腐蚀液应由专业的环保处理公司统一回收。

 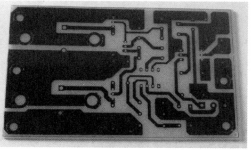

(a) 腐蚀电路板   (b) 腐蚀后的电路板

图 6.1.12   腐蚀电路板

（5）打孔、抛光

电路板打孔如图 6.1.13 所示。选用孔径合适的转头对电路板打孔,一般器件选直径为 0.6 mm 的钻头即可,略粗的器件可选择直径为 0.8 mm 的钻头,螺钉等固定器件可选择直径为1.2 ~ 2 mm 的钻头。打完孔后用砂纸打磨电路板,将毛刺及残余的油墨打磨干净,用干布擦去粉末。

（6）涂助焊剂

涂助焊剂可以保护电路板的铜箔,防止产生铜锈及氧化层;同时使焊接时更加容易,焊点光滑。助焊剂一般是由松香、酒精按 1∶2 的比例混合制成的松香溶液,用棉花或布片将松香溶液涂抹到抛光后的铜板上即可。注意此处不推荐使用焊锡膏,以免焊锡膏中的化学成分侵蚀铜箔。

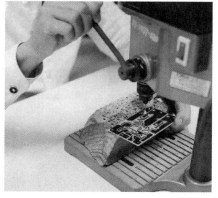

图 6.1.13   电路板打孔

2. 双层板的制作

对于较为复杂的电路来说,单层板往往难以布通,双层板则相对灵活了很多,在电路设计中经常用到。因此掌握双层板的制作工艺非常必要。

双层电路板的制作过程与单层板相似,但需要注意以下几个环节。

（1）过孔的设计

市场上专业制作的双层板在所有过孔处都做了电镀处理,因而每个过孔和焊盘的上层和底层之间都是连接在一起的。但自制的双层板不同,上层和底层之间没有物理连接,因此只能利用电子元件的引脚在双面都可以焊接的特点,来当过孔使用,这一点在设计 PCB 时就需要注意考虑。制作时,双层板的上下两层要严格对准,这样才能正常使用。

（2）精确定位技巧

双层板在制作时,如何将上下两层的打印纸准确定位是最大的难点。我们通过下面一些步骤来使覆铜板和打印纸精确定位。

第一步:设计定位孔。

设计 PCB 时,在边框四个角处各留一个定位孔,孔径为 20 mil 左右。

第二步:定位孔固定。

用图钉(或其他金属丝线)分别在打印纸上的定位孔穿孔,把上层和下层的定位孔分别对应起来,穿在一起。然后用订书机将叠好的打印纸三边固定,这样上下两层打印纸就做成了一个口袋,如图 6.1.14 所示。

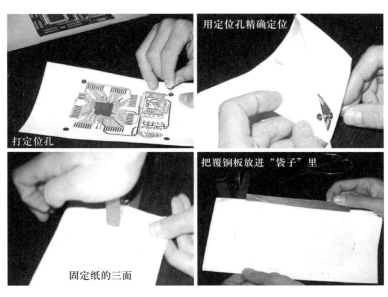

图 6.1.14　定位孔固定

第三步:检查。

把板子放进纸袋前,应先将袋子对着光源,检查是否对准了,这一步一定要仔细检查,以免错位影响后续工作。

检查无误后,将双层覆铜板小心放进袋子里,居中放置并将四边折叠,用胶带纸固定即可。其他操作跟单层板一样,可参考前文中的步骤,此处不再赘述。腐蚀完成的双层板如图 6.1.15所示。

由于双层板的对孔等操作需要一定的经验,所以前几次操作做出的电路板可能不

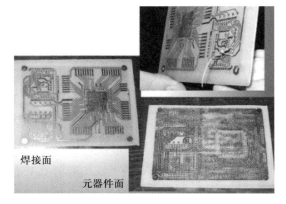

图 6.1.15　腐蚀完成的双层板

太理想,随着制作次数的增加,就可以做出很工整的板子了。

注意:需要注意的是,做双面板时,底层不需要镜像打印,顶层要镜像打印,做丝印层也要镜像打印。

6.1.4 注意事项

1. 不要随意折打印好的转印纸,以免弄掉弄脏油墨线。
2. 热转印时往往需要两到三次,每次的方向应保持一致,以免使打印纸与覆铜板出现错位。
3. 热转印后不要立即手握覆铜板,应待板子降温后再接触,以免烫伤。
4. 应待覆铜板凉透后揭开转印纸,此时油墨才完全附着在铜板上。

6.2　印制电路板感光板制作工艺

6.2.1 实验目的

1. 学习印制电路板感光制作工艺的整体流程;
2. 掌握 PCB 图菲林纸打印、曝光、显影等工序环节。

6.2.2 实验器材

1. 感光板 1 块;
2. 透明菲林纸/硫酸纸 1 张;
3. 打印机 1 台;
4. 日光灯/紫光灯 1 台;
5. 台钻 1 台;
6. 显像剂、$FeCl_3$ 溶液、松香水、细砂纸、油性笔若干。

6.2.3 实验原理

感光板是一种覆有均匀感光药膜的覆铜板,可以直接从市场上购买成品感光板,也可以通过在覆铜板上进行感光膜覆膜工艺或涂抹感光剂的方式自制感光板。由于感光膜覆膜工艺需要购置感光膜、覆膜机等材料设备,且工艺温度过高时会损坏感光膜的显影效果,所以本实验中采用的是市售成品感光板。

感光板制作的印制电路板又叫光印线路板,它的主要原理是使光线直接照射在感光板上,用透明菲林胶片上的线条在感光板上形成光照区和无光照区。有光照的地方,感光膜会被显影剂溶解,没有溶解的感光膜则保留在电路板的铜箔上,不被三氯化铁溶液等腐蚀液腐蚀,最后保留成为线路。

感光板制作印制电路板的工艺和热转印工艺的腐蚀及后期处理等工序基本相同,其中的区别主要在于以下几个环节。

1. 打印环节

打印环节中,主要的区别在于打印纸和打印机的选择。感光工艺中的线路必须打印在透明的纸张上,才能使光线透过打印纸映射到感光板上,这就类似于照相感光一样。因此打印纸一般选择透明的菲林胶片纸(透明打印纸),或半透明的硫酸纸。

不同的纸张需要选择不同的打印机进行打印。由于透明菲林纸对温度要求较高,高温下会发生卷曲变形,一般使用低温激光打印机或专业菲林打印设备打印。硫酸纸一般使用喷墨打印机即可。

由于菲林纸的感光精度优于硫酸纸,所以在制作时可根据电路需求选择相应的纸张和打印设备。一般实验室试制的单层板或元件不多的双层板,使用硫酸纸即可满足需求。

2. 感光、显影环节

感光板制作印制电路板是通过光线感光,将打印纸上的线路映射到板材上的,并通过浸泡显影剂使曝光的感光膜区域溶解,最终留下未曝光的线条。这一点和通过热转印将油墨转移至覆铜板上的工序非常不同。由于感光显影工艺的光线分布是十分均匀的,不会出现热转印工艺中墨粉线条中漏粉的现象,所以感光工艺能够制作出更为精细的线条,在大面积接地和粗线条线路的制作上也比热转印效果好。

6.2.4 实验步骤

第一步:打印设置。

首先要在电脑中设计好电路板图,并按照 1 : 1 的比例进行打印设置。其设置方法与6.1 节中的打印环节相同,可参考前文,此处不再赘述。

第二步:打印硫酸纸(菲林纸)。

将设计好的 PCB 打印到透明的硫酸纸(或菲林纸)上,注意应镜像打印,再反贴在感光板上,使油墨面贴在感光板上,这样可减少硫酸纸的厚度带来的不良影响。双面打印时,只将上层镜面,下层直接打印就可以了。打印好的电路图如图 6.2.1 所示。

将打印好的硫酸纸沿着 PCB 的板边裁剪下来,此处要完全沿板边裁剪,不能留空白。

注意:如果对走线的精度和粗细要求不高,可用喷墨打印机,如果要做精度高和走线细的电路板,要选择能打印硫酸纸及菲林纸的激光打印机,过热的激光打印机在打印硫酸纸或菲林纸时会因过热而使纸张变皱卡纸。

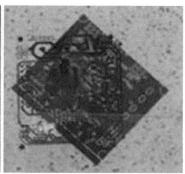

(a) 硫酸纸　　　　　　　　　　　(b) 菲林纸

图 6.2.1　打印好的电路图

在不能用硫酸纸或菲林纸打印的情况下,有一个方法也可以做出需要的底片。用普通的打印纸在激光打印机上打印出需要的电路图,然后用油均匀地涂在打印纸上,不要太多,这时打印纸会变得透明。用透明胶带将打印纸贴满,避免油污粘在感光电路板上。贴好透明胶带后要用肥皂将透明胶带表面擦拭干净,感光电路板上不能有油污。这样半透明的电路图打印底片就做好了,效果也很好。

第三步:切割感光板。

由于感光板的价格比普通覆铜板贵,且一经曝光便无法再次使用,所以要将感光板切成和 PCB 一样的大小,以免浪费。

先在感光板上用笔画出 PCB 的外形尺寸,用裁板机或钢锯条沿笔迹切割。切割时应尽量轻,不要损坏了感光板上的保护膜。

感光板覆铜面有层白色保护膜,在阴暗的环境中小心将膜撕掉。去掉保护膜的感光板覆铜面被一层绿色的化学物质所覆盖,这层绿色的物质就是感光膜。撕掉保护膜后应注意保护好感光层,不要划伤并远离光源,以免影响感光和显影的效果。感光板的处理如图 6.2.2所示。

(a) 裁好的感光板　　　　　(b) 撕掉保护膜的感光板

图 6.2.2　感光板处理

第四步:感光。

感光是整个制作过程中最关键的步骤,在做感光前应先准备好两块比 PCB 大的玻璃,以及感光用的日光灯或紫光灯。

（1）首先，将打印好的硫酸纸有油墨的一面轻轻铺在感光板绿色感光层上，对好位置，用透明胶带贴好。

（2）将一块玻璃放在较平的台面上，然后把感光板放在玻璃上，绿色感光层朝上。

（3）将另外一块玻璃压上，利用上面那块玻璃本身的自重使感光板和硫酸纸紧贴在一起。注意不要移动玻璃，有条件时可用夹子固定，如图6.2.3（a）所示。

（4）固定好感光板后开始感光（曝光）。曝光的方法有几种：太阳照射曝光、日光灯曝光、专用的曝光机曝光，可以根据情况灵活选择。这里采用的是日光灯曝光，灯管和感光板的距离大概是5 cm，如图6.2.3（b）所示。

(a) 双层玻璃固定感光板   (b) 日光灯感光

图 6.2.3 感光工序

感光（曝光）的时间要根据光源的照射强度，以及不同厂家感光板的曝光时间要求来确定，具体可参考厂家说明。感光（曝光）时间的要求并不是很严格，但注意时间不要太短，那样会导致曝光不充分，略多几分钟并无大碍。在日光灯下，感光板距日光灯5～10 cm，感光时间约为10 min。

在阳光充足的日子，可以直接用日光进行感光。一般在强烈的阳光下感光3 min即可，如果阳光不够强烈的话就延长一点时间，延长时间根据阳光的强度估算。

双面感光板制作时应一面一面地感光：① 先将切下来的双面感光板的一面上的保护膜在阴暗的环境中撕下来；② 将打印出来的 TOP 层电路硫酸纸覆盖在感光板上，附墨的一面朝感光板，硫酸纸的边和感光板的边严格对齐（双面板中对齐很重要，如果没有对齐会导致两面的过孔和焊盘错位，贴硫酸纸要尽量快）；③ 在一层感光（曝光）结束后将感光板取下，移到阴暗的环境中，将刚刚撕下的保护膜贴回去（或其他不透光材料），以免做另一面的感光时这一面受光影响；④ 贴好后做另一面的感光（曝光），用同样的方法进行，要注意的是一定要确保两面的丝印重合。

第五步：显影。

显影前要配制显影剂，将粉末显影剂一包与水混合放入水槽，粉末显影剂和水的质量比为1∶20，适当搅拌使显影剂溶化均匀，将感光后的感光板放入塑料水槽里，显影槽显影如图6.2.4（a）所示。

制作单层板时，应将绿色感光膜面向上，完全没入显影液，并且不停地晃动水槽。此时会有绿色雾状气泡冒出,如图 6.2.4(b)所示。电子线路也会慢慢显露出来。

(a) 显影槽显影   (b) 气泡冒出

图 6.2.4 显影工序

制作双层板时应确保两面都能接触到溶液,不能平放在水槽里,否则朝下的一面会因接触溶液不充分而显影不完整。

直到铜箔清晰且不再有绿色雾状气泡冒起时,即显影完成,一般需要 1 min 左右。此时需再静待几秒以确保显像充分。显影后的感光板如图 6.2.5 所示。显影完成后用水稍微冲洗,吹风机吹干,检查线路是否有短路或开路的地方,短路的地方用小刀刮掉,断路的地方用油笔修补。

这里要注意以下几项内容:① 不要用金属材料的盆;② 不要用纯净水,用一般的自来水即可;③ 显影剂一般为碱性溶液,制作时应带上一次性手套,避免直接接触。

第六步:腐蚀电路板。

使用三氯化铁溶剂或其他环保蚀刻溶剂进行腐蚀。此处步骤和 6.1 节中腐蚀步骤相同,可参考前文,此处不再赘述。

第七步:钻孔、涂松香助焊剂。

用电钻对需要钻孔的地方进行钻孔,钻孔后的电路板经过砂纸打磨,将感光膜去除,再使用松香水均匀涂抹,干透后就可直接装配焊接了。

此处应注意,绿色感光膜可以对覆铜层进行保护,防止氧化。因此在不着急进行焊接时也可暂不去除感光膜。感光膜去除的方法除了打磨外,还可以用脱膜剂浸泡感光板进行脱膜,可根据实验条件来选择进行。最终成品的电路板如图 6.2.6 所示。

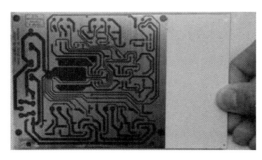 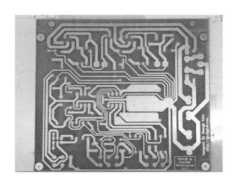

图 6.2.5 显影后的感光板   图 6.2.6 最终成品电路板

6.2.5　注意事项

1. 玻璃必须平整、干净,紧压在感光板上,小心刮伤感光膜面,以免造成断线,保持板面及原稿清洁。

2. 感光(曝光)时间稍长没有关系,但一定要使硫酸纸(菲林纸)紧贴感光膜,不要让光线透入。

3. 如果感光(曝光)严重过度,超过正常一倍的话,显影过程会很迅速,几秒到十几秒就可以完成。这时一定要控制显影时间,时间稍长就会使感光膜全部溶解,制作失败。

4. 如果感光(曝光)严重不足,不到正常一半的话,显影过程会很缓慢,可能需要几分钟才可以完成,这时一定要有耐心,千万不要重复曝光,否则一定制作失败。

5. 不可用白炽灯感光(曝光),否则很容易曝光过度,显像太快而使线条变细并消失。

6. 显影剂的成分一般是强碱氢氧化钠,没有毒性金属,但有腐蚀性,注意不要用手直接接触。

7. 感光效果因感光板制造日期、曝光时间、显像液浓度、温度等不同而变化。即感光板自制造之日起,每隔半年显像液浓度就增加 20%;若显像液浓度过低或曝光不足,会使显像时间过长并会残留感光膜,则线条无法完全清晰显现;反之,若显像液浓度过高或曝光过度,会使显像太快而导致线条太细以致完全消失;适宜温度为 10～35 ℃,温度高则显影速度快。

第 7 章

装配及焊接技术

7.1 电子元器件的安装工艺

7.1.1 实验目的

1. 掌握电子元器件的插装原则;
2. 掌握元器件及电路板的预处理工艺;
3. 熟练掌握电子元器件的安装工艺。

7.1.2 实验器材

1. 实验板 1 张;
2. 电阻、电容、二极管、晶体管、集成芯片若干;
3. 台钻、松香水若干。

7.1.3 实验原理

电子产品设计完成后需要在印刷电路板上完成电子元器件的组装,组装中还有可能用到通用电路板、面包板、洞洞板等。我们一般称没有装载元件的印制电路板为印制基板。印制基板具有上下两面,安装元件的一面为元件面,具有焊盘的一面为焊接面,元件的引脚通过基板的通孔,通过将元件焊接在焊接面,从而把线路连接起来。

印制板的组装方法根据电子元器件的种类而定,不同的电子元器件具有不同的外形与引脚,故装配时要根据元器件的结构特点、装配密度以及装配要求来决定。元器件插装到基板之前,一般会进行引脚整型、打磨等加工处理。这种良好的成形以及插装工艺,可以保证机器的性能稳定,提升防震能力,减少损坏,同时使机器具有整齐、美观的效果。

7.1.4 实验内容

1. 元器件筛选

电路安装前需对元器件进行检验和筛选。因为电子产品线路越复杂,所拥有的电子元器件数量就越大,整体检测工作就越繁重。在电路中即使只用了一个不合格的元器件,但是由此所带来的麻烦和损失往往是无法估计的。

（1）元器件的检验

元器件的检验就是按照相关的技术文件,逐一检查元器件的各项性能指标,如外观尺寸、测试电气性能等。元器件检验时应首先观察器件外观,若发生磨损、包装壳破裂、引脚折断或缺失、尺寸存在明显差异等情况,应及时更换器件。

电气性能检验需借助万用表等工具进行,特殊参数还需连接测试电路方可测得。各元器件的检测方法参见本书第 3 章。

（2）元件老化和筛选

对于一些敏感器件或某些性能不稳定的器件,或者可靠度要求特别高的关键元器件,需要进行元件的老化筛选。老化的元器件在使用过程中具有一定的潜在危险,尤其在恶劣的环境中会发生失效,一般普通的检测方法不容易检测出元件老化问题。

老化筛选的原理就是模拟恶劣的工作环境,给电子元器件施加电的、热的、机械的,或者多种结合的外部效应力,加速元器件内部潜在故障的暴露。对施加应力后的电气参数进行测量,对参数变化了的元器件进行筛选剔除。工艺较高的电子产品装备都被要求进行老化筛选,以保证在正常使用之前就过滤掉早期失效的元器件。

目前广泛使用的老化筛选项目有:高温功率老化、高温存储老化、高低温冲击老化、高低温循环老化、跌落、冲击、振动、高电压冲击等。使用得最为普遍的试验项目是高温功率老化,这种方法可以筛选出元器件的多种潜在故障。具体做法为:模拟元器件的实际电路工作条件,给元器件通电后,再加之 80 ~ 180 ℃之间的高温,时间可持续几个小时甚至几十个小时,记录老化情况。

2. 电路板预处理

（1）批量印制电路板预处理

由工厂按设计图样生产出来的印制电路板通常不需要处理即可直接投入使用,这时最重要的是做好板材的检验工作。检验内容包括:导线的走向是否合理、导线宽度与间距、导线的公差范围、孔径尺寸和种类数量、板基的材质和厚度（如是多层板还要审查内层基板的厚度）、焊盘孔是否打偏、铜箔电路的腐蚀质量以及贯孔的金属化质量等。若是首批样品,还应通过试装几次成品来检验。

（2）手工腐蚀实验板的预处理

手工腐蚀出来的实验板，多用于实验室小批量实验，可手工进行钻台打孔、砂纸打磨、涂松香水等工作，分别如图 7.1.1 至图 7.1.3 所示。

图 7.1.1　钻台打孔

图 7.1.2　砂纸打磨

① 钻台打孔。打孔最好使用 Φ0.8 ~ 6 mm 的小型台钻。安装一般元器件时通常选用 Φ0.8 mm 的钻孔，不同的元器件应根据引脚的粗细选择不同型号的钻孔。打孔的基本原则是，孔径应比元器件引脚大 0.2 ~ 0.5 mm，这样做是保证引脚与焊盘之间存在一个合适的间隙以方便焊接。如果间隙太大，会在焊接时漏锡，容易造成虚焊，影响焊接效果；如果间隙太小，元器件引脚插拔的时候会比较困难。

图 7.1.3　涂松香水

② 砂纸打磨。打孔完毕后应用细砂纸对板材进行打磨。这样可以把覆在线路板上的墨粉打磨掉（参见第 6 章），此外还能够去掉板材表面的氧化层以及毛刺，增加焊接时焊点的质量。打磨后应用清水把线路板清洗干净。

③ 涂松香水。砂纸打磨后应立即在有线路的一面遍涂一层薄薄的松香水。松香水（松香酒精溶液）是一种具有抗氧化、助焊接双重功能的溶剂，在这里起到保护铜面、防止氧化的作用，同时有助于焊接的焊点形成。

松香酒精溶液的配制方法是：在一个密封性良好的玻璃小瓶里盛上 95% 的工业酒精，然后按 3 份酒精加 1 份松香的比例，将酒精放进压成粉末状的松香，并不断搅拌，待松香完全溶解在酒精中即成。松香和酒精的比例要求不是十分严格，可根据自己的情况灵活配置。过浓的松香水不易凝固，但助焊效果强些；过稀的松香水覆盖性差，漫流性好。松香酒精溶液存放久了，由于酒精的挥发，溶液会变稠，这时可以再加些酒精稀释。因此使用前应试涂一下，酌情掺兑酒精调整，以既能方便均匀涂刷又具有很好的覆盖性为准。

松香酒精溶液涂在铜箔上，其中的酒精很快地蒸发掉，松香在铜箔表面形成一层薄膜，可使铜箔面始终保持光亮如新，防止氧化。在焊接时，松香还起到助焊剂的作用，使得铜箔很容易上锡。为加快松香凝固，我们还可以使用热风机加热线路板，只需 2 ~ 3 min 松香就能凝固。

3. 元器件引脚预处理

元器件的安装方式主要有卧式安装和立式安装两种,如图 7.1.4 所示。卧式安装时元器件与印制基板保持 1 ~ 2 mm 的距离,安装牢固,插装简单;立式安装采用将元器件垂直安装的方式,这种安装方式不太常用,仅在安装密度较大、电路板面积受限时使用。

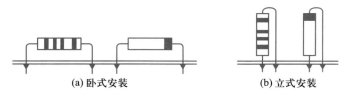

图 7.1.4　元器件的安装方式

无论是卧式安装还是立式安装,元器件的引脚在安装前都应根据印刷电路板上焊盘孔之间的距离和设计者要求元器件离开印刷电路板的高度尺寸,预先加工成一定的形状(即成形)。未成形的元器件安装时,尤其是大批量生产时,会产生下列问题:① 引脚间距与印刷电路板上的焊盘孔距不匹配,影响插入效率,甚至无法进行;② 未成形的元器件焊接时其主体距离底板的高度不易控制,容易造成元器件歪斜;③ 元器件在受到碰撞、摔打或从顶部而来的压力时,可能会向下将焊盘顶开,破坏铜箔,造成故障隐患。

因此,元器件在焊接前应对引脚进行处理,增强其对板材的适应性和抗压力,元器件引脚成形的形式如图 7.1.5 所示。此外对于特殊要求的电子元器件还要特殊处理,例如易受热器件引脚成形的形式如图 7.1.6 所示。

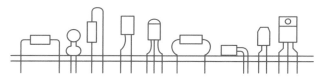

图 7.1.5　元器件引脚成形的形式

元器件引脚成形的方法有以下几种,用于不同的场合:

(1)模具成形。模具成形的元器件引脚一致性好,一般应用于大批量工业生产环境。

(2)手工成形。有些元器件的引脚成形不需使用模具,可使用尖嘴钳或镊子加工,如图 7.1.7 所示,这时最好将尖嘴钳钳口一侧打磨成圆弧形,以免损伤引脚。

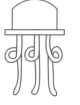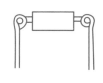

图 7.1.6　易受热器件引脚成形
的形式

使用尖嘴钳或镊子加工时应注意,正确的方法是用镊子固定住元器件的同时,用手指扳动引脚进行成形。图 7.1.8(a)所示用镊子(或尖嘴钳)扳动引脚是错误的成形方式,图 7.1.8(b)所示用镊子(或尖嘴钳)固定元器件引脚根部,同时用手指扳动引脚进行成形是正确的方式,这样做可以保护引脚根部不被破坏。

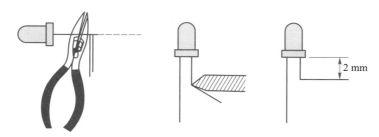

图 7.1.7　使用尖嘴钳或镊子加工引脚

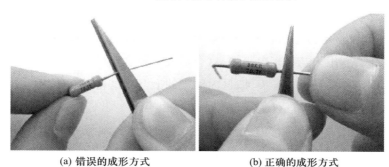

(a) 错误的成形方式　　　　　(b) 正确的成形方式

图 7.1.8　元件引脚弯折方法

元器件引脚预处理后,应满足下列技术要求:

(1) 成形后的元器件应与印刷线路板焊盘间距相吻合。

(2) 成形时需注意不能刮伤元器件引脚的表面镀层,不能将引脚脱离器件本身。尤其是对于一些小型的电感类器件,弯折时应保证弯折点与引脚根部保留一段距离,另外引脚部位比较薄弱,弯折时力道要轻。

(3) 应保证元器件的标注面露在外面或上方,便于后期的观察和维修。

(4) 集成电路的引脚较多且排列有序,一般需借助专业设备进行成形处理,如图 7.1.9 所示。双列直插式集成电路手工调整时可借助平整的桌面进行。

4. 元器件引脚上锡

电子元器件的引脚长期暴露在空气中容易被氧化,引脚表面的氧化层会使其可焊性变差,在焊接时容易出现虚焊,影响电路性能。因此在焊接之前,需要对引脚进行上锡处理。

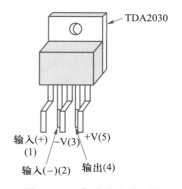

图 7.1.9　集成芯片的引脚成形处理

对于氧化严重的元器件引脚,可以使用刀片将引脚表面的氧化层刮掉(去污处理),之后再涂锡,这一过程也叫作搪锡。

在处理少量的元器件时,可以使用手工刮削的方法,此方法最为有效易行。对于体积较大的元器件,可用砂纸打磨其接线端。

图 7.1.10(a)为元器件引脚刮削,图 7.1.10(b)为元器件引脚打磨。

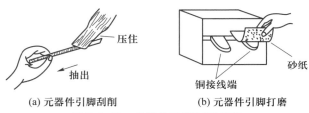

(a) 元器件引脚刮削   (b) 元器件引脚打磨

图 7.1.10   元器件引脚刮削打磨

搪锡在电子焊接中具有重要意义,因为电子元器件的引脚多为铜质,铜在空气中很容易氧化,形成的氧化膜电阻率很高,这样会导致引线接头处接触电阻增大,温升非常高,能量损耗很大。同时高温又会导致引脚材料的蠕变,继而可能造成元器件连接处的松动,更加增大接触电阻,有时还会有电火花的现象出现,这会形成一种恶性循环。不同材质的元器件连接如铜铝连接时,铜铝之间有电化学腐蚀,同时温度的上升与电化学腐蚀之间也会形成一种恶性循环,这样将严重影响电路的性能。

针对以上问题,比较简单易行的方法就是在接头处进行镀银或镀锡处理。这样可以防止引脚氧化,以及减少铜铝之间的电化学腐蚀,从而降低了能量损耗,对稳定接触电阻起到有效的作用。镀银的成本比较高,一般采用搪锡的方法。

在清洁完直插式元器件引线后,将元器件的引线浸润助焊剂,如图 7.1.11(a)所示。助焊剂的作用是去除引线表面的氧化膜,防止氧化,减少液体焊锡表面张力,增加流动性,有助于焊锡润湿焊件。

镀锡时若是焊接单个元器件,可以使用电烙铁将元器件引线加热,然后将锡熔到引线上即可,如图 7.1.11(b)所示。在小批量焊接时,可以使用锡锅进行镀锡,先将焊锡放在锡锅内高温熔化,再将表面处理干净的引线插入熔融的锡铅合金中,待润湿后取出即可,元器件外壳距离液面须保持 3 mm 以上,浸涂时间为 2~3 s。

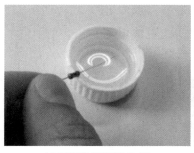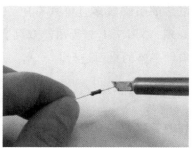

(a) 浸润助焊剂(松香水)   (b) 元器件引脚上锡

图 7.1.11   元器件引脚搪锡

7.1.5 注意事项

1. 打孔时台钻的转速应高一些,电路板下应衬垫木块等材料。

2. 操作钻孔、安装电子器件时不允许戴手套。

3. 钻头不应留出过长，以免打孔时钻头弯折，飞出伤人。

4. 打磨完后应立即遍涂松香水，否则电路板又将形成新的氧化层，因此应预先配置好松香水，并备好涂抹用的刷子。

5. 元器件的安装一般遵循"先低后高、先轻后重、先易后难、先一般后特殊"的原则。先在电路板上安装较小体积的卧式元器件，然后根据需要安装立式器件和大体积器件，最后安装易损坏的集成电路、大功率晶体管，以及不易安装的特殊元器件等。

6. 在调试过程中，若需要焊接个别元器件，可以采用搭焊法来简化制作工艺，如图 7.1.12 所示，把元器件直接焊接到线路板裸露的导线上，这样可以免除钻孔的麻烦。

7. 不同的元器件具有不同的安装要求，使用时应根据需要进行正确的装配和焊接。

（1）不同型号的集成电路或晶体管引脚排列也有不同，装配时需对照元器件资料查看正确的引脚顺序，防止插错或装反。

（2）不同型号的电阻器具有不同的阻值、额定功率以及体积形状，安装时应进行区分。大功率电阻器温度升高较快，安装时应与线路板和周围器件距离大一些；小功率电阻器大多采用卧式安装，与线路板的距离可以稍微近一些。

（3）不同型号的电容器具有不同的电容值以及耐压情况，其中电解电容器具有正负极性，安装时需注意电解电容的正负极性不能接反，否则会有炸裂隐患。

（4）有些元器件的外壳本身具有电气性能，如 2N3055 晶体管的外壳是集电极，使用时要严格注意外壳不能与线路板引线或其他元器件有接触，要有 1 mm 以上的间隙。线路板密度较小时，应使用绝缘管进行隔离。

（5）对于一些自身重量较重的元器件，如变压器、金属大功率晶体管等，由于元器件本身较重，单靠引脚的焊接还是不能稳固，容易发生接触不良，此时应借助螺丝钉固定元器件，如图 7.1.13 所示，同时引线与电路板之间的焊接也不能忽略。

图 7.1.12　搭焊法简化制作工艺

图 7.1.13　螺丝钉固定元器件

7.2　电子器件焊接工艺

7.2.1 实验目的

视频：7.2.1
焊接机理

1. 掌握电烙铁的类型及特点；
2. 掌握电烙铁的使用方法；
3. 能够处理电烙铁的简单故障。

7.2.2 实验器材

视频：7.2.2
焊接工具

1. 电烙铁 1 台；
2. 焊锡丝、砂纸、松香、实验板若干。

7.2.3 实验原理

1. 焊接的基本概念

电子器件的焊接通常选用低熔点的金属焊料（如锡基合金），将焊料加热熔化后，渗入并填充焊盘与引脚间隙，达到原子间结合而形成永久性连接。因焊料常为锡基合金，所以也称为锡焊。焊接的常用工具为电烙铁。手工锡焊是指人使用电烙铁进行手动焊接，这需要掌握一定的技巧，并遵循一定的原则，经过一段时期的训练便可熟练地进行焊接。

2. 焊接工具

电烙铁是电子焊接的主要工具，在电子制作和电器维修时，电烙铁发挥着焊接元器件和导线的重要作用。

电烙铁的分类有多种，从结构上分类可分为内热式和外热式电烙铁，从温度控制方式上分类可分为恒温式和变温式电烙铁，从功能方面分类可分为焊接用和吸锡用电烙铁，从用途方面分类可分为大功率和小功率电烙铁。常见的焊接工具有以下几种：

（1）内热式电烙铁

如图 7.2.1 所示，内热式电烙铁的结构主要包括烙铁头、加热体、卡箍、外壳和手柄等。加热体也称为烙铁心，安装于烙铁头里面，热能利用率比较高，因此称为内热式电烙铁。内热式电烙铁具有 20 W 和 50 W 两种常用规格。由于加热体位于烙铁头里面，具有快速加热烙铁头的优势，热效率较高，所以在使用上 20 W 的内热式电烙铁等同于 40 W 的外热式电烙铁。内热式电烙铁的烙铁头更换起来相对简单,首先取下卡箍,用钳子轻轻夹住烙铁头部(注意不要用力过猛,以免损坏连接杆),然后慢慢地将烙铁头脱离加热体,更换新的烙铁头。

内热式电烙铁具有体积小、价格便宜、发热效率高以及更换烙铁头方便的特点,因此具有广泛的使用性。通常的电子制作中使用 20~30 W 的内热式电烙铁居多。一般来说电烙铁功率与温度的关系如表 7.2.1 所示。

表 7.2.1　电烙铁功率与温度关系

功　率	15 W	20 W	25 W	30 W
温　度	280 ℃ ~400 ℃	290 ℃ ~410 ℃	300 ℃ ~420 ℃	310 ℃ ~430 ℃
功　率	40 W	50 W	60 W	
温　度	320 ℃ ~440 ℃	320 ℃ ~440 ℃	340 ℃ ~450 ℃	

（2）外热式电烙铁

如图 7.2.1 所示,外热式电烙铁的结构主要包括烙铁头、加热体、外壳、手柄等。与内热式电烙铁不同的是,外热式电烙铁是把烙铁头装在加热体里面,故称为外热式电烙铁。加热体使用电热丝为热材料,将电热丝平行绕制在一根空心瓷管上,并外接两根导线接入 220 V 交流电源。外热式电烙铁也具有多种规格,常用的有 25 W、45 W、75 W、100 W 等,烙铁头的温度与功率成正比,功率越大温度越高。

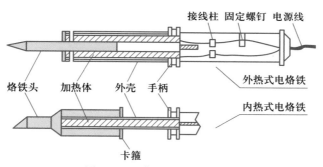

图 7.2.1　典型电烙铁结构图

（3）调温电烙铁

调温电烙铁内装有磁性温度传感器,这种磁性温度传感器在温度升高到居里点时会磁性消失,此时磁芯触点断开,电烙铁停止供电,温度降低;当磁性温度传感器的温度低于居里点时,其磁性恢复,吸动磁芯中的永久磁铁,使控制开关的触点接通,电烙铁恢复供电,温度上升。这样电烙铁在循环往复的通电与断电、升温与降温的过程中,保持处于恒温状态。

调温电烙铁和普通电烙铁在使用时基本相同,但能大大降低电烙铁烧死现象(电烙铁烧死是指温度过高导致电烙铁难以上锡),同时适用于温度敏感的元器件。

（4）吸锡式电烙铁

吸锡式电烙铁将普通电烙铁与活塞式吸锡器的功能合二为一,体积较小,便于携带,是一种极为方便的拆焊工具。其不足之处就是每次只能拆焊一个焊点。

（5）焊台

焊台由电烙铁和控制台两个部分组成,有些焊台还有热风枪,能够对各种功率要求的电子器件进行焊接、拆焊操作。焊台的温度范围一般在 200～480 ℃,温度控制精度较高,一般为±3 ℃,适用于精加工企业的需求。

焊台分为控制台、电烙铁和烙铁架三部分。控制台负责控制温度,控制的方法多种多样,如可调式电量控制、磁感应式温度控制、集成芯片检测温度控制等。焊台的热效率较高,可以达到 80%,而普通电烙铁的热效率只有 50%。其回温速度较快,烙铁头和发热心因为可调温故寿命较长。另外焊台具有防静电功能,普通电烙铁一般没有。

数字显示调温焊台如图 7.2.2 所示。

3. 常用焊接材料

（1）焊锡

焊锡是焊接电子元器件的重要材料。使用电烙铁加热焊锡,使之熔化并填充到电子元器件与线路板焊孔的表面和缝隙中,起到固定元器件的作用。焊锡的主要成分为锡基合金,常用的有锡铅合金、锡铜合金、锡银铜合金、锡铋合金以及锡镍合金等。焊锡的主要形态分为焊锡丝、焊锡条和焊锡膏三种,适用于手工焊接、波峰焊接、回流焊接等多种工艺。焊锡丝在不添加助焊剂的情况下是无法进行焊接的,通常会加入由松香和少量活性剂组成的助焊剂,焊接时的润湿性和扩展性才较好,容易形成好的焊点。

传统焊锡多为锡铅焊锡,其中由锡(含量 63%)和铅(含量 37%)组成的焊锡称为共晶焊锡,熔点为 183 ℃。由于锡铅焊锡中的铅成分对人体有害,所以在使用中应更多地选择无铅焊锡丝。无铅焊锡丝合金熔点往往较高,因此在使用时需要对温度进行更好的控制。无铅焊锡(锡含量 99.3%,铜含量 0.7%)的熔点在 220 ℃ 左右。焊接时,电烙铁的温度一般设定在比焊锡熔点的温度高 50～100 ℃ 为宜。

常用焊锡丝如图 7.2.3 所示。

图 7.2.2　数字显示调温焊台

图 7.2.3　常用焊锡丝

（2）助焊剂

助焊剂英文名为"flux",具有"流动"的意思。在进行焊接时,元器件引脚与焊点的金属加热后会产生氧化膜,氧化膜的存在会影响焊锡的润湿与扩展,致使出现虚焊、假焊现象。因此在焊接时可以使用助焊剂改善焊接性能。

助焊剂在焊接过程中可以清除元器件引脚及焊盘表面的氧化物,具有一定的清洁功能,同时可以阻止焊接时金属表面的再次氧化,降低焊料与元器件引脚接触时产生的表面张力。因此"去除氧化物"与"降低焊接材料表面张力"是助焊剂的两个重要作用。

助焊剂从分类上可分为无机化合物、有机化合物和树脂三大类。

无机化合物类助焊剂分为无机酸、无机盐和无机气体三类。无机酸类的代表是盐酸、氢氟酸等。无机盐类的代表是氯化锌、氯化铵等。无机气体类的代表是氢气等。无机化合物助焊剂可以溶解于水,又称水溶性助焊剂。它的优点是助焊性能好,缺点是焊接后的残留物包含卤化物,具有很大的腐蚀性,因此焊接后需要进行严格的清洗。

有机化合物类助焊剂也属于水溶性助焊剂,它的作用介于无机化合物类助焊剂与树脂助焊剂之间。有机化合物类助焊剂的代表为乳酸、柠檬酸等。腐蚀性方面有机化合物类助焊剂要弱于无机化合物类助焊剂。

树脂类助焊剂广泛使用于电子产品的焊接中。它的主要成分为松香。松香溶解于有机溶剂,其熔点为 127 ℃。松香在固态的时候没有活性,常温下非常安定,但在液态下会呈现活性,松香活性可以持续到 315 ℃。使用松香焊接时电烙铁温度在 240～250 ℃ 范围为最佳。松香清除氧化物的能力很强,焊接后的残留物不具有腐蚀性,因而被广泛应用。

市场上常用的助焊剂一般是松香和焊锡膏(即化合物类助焊剂,俗称焊油),有些焊锡丝里就带有松香,故俗称松香芯焊锡条。焊锡膏是由助焊剂和焊锡粉组成的灰色膏体,主要用于 SMT 行业电子元器件的焊接。树脂为焊锡膏助焊剂中的主要成分之一,可以加大锡膏的黏性,用于焊接时表面贴装元器件在电路板上的初粘;另外也可防止焊接之后线路板的再次氧化。

松香在使用时往往制作成松香水(松香酒精溶剂),其制作方法参见上节。松香水的两大作用就是助焊和防氧化。将松香水均匀涂于电路板表面,可有效防止金属表面不再氧化。焊接后的残留物是硬而透明的薄膜,具有很高的电绝缘性。但是松香水并非万能助焊剂,它需要在一个略干净的表面才具有好的润湿及扩散性,所以在自制覆铜电路板上遍涂松香水时应先用砂纸打磨。

4. 其他工具

(1)烙铁架

烙铁架如图 7.2.4 所示,用于放置烙铁,海绵,焊丝,固体松香等物品。它使电烙铁不会与桌面、人体等接触,不易发生意外事故,如火灾、烫伤人等。此外,烙铁架可以在电烙铁不用时帮电烙铁散热,使电烙铁头不易过热氧化,延长了电烙铁的寿命。

(2)焊接架

焊接架在焊接过程中起固定元器件的作用,其固定器件的夹子可以帮助焊接人员固定元件,空出双手来进行其他操作。图 7.2.5 中的焊接架带有放大镜和 LED 灯,非常适合精密焊接。

图 7.2.4　烙铁架　　　　　　　　　　　　图 7.2.5　焊接架

（3）防静电腕带

在电子产品生产过程中，人体产生的静电会引起电子元器件尤其是精密元器件的损坏。因此，一般采用佩戴防静电腕带的方法，来泄放人体的静电。防静电腕带也叫防静电手环、手镯等，如图 7.2.6 所示，主要由防静电松紧带、活动按扣、弹簧软线、保护电阻及夹头几部分组成。防静电松紧带使用柔软而富有弹性的防静电材料配以导电丝混编而成，用来佩戴于人体手腕上，泄放人体的聚积静电电荷。弹簧软线的最大长度是 250 cm。保护电阻的范围在 $10^5 \sim 10^8$ Ω 之间，一般腕带的保护电阻是 10^6 Ω。在大规模电子产品生产或者焊接静电敏感元件的时候必须佩戴防静电腕带。防静电腕带分为有线型、无线型两种。

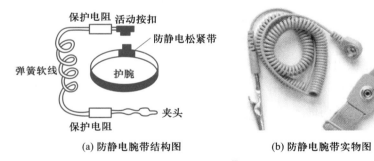

(a) 防静电腕带结构图　　　　　　　　(b) 防静电腕带实物图

图 7.2.6　防静电腕带

有线防静电腕带因其操作方便、价格经济实惠，在生产中被广泛应用。其原理为将人体上的静电通过所佩戴的防静电腕带及接地线排放至大地。这里要保证接地线需直接接地，腕带要与人的皮肤直接接触，所发挥的功效才最大。平常使用中，腕带导线的频繁弯折，导线内部的金属可能会断开，造成腕带的防静电功能失效，因此需要对腕带进行定期检查。

无线防静电腕带的原理来源于"静电工程学"中静电利用离子间排挤方式传递的原理。依据电荷向高位排挤的特性，人体静电离子被推挤至收集区，腕带中与人体皮肤接触的导电板正反表面分别带有了等量异性电荷，再利用离子交换剂的低游离特性来中和这些电荷，以达到静电释放效果。

（4）熔锡炉

熔锡炉又称焊锡炉、浸焊机，如图 7.2.7 所示，主要在波峰焊或手工焊接中用于熔化焊
锡丝。它的熔炉可以加热，从而将容器中的焊料熔
化，一般用于大尺寸的器件焊接，或导线上锡。

（5）热缩管

热缩管以聚烯烃为主要原料，具有遇热收缩、阻
燃绝缘、柔性易折等特性，因此被广泛应用于电子设
计中导线、焊点、元器件等的绝缘保护，以及金属器
件的防锈防蚀等。热缩管的收缩温度范围为 84 ℃ ~

图 7.2.7 熔锡炉

120 ℃，一般加热到 98 ℃ 以上即可收缩。常用的热缩管有 PVC 热缩管和 PET 热缩管。PET
热缩管在耐热、绝缘以及机械性能方面都强于 PVC 热缩管，且不含毒性，使用起来较为
环保。

7.2.4 实验步骤

1. 焊接基本姿势

手工焊接技术是作为一名电子工程师需具备的基本技能。在制作少量电路板或维护维
修电子产品时，必然要用到手工焊接，因此必须勤加练习与实践。手工焊接最基础的要求是
掌握"两个拿法"，即电烙铁的拿法与焊锡丝的拿法。

焊接时电烙铁的常用拿法如图 7.2.8 所示，有反握法、正握法和握笔法三种。反握法主
要用于大功率烙铁的操作，正握法主要用于中功率烙铁和弯头电烙铁的操作，握笔法应用比
较普遍，一般操作台上的手工焊接多使用此方法。

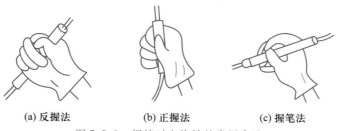

(a) 反握法   (b) 正握法   (c) 握笔法
图 7.2.8 焊接时电烙铁的常用拿法

焊锡丝的常用拿法有两种，如图 7.2.9 所示。由于焊剂加热时挥发出的一些化学物质
是对人体有害的，所以焊接时应尽量避免吸入太多。通常要求鼻子离电烙铁的距离要在
30 ~ 40 cm 甚至更远。必要时也可以使用电子焊接专用空气净化器。焊锡丝的拿法可以根
据个人偏好来选择。若使用了含铅的焊锡丝，由于铅是重金属，对人体有害，所以操作后应

洗手。电烙铁使用完后还需要一段时间才能冷却,因此需放置于烙铁架上,并避免与其他物品接触。

2. 焊前处理

焊前处理是手工焊接之前必须要做的步骤,主要是对元器件和线路板进行预处理,以便更好地进行焊接。焊前处理分为"刮""镀""测"三个步骤。

(a) 连续焊接时   (b) 断续焊接时

图 7.2.9   焊锡丝的常用拿法

(1)刮

"刮"就是对要焊接的部位进行表面清洁。用小刀或细砂纸,轻轻打磨元器件引脚和线路板上的焊盘,如图 7.2.10(a)和(b)所示。对于覆铜板类的自制电路板,可用细砂纸擦掉铜表面的氧化膜及污垢,清洁干净表面后再用刷子给线路板刷上一层松香酒精溶液,再进行焊接。对于镀金银的元器件引脚,刮去镀层后反而会不好镀锡,这种情况下就不能采用刮掉镀层的方法,可以选用粗橡皮擦来擦拭焊接表面,如图 7.2.10(c)所示,并力求所焊接区域全部清洁干净。

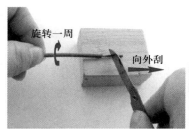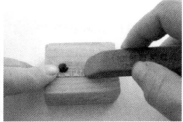

(a) 小刀刮导线脚   (b) 细砂纸擦元件引脚   (c) 粗橡皮擦擦拭焊接表面

图 7.2.10   刮擦处理示意图

"刮"净后的元器件引脚要涂上一层助焊剂,以防止清洁后的部位再度被氧化,影响后续使用。

(2)镀

"镀"就是给刮净后的元器件引脚镀上锡。镀锡一般使用电烙铁将锡熔化后,将涂完松香酒精溶液的元器件引脚在带有锡的烙铁头上转动,使锡均匀地附着在引脚的表面。对于有多股金属丝的导线,需打光后拧成一股,涂松香酒精溶液后再镀锡。

镀锡处理过程如图 7.2.11 所示。

(3)测

"测"就是在给元器件镀完锡之后,用肉眼观察一下元器件有没有被电烙铁的高温损坏,有无出现变形等。某些型号的器件如晶体管等,若引脚长时间被高温加热会发生器件损坏,因此需用万用表检测是否有引脚短路、元器件性能是否被损坏等。若检测出器件被损坏,需调整镀锡方式或时间,并对损坏器件进行更换。

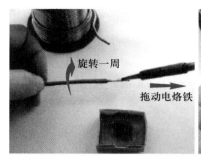

(a) 金属导线镀锡　　　　　(b) 元器件引脚镀锡

图 7.2.11　镀锡处理过程

3. 手工焊接

手工焊接之前需准备好电烙铁并通电加热。可借用松香来判断电烙铁温度是否上升到适宜温度。用烙铁头触碰松香,若松香熔化缓慢,则表明温度尚低;若一触碰松香就立刻熔化并发出响声,则温度合适;若触碰松香后立刻产生大量烟雾,则表明温度过高。

（1）点锡焊法（五步焊接法）

一般来讲,焊接的操作过程可以分成五个步骤,也叫作点锡焊法,如图 7.2.12 所示。

视频：7.2.3
五步焊接法

步骤一:准备施焊

将元器件引脚安装入线路板焊孔内,电烙铁的烙铁头、线路板焊盘周围以及元器件引线均清除掉氧化物保持清洁,左手拿焊锡丝,右手握电烙铁,做好焊前准备,如图 7.2.12(a)所示。

步骤二:加热焊件

烙铁头向左下以 45°斜向靠近元器件引线与焊盘连接处,并保证同时对元器件引线与焊盘进行均匀加热,时间持续 1~2 s,如图 7.2.12(b)所示。

步骤三:送入焊丝

将焊锡丝从烙铁对面以右下 45°斜向送入靠近焊盘,如图 7.2.12(c)所示。注意焊锡丝不能放到烙铁头上,而是要放到焊盘上,步骤二中焊盘被加热后的热量会将焊锡丝熔化。

步骤四:移开焊丝

当焊锡丝在焊盘上熔化并均匀铺开后,迅速以左上 45°斜向提起移走焊锡丝,如图 7.2.12(d)所示。步骤三与步骤四的时间总共在 1 s 之内。

步骤五:移开烙铁

当焊锡完全浸润焊盘与元器件引线间隙以后,右上 45°斜向提起电烙铁,焊接完毕,如图 7.2.12(e)所示。

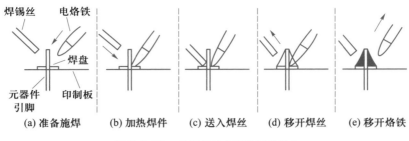

图 7.2.12　点锡焊法(焊接五步法)

（2）带锡焊法

带锡焊法适用于需要快速焊接或热容量小的焊件。带锡焊法的好处是可以腾出左手来抓持焊接物,或用镊子(尖嘴钳)夹住元器件焊脚根部帮助散热,防止高温损坏元器件。焊接过程一般以 2～3 s 为宜,不可过长。带锡焊法如图 7.2.13 所示。

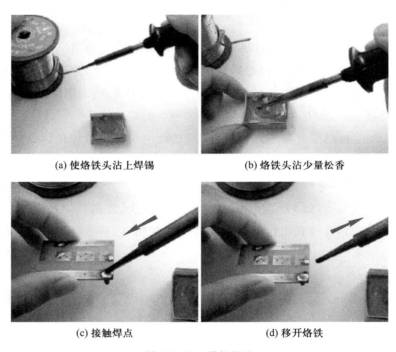

图 7.2.13　带锡焊法

步骤一:烙铁头上先熔化少量的焊锡和松香,如图 7.2.13(a)和(b)所示。

步骤二:烙铁头上的松香遇热会迅速挥发,助焊功能就会失效。因此在步骤一之后需快速将烙铁头移至焊点进行焊接,防止松香在挂锡过程中大量挥发,同时避免长时间带锡焊接,如图 7.2.13(c)所示。

步骤三:当焊锡浸润整个焊点后,移开烙铁,如图 7.2.13(d)所示。

集成电路的焊接对焊料和助焊剂用量要求很高,不可过多也不可过少。电烙铁绝缘性能不好或自身自带的感应电压有时也会对集成电路造成损坏,此时可预先对电烙铁进行加热,温度上升后拔掉电源插头再进行趁热焊接。

4. 焊接质量检查

焊接后应对焊接的质量进行检查,可用镊子转动引线,确认牢固不松动后,可用偏口钳剪去多余的引线,如图 7.2.14 所示。

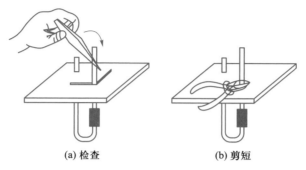

(a) 检查　　　　　　　(b) 剪短

图 7.2.14　牢固度检查

焊接时,应保证每个焊点焊接牢固、接触良好,电解电容器、晶体管等有极性元器件还应检查管脚极性是否焊接正确。

焊接质量好坏应该包括电气接触良好、机械结合牢固和美观三个方面。好的锡点应有可靠的电气连接、足够的机械强度、光洁整齐的外观,好的焊点薄而均匀,表面平滑光亮。合格焊点示意图如图 7.2.15 所示。不好的焊点会有毛刺、假焊或虚焊的现象。

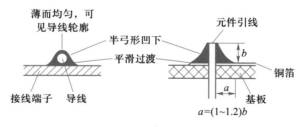

图 7.2.15　合格焊点示意图

(1)毛刺:即焊点不是光滑焊面,焊面具有毛刺样,如图 7.2.16(a)所示,造成这种现象的原因是焊接时电烙铁温度过低,或者焊接时间较短,焊锡未能充分熔化,导致拉出尾巴。解决方法可以用电烙铁粘上少许松香后对焊点进行补焊。

(2)假焊:顾名思义没有真正的焊接。如图 7.2.16(b)所示的蜂窝状焊点,焊锡与焊盘的接触面非常小,导致稳定性不高,稍微用力就能轻易拔出元器件。造成假焊的原因是焊接时焊剂过多,过多的焊剂冷却后在焊锡与金属面之间凝固,暂时粘住了焊件,表面上好像焊接完成,但由于焊剂的黏性不强,稍加用力就会致使焊点脱落。

(3)虚焊:虚焊是造成线路板接触不良的主要原因之一。如图 7.2.16(c)所示,焊件表面未清洁彻底时,焊点与金属表面存在一定的接触电阻,这样会给线路板正常工作带来噪声,导致电子产品工作不稳定。有些电子产品刚开始使用的一段时间是正常的,但一段时间之后突然不能正常工作了,这与虚焊点在温度、湿度和振动等外界环境作用下逐渐形成断路有关。造成虚焊的原因有很多,如焊锡质量不好、助焊剂的还原性不良、焊件清洁不彻底、烙铁头温度过高或过低、焊件表面氧化、焊接时焊件松动、焊接时间过长或过短等。

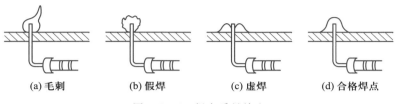

(a) 毛刺   (b) 假焊   (c) 虚焊   (d) 合格焊点

图 7.2.16 焊点质量检查

焊接不合格是致使电子产品产生故障的主要原因之一。但是,在电子产品的成千上万个焊点中查找出不良焊点是很难的。检验焊接质量并解决不良焊点的办法如下。

（1）观察法

通过肉眼观察焊点表面,对于有毛刺、夹渣、缺失、堆积等焊接缺陷的焊点进行重新补焊。特别小的焊点可以借用放大镜进行观察,并重点留意焊点表面与焊件相接处焊锡的形态。

（2）带松香重焊法

检查时若不确定一个焊点是否为虚焊,可采取带松香重焊法。用电烙铁蘸取松香,对焊点重新加热,待焊点熔化后从下方或旁边撤走电烙铁,熔化的焊点会因表面张力的作用暴露出虚焊位置。

带松香重焊法可与观察检验法配合使用,在不断积累经验的过程中,提高观察检查法的准确性。

（3）其他焊接缺陷

焊点缺陷是电子产品制作时最常遇到的问题,除此之外,还有一些造成线路板故障的原因。如焊接导线时,导线内部的金属线裸露过多,就会触碰到周围的焊点引起短路;或导线内部金属线有多股,焊接时没有拧成一股,导致部分线芯散落在外,引起短路;或电烙铁温度过高,长时间焊接致使线路板上的导线或焊盘脱落,线路板被损坏等。出现这些问题都应及时解决,重新处理问题焊点,将相关导线接头重做并焊接,或将松动焊盘外接导线进行辅助连接。有时缺陷过于严重,应更换电路板重新制作。

5. 导线焊接

导线是电子电路设计中不可缺少的线路连接材料,各种不同类型的导线可以满足不同的电路需求。电子制作中所用的导线都是绝缘线,常见的有单股线、多股线、屏蔽线等,如图 7.2.17 所示。

图 7.2.17 常见导线

（1）导线焊前处理

导线焊前处理包括剥绝缘层和预焊上锡。

① 剥绝缘层

导线焊接前要除去末端绝缘层。剥除绝缘层应采用专用工具（剥线钳）。将焊接导线按相应接线端子尺寸剥去绝缘层，注意保证芯线伸出焊线外部 0.5～1 mm。用剥线钳剥线时要选用与导线线径相同的刀口，对单股线不应伤及导线，屏蔽线的多股导线不断线。多股导线剥除绝缘层时，先将线芯螺旋式拧成一股，防止剥除绝缘层时误伤金属丝。

② 预焊上锡

选择合适的烙铁将导线及接线端子的焊接部位预先用焊锡润湿，多股导线挂锡时要边上锡边旋转，旋转方向与拧合方向一致。

（2）导线与接线端子的连接

导线与接线端子的连接有三种基本形式即绕焊、钩焊和搭焊，如图 7.2.18 所示。

(a) 绕焊　　　　(b) 钩焊　　　　(c) 搭焊

图 7.2.18 导线与接线端子的连接方式

导线与接线柱等端子的焊接过程参照五步法点锡焊即可，如图 7.2.19 所示。

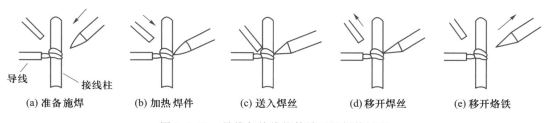

导线　　　接线柱

(a) 准备施焊　　(b) 加热焊件　　(c) 送入焊丝　　(d) 移开焊丝　　(e) 移开烙铁

图 7.2.19 导线与接线柱等端子的焊接过程

（3）导线与导线的连接

① 普通连接焊法

导线之间的焊接以绕焊为主，如图 7.2.20 所示。普通绕焊完毕后应在焊接点缠绕绝缘带，起到连接点绝缘并加固的作用，如图 7.2.21 所示。

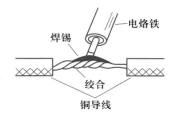

电烙铁

焊锡

绞合

铜导线

图 7.2.20 导线之间的焊接

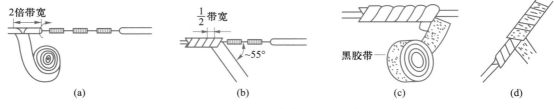

图 7.2.21　焊接点缠绕绝缘带

② 热缩管绝缘焊接

有条件的情况下,可在导线连接前加上热缩管,起到保护及绝缘的作用。但热缩管有一定的尺寸,使用时应根据导线尺寸进行选择,如图 7.2.22 所示。

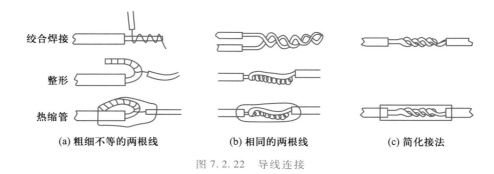

图 7.2.22　导线连接

在导线接头上锡后,导线绞合前就应穿上合适的热缩管。导线绞合施焊后。趁热将热缩管移到焊接的位置,用电烙铁或热风机以合适的温度均匀加热,直至热缩管紧箍在焊接部位及导线上(热缩管在加热到 100 ℃ 以上时直径可缩至原先的 1/3 ~ 1/2),如图 7.2.23 所示。

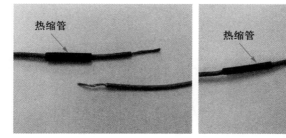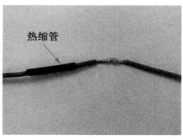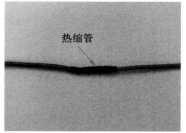

图 7.2.23　热缩管绝缘焊接

使用热缩管时应注意以下一些操作要点:

A. 使用热缩管前要保证导线或焊点表面光滑,不应有棱角或尖刺状,防止热缩管冷却后被刺破。

B. 剪切热缩管时,要保证切口整齐,不可有齿状剪切痕迹,更不可有裂口,以防热缩管加热收缩时产生切口开裂。

C. 热缩管加热方向有两种,分别为从中间向两端加热和从一端向另一端均匀加热,错误做法是从两端向中间加热,这样会致使热缩管中间积聚空气造成鼓包。

D. 收缩热缩管可以用下述任意一种方法,如:电烙铁、电热风枪、恒温烘箱、丙烷灯、液化气明火、汽油喷灯等。加热枪的温度在 400 ℃ ~ 600 ℃,蓝色明火温度在 800 ℃ 以上,采用这些工具加热时,要保证离热缩管距离为 4 ~ 5 cm,火焰角度与热缩管成 45°,保持均匀加热,防止过近或过远致使加热不均。

E. 热缩管加热以后需静置冷却,待彻底变凉之后再进行后续工作。

F. 非直线形导线,需保证弯折处热缩管无堆积褶皱,以防产生破损。

③ 屏蔽线或同轴电缆连接

屏蔽线或同轴电缆末端连接对象不同,处理方法也不同,如图 7.2.24 所示。连接时需先用镊子等工具将线芯从绝缘芯线(绝缘布)中剥离出来,然后将线芯与所要连接的导线绞合、焊接,最后加上热缩管保护绝缘线头和焊接点。

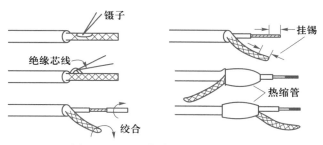

图 7.2.24 屏蔽线或同轴电缆连接

④ 特殊导线连接

当导线过粗或难以焊接时,可用浇焊法焊接。铝导线在焊接时较难上锡,可用焊钳进行加压焊接。这两种特殊导线连接如图 7.2.25 所示。

7.2.5 注意事项

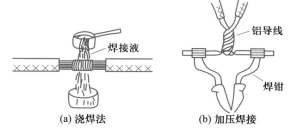

图 7.2.25 特殊导线连接

焊接的材料和方法多种多样,焊接时根据情况进行适当的选择和调整。焊接时操作者注意以下操作要点,可对工作效率的提高有很大帮助。

1. 烙铁头保持清洁

焊接时烙铁头表面受热易氧化,且与线路板频繁接触会沾染杂质,影响焊接。此时可借助高温海绵进行烙铁头的清洁。高温海绵使用前需加水润湿。对于腐蚀严重的紫铜烙铁头可使用锉刀进行打磨,除去表面氧化层,并镀锡处理。但是有电镀层的烙铁头不建议打磨,因为打磨掉起保护作用的电镀层反而会加速烙铁头的氧化。

2. 烙铁头的更换及镀锡

烙铁头老化或损坏至无法修整的程度时应及时更换烙铁头,不同的烙铁头适用于不同的焊接场合,其形状和作用如图 7.2.26 所示。

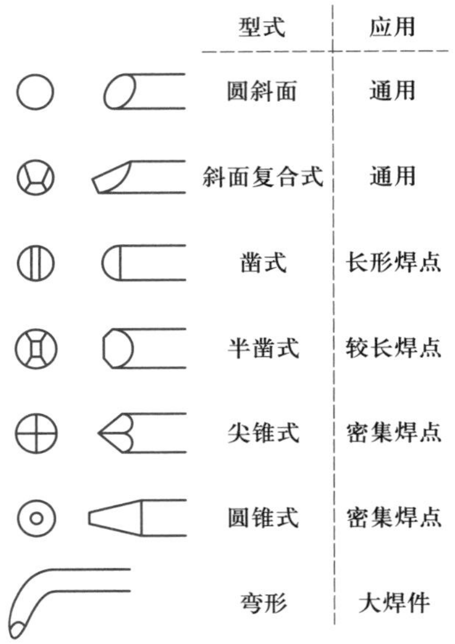

电烙铁初次使用时,首先应给电烙铁头镀锡,挂锡的方法如下:首先将烙铁头表面清洁干净,然后给电烙铁通电,一手拿焊锡丝,一手拿电烙铁,将焊锡丝放在烙铁头端面熔化,直至烙铁头表面均匀挂上一层锡。

挂锡时可准备一盒松香,将带锡的烙铁在松香中反复摩擦,直至烙铁表面挂上一层均匀的焊锡。挂锡后的烙铁头,随时都可以用来焊接。

修整后的烙铁也应立即镀锡,否则通电后表面会生成难镀锡的氧化层。

型式	应用
圆斜面	通用
斜面复合式	通用
凿式	长形焊点
半凿式	较长焊点
尖锥式	密集焊点
圆锥式	密集焊点
弯形	大焊件

图 7.2.26   烙铁头的形状和作用

3. 电烙铁温度的控制方法

(1)焊接时注意观察烙铁头,若焊锡丝接触烙铁头 1 s 后还不熔化,表明烙铁温度过低;若烙铁头颜色变紫,或正常焊接时发现线路板表面有焦化迹象,表明电烙铁温度过高。一般一个焊点焊接的时间不应超过 4 s。

(2)直插电子元器件的焊接温度一般在 330 ~ 370 ℃;表面贴装电子元器件的焊接温度一般在 300 ~ 320 ℃;焊接话筒、蜂鸣器时需要使用含银的焊锡丝,焊接温度在 270 ~ 290 ℃;个别特殊元器件的焊接温度需根据情况做适时调整。

(3)元器件引脚较大时,可以使用大功率电烙铁,但是温度不应高于 380 ℃。

4. 增大接触面积来加快传热

焊接时加快传热的方法是增大电烙铁与焊件的接触面积,而不是增加烙铁头对焊件的压力,增加压力除了不能加快传热之外,还会导致线路板或元器件受损。要想增加接触面积,需要根据所焊接元件的形状选用不同形状的烙铁头,特殊器件可自行对烙铁头的形状进行调整,使烙铁头与焊件之间的接触面尽可能达到最大,避免只是点或线的接触。

5. 借助焊锡桥加快传热

生产过程中一个焊接流程会遇到不同形状的焊点,这种情况下频繁更换烙铁头有些不合实际,因此可以借用焊锡桥来加快传热。

焊锡桥就是在烙铁头上少量挂锡,以此作为烙铁头与焊件之间传热的桥梁。因为锡作为金属,传热效率比空气高,焊件会被快速加热到所需温度。挂锡的量不可太多,否则可能会引起焊点短路。

6. 注意烙铁撤离的方式

一般建议烙铁头以45°斜向撤离,撤离的角度和方向不同时,对焊点的形成也有不同的影响,如图7.2.27所示。

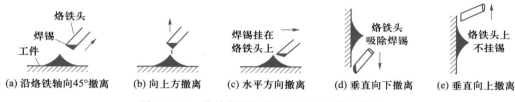

图7.2.27 烙铁撤离角度和方向对焊点的影响

7. 焊接时不能随意移动

焊接时在焊锡熔化之后还未凝固之前,不要移动或振动焊件,要保持到焊锡完全凝固再撤离手或镊子,否则会形成虚焊。

8. 焊锡用量要合适

手工焊接时需根据焊点的大小选择合适粗细的焊锡丝,焊锡丝有多种规格,一般常用的规格有0.5 mm、0.8 mm、1.0 mm和5.0 mm直径大小。选用原则为焊锡丝直径稍小于焊盘直径。如图7.2.28所示,焊锡过多造成能源浪费,还容易形成虚焊;焊锡过少会使焊接不牢固,影响稳定性。合适的焊锡量应均匀覆盖焊盘与焊件接触部分,表面光滑无毛刺。

图7.2.28 焊点锡量不同情况展示

9. 焊剂用量要合适

焊接时适量的焊剂会对焊接起到有效的辅助作用,但焊剂过多或过少,都会造成不利的后果。焊剂太少,焊锡不易与焊件结合;焊剂过多,会延长加热时间,若加热时间不足又会形成"夹渣"。过多的焊剂还容易流到元器件其他部位,影响器件正常工作。

目前使用的焊锡丝多为松香芯焊锡丝,因此焊接时可不再使用其他助焊剂。需注意的是焊接时保证焊锡熔化后要迅速与焊件结合,以防止焊锡里的松香受热后迅速挥发。

10. 不易焊接材料处理方法

对于不易焊接的材料,应采用先镀后焊的方法,例如,对于不易焊接的铝质零件,可先给其表面镀上一层铜或者银,然后再进行焊接。具体做法是,先将一些 $CuSO_4$(硫酸铜)或

AgNO$_3$（硝酸银）加水配制成浓度为 20% 左右的溶液。再把吸有上述溶液的棉球置于用细砂纸打磨光滑的铝件上面，也可将铝件直接浸于溶液中。由于溶液里的铜离子或银离子与铝发生置换反应，大约 20 min 后，在铝件表面便会析出一层薄薄的金属铜或者银。用海绵将铝件上的溶液吸干净，置于灯下烘烤至表面完全干燥。完成以上工作后，在其上涂上有松香的酒精溶液，便可直接焊接。

注意，该法同样适用于铁件及某些不易焊接的合金。溶液用后应盖好并置于阴凉处保存。当溶液浓度随着使用次数的增加而不断下降时，应重新配制。溶液具有一定的腐蚀性，应尽量避免与皮肤或其他物品接触。

11. 电子元器件一般的焊接顺序

（1）阻容、二极管等两引脚表贴元件，由小到大，由低到高。

（2）晶体管、集成电路等多引脚表贴元件，由小到大，由低到高。

（3）蜂鸣器、电解电容等其他通孔直插元器件，由小到大，由低到高。

（4）单排插针等接插件，可不分次序，便于焊接即可。

12. 其他焊接注意事项

（1）电烙铁使用前应检查使用电压是否与电烙铁标称电压相符。

（2）电烙铁应该接地。

（3）电烙铁通电后不能任意敲击、拆卸及安装其电热部分零件。

（4）电烙铁应保持干燥，不宜在过分潮湿或淋雨环境使用。

（5）拆烙铁头时，要切断电源。

（6）海绵用来收集锡渣和锡珠，用手捏刚好不出水为宜。

（7）电烙铁使用以后，一定要稳妥地插放在烙铁架上，并注意导线等其他杂物不要碰到烙铁头，以免烫伤导线，造成漏电等事故。

（8）在焊接印制电路板时，也可采取先插电阻器，逐点焊接后，统一用偏口钳或指甲刀剪去多余长度引线，然后再焊电容器等体积较大的元器件，最后焊上不耐热的易损的晶体管、集成电路等。

7.3 SMT 贴片焊接（波峰焊、回流焊）

7.3.1 实验目的

视频：7.3.1
SMT

1. 了解 SMT 贴片焊接工艺内容及特点；

2. 了解波峰焊、回流焊的技术特点；

3. 练习并掌握 SMT 贴片焊接技术。

7.3.2 实验器材

1. 印制电路板 1 块；
2. 贴片电子元器件若干；
3. 回流焊炉或波峰焊炉 1 台；
4. 刮刀、锡膏、点胶机若干。

7.3.3 实验内容

1. 认识 SMT 技术

SMT 的英文全称为"surface mounting technology"，中文译为表面贴装技术，意为将贴片式电子元器件以贴装的方式焊接到线路板表面的焊接技术。

（1）SMT 的特点

THT 的英文全称为"through hole technology"，意为穿孔插装技术。与传统 THT 相比，SMT 具有以下突出优点：

① 所用元器件均为贴片式，体积、重量均比传统直插式元器件小很多，所制成电子产品体积相对缩小至原先的 40%～60%，重量减轻至原先的 60%～80%。

② 产品故障率低，稳定性强，自动化程度高，生产效率提高。

③ 尤其适用于高频线路，大大降低电磁干扰。

④ 生产成本是 THT 的 30%～50%，大大节省人力与能源消耗。

随着电子产品的微型化，贴片器件使用的越来越广泛，使得 THT 无法适应产品的工艺要求。我们知道了 SMT 的优点，就要利用这些优点来为我们服务。因此，表面贴装技术（SMT）已成为电子产品业焊接技术的发展趋势。

（2）SMT 的技术组成

SMT 起源于 20 世纪 70 年代，到 20 世纪 90 年代被普遍应用。SMT 涉及了很多学科的知识，受技术水平的影响，其初期发展比较缓慢。随着科学技术发展的日新月异，SMT 在 21 世纪得到了蓬勃发展。下面所列是与 SMT 相关的各种学科技术：

① 电子元件、集成电路的设计制造技术；

② 电子产品的电路设计技术；

③ 电路板的制造技术；

④ 自动贴装设备的设计制造技术；

⑤ 电路装配制造工艺技术；

⑥ 装配制造中所用的辅助材料的开发生产技术。

（3）SMT 工艺的发展

随着电子技术的不断进步,SMT 工艺技术也在不断发展和进步。新技术的发展需要适应不同的新型贴片元器件的发展,适应新型组装材料的发展,适应电子元器件种类的不断细分,以及适应高密度组装等特殊组装要求。

① 现代电子元器件的引脚间距愈来愈窄,相应的引脚间距组装技术也趋向成熟,组装质量和一次成功率越来越高。

② 球形引脚形式的器件渐渐普及,对相应组装工艺、检测返修技术要求也越来越高。

③ 绿色组装、无铅焊等新技术、新工艺对组装工艺提出了更高要求。

④ 组装工序快速重组技术、组装设计制造一体化技术、组装工艺优化技术加快了产品的更新换代。

⑤ 高密度组装,三维立体组装等组装工艺技术是今后研究的热点。

⑥ 具有特殊组装要求的表面组装工艺技术(如机电系统表面组装),精度要求高,工艺参数要求严格,是日后研究的一个重点。

（4）常用基本术语

SMT——表面组装技术;

PCB——印制电路板;

SMA——表面组装组件;

SMC/SMD——片式元件片/片式器件;

FPT——窄间距技术,是指将引脚间距在 0.3 ~ 0.635 mm 之间的 SMD 和长×宽 ≤ 1.6 mm×0.8 mm 的 SMC 组装在 PCB 上的技术。

MELF——圆柱形元器件;

SOP——羽翼形小外形塑料封装;

SOJ——J 形小外形塑料封装;

TSOP——薄形小外形塑料封装;

PLCC——塑料有引线(J 形)芯片载体;

QFP——四边扁平封装器件;

PQFP——带角耳的四边扁平封装器件;

BGA——球栅阵列(ball grid array);

DCA——芯片直接贴装技术;

CSP——芯片级封装(引脚也在器件底下,外形与 BGA 相同,封装尺寸比 BGA 小。芯片封装尺寸与芯片面积比不大于 1.2 的称为 CSP);

THC——通孔插装元器件。

2. SMT 工艺分类

（1）根据 SMT 的焊接方式,可分为波峰焊(双波峰焊)和回流焊(再流焊)两种类型。

① 波峰焊工艺——先在印制板的元器件焊盘处均匀地涂上一层贴片胶(绝缘粘接胶),再将贴片元器件放到涂有贴片胶的焊盘上,并胶固化处理,使贴片元器件与印制板粘接牢固。然后将分立元器件装配在印制板相应位置处,最后同时对贴片元器件和直插式元器件进行波峰焊接。

② 回流焊工艺——先在印制板的元器件焊盘处均匀地涂上一层锡铅(Sn/Pb)焊膏,再将贴片元器件放到涂有贴片胶的焊盘上,然后将装配好元器件的印制板放到回流焊设备传送带上,回流焊设备会自动执行干燥、预热、熔化、冷却四个工艺流程(5~6 min),最后可选用 AOI 设备对焊接质量进行检测。

波峰焊与回流焊的主要区别如下:① 固定元器件的材料不同,波峰焊使用贴片胶(绝缘粘接胶),回流焊使用锡铅(Sn/Pb)焊膏;② 焊接工艺设备不同,波峰焊采用波峰焊机,回流焊采用回流焊炉。

(2) 波峰焊的组装方式有三种,即全表面组装、单面混装、双面混装,如表 7.3.1 所示。

表 7.3.1　组装方式分类表

组装方式		示意图	电路基板	元器件	特征
全表面组装	单面表面组装		单面 PCB 陶瓷基板	表面组装元器件	工艺简单、适用于小型、薄型简单电路
	双面表面组装		双面 PCB 陶瓷基板	表面组装元器件	高密度组装、薄型化
单面混装	SMD 和 THC 都在 A 面		单面 PCB	表面组装元器件和通孔插装元器件	一般采用先贴后插,工艺简单
	THC 在 A 面,SMD 在 B 面		双面 PCB	表面组装元器件和通孔插装元器件	PCB 成本低,工艺简单,一般采用先贴后插。如采用先插后贴,工艺复杂
双面混装	THC 在 A 面,A、B 两面都有 SMD		双面 PCB	表面组装元器件和通孔插装元器件	适合高密度组装
	A、B 两面都有 SMD 和 THC		双面 PCB	表面组装元器件和通孔插装元器件	工艺复杂,尽量不采用

3. 波峰焊接工艺

（1）波峰焊接特点及要求

波峰焊接由于可同时进行贴片与插装式元器件的焊接，所以既可用于通孔式印制电路板的电装工艺，又可用于通孔插装与贴片式表面组装的混装工艺。

波峰焊工艺对元器件、印制板、焊接温度时间等均有一定要求。

① 对贴片式元器件的要求：贴片元器件的本体和焊接端应至少能经受两次 260 ℃的波峰焊接温度，且冷却后元器件无损坏或零件脱落；金属电极应选用三层端头结构。

② 对插装式元器件的要求：进行波峰焊接之前必须保证元器件按要求插装于印制电路板上，元器件引脚露出印制电路板表面的长度范围为 0.8～3 mm。

③ 对印制电路板的要求：制作印制电路板的材料通常采用 RF-4 环氧玻璃纤维布。基板至少要能承受 260 ℃/50 s 的热冲击。阻焊膜黏附力应足够强，在高温下焊接后不起皱。电路板铜箔要具有较高的抗剥强度。整板翘曲度为 0.8%～1.0%，甚至更小。

④ 对 PCB 电路图设计要求：采用波峰焊工艺的 PCB 图设计中，对元器件进行布局时，要避免器件之间的相互遮挡，并遵循"小器件在前，大器件在后"的原则。

⑤ 预热温度要求：为避免温度急剧升高时热应力对印制板和元器件的损坏，印制板的预热温度与时间要根据元器件体积、数量，尤其贴片元件数量，以及印制板面积和厚度进行合理设置。预热温度过高或过低，会对焊接产生不同的影响。预热温度过高时，焊剂挥发过快，失去活性，会引起焊点出现毛刺、桥接等焊接缺陷；预热温度过低时，焊剂难以挥发活性，待焊接时就会产生锡珠、气孔等焊接缺陷。最佳的预热温度见表 7.3.2。

表 7.3.2　最佳预热温度表

PCB 类型	元器件	预热温度/℃
中面板	纯 THC 或 THC 与 SMD 混装	90～100
双面板	纯 THC	90～110
双面板	THC 与 SMD 混装	100～110
多层板	纯 THC	110～125
多层板	THC 与 SMD 混装	110～130

（2）波峰焊接工艺流程

完整的波峰焊焊接工艺流程如下：点胶→贴装元件→固化→波峰焊接→检查。

① 点胶

点胶工艺主要用于同时进行元件通孔插装（THT）与表面贴装（SMT）的贴插混装工艺中。为避免传递过程中或对元件插装时引起贴片式器件的掉落，通常先使用贴片胶把贴片元器件固化在印制电路板的焊盘上。

贴片胶的施加通常有三种方法：分配器滴涂、针式转印和印刷。

A. 分配器滴涂贴片胶

最为常见的点胶方法为分配器滴涂。在压缩空气作用下,点胶机的点胶头将贴片胶点到基板上。点胶机可以设置时间、压力管直径等参数,来调节胶点的大小和多少。点胶机可以更换不同的点胶头,以适应不同焊端的元器件,使用起来较为灵活方便,效率较高。点胶机的缺点是容易产生气泡和拉丝,因此在使用时要严格按照要求进行温度、时间、气压、速度等参数的设置,尽量降低缺陷。

点胶过程可分为手动和自动两种方式。手动点胶用于试验或小批量生产中,由人工操作使用点胶机,如图 7.3.1 所示;自动点胶常用于大批量生产中,采用全自动滴涂方式,如图 7.3.2所示。有的全自动贴片机上也带有点胶功能。

(a) 手动点胶机　　　　　(b) 手动点胶机的使用

图 7.3.1　手动点胶

B. 针式转印贴片胶

针式转印机采用若干特制的针模组成针矩阵。点胶前将针模浸入胶盘中,每个针头带一个胶点,胶点在接触到电路板后就与针头脱离。不同针形和直径用以控制胶量的多少。在单一品种大批量生产中,一般通过机器自动控制电路板的移动,来控制点胶位置进行多点涂敷。

C. 印刷贴片胶

印刷贴片胶有丝网和模板两种印刷方法。印刷贴片胶需要预先根据电路要求设计好丝网和模板,将贴片胶印刷在电路板上,可一次性完成整版印制电路板的点胶要求。

图 7.3.2　自动点胶

由于需要专门的印刷设备和丝网模板等,一般用于大批量的工业生产中。

SMT 表面组装工艺对贴片胶的要求如下:

贴片胶黏度需要有一定强度,元器件受震动时不易掉落,常温下固化速度慢,胶滴不易变形,不漫流,触变性好。固化温度下固化速度快,能够在 150 ℃ 以下 5 min 内完全固化。固化后的粘接强度要高,并能够在波峰焊的 260 ℃ 高温下经受住冲击。高频特性好,绝缘电阻高,焊接过程中不会释放气体。无腐蚀性,无毒,无味,不可燃,具备环保标准。

目前所用贴片胶的固化温度范围一般在 120 ℃ ~130 ℃,固化时间范围在 60 ~120 s。

选用贴片胶时以固化温度较低、时间较短为原则。贴片胶有热固型与光固型两种,如图7.3.3所示。热固型贴片胶使用较为简单,贴片胶可完全被元器件覆盖。光固型贴片胶使用时对光照有要求,需保证元器件下方的贴片胶要有一半以上的量处于被照射状态。

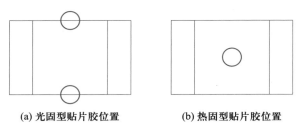

(a) 光固型贴片胶位置　　　(b) 热固型贴片胶位置

图 7.3.3　贴片胶涂覆位置示意图

使用贴片胶时需严格设置胶滴的两个重要参数即尺寸与高度。胶滴尺寸应与元器件尺寸和重量相适应,尺寸和重量大的元器件相应的胶滴量也较大。胶滴高度应使元器件放置在胶滴上后,胶滴能与元器件底部完全接触,保证充分的粘接。需注意贴装前和贴装后均不可污染元器件的焊接端与印制板的焊盘,保持清洁。

② 贴装元件

印制线路板表面点胶之后,贴装元件就是将贴片元器件一一放置在涂好贴片胶的线路板表面相对应位置处。切忌贴错位置,需按照装配图准确对照元器件的型号、极性、类别、标称值等各项参数。

在确保元器件引脚对齐焊盘并接触焊膏的情况下,波峰焊时就会产生自定位效应。如图 7.3.4 所示,只要元器件在贴装时长度方向上两个引脚都与焊盘焊膏接触,宽度方向上引脚各有 $1/2 \sim 3/4$ 甚至更多的部分与焊盘焊膏接触,在波峰焊时元器件就可以自动定位。如果其中一个引脚完全

(a) 正确　　　　　(b) 不正确

图 7.3.4　元器件自定位效应

没有接触焊盘焊膏,那么在波峰焊时就会发生吊桥或移位。

对于引脚密集或间距较窄的器件,如 SOP、SOJ、QFP、PLCC 等,贴装偏移时自定位的作用就不明显。此时必须经过人工拨正后再焊接。人工拨正时要求引脚与焊盘对齐、居中,避免产生错乱。若不进行人工拨正就进入波峰焊接,器件无法自动定位,将会造成返修,影响产品可靠性,同时造成生产损耗。

③ 固化

固化是指等待贴片胶凝固成形的过程,一般情况下自然固化即可。对于 UV 贴片胶还可以采用 UV 固化灯箱(如图 7.3.5 所示)进行固化加速,采用紫外线照射的方法实现立即干燥固化。

对于带有通孔插装元器件(THC)的混合工艺电路,还需在固化后进行通孔插装元器件的安装和固定,固定方式可参照点胶工艺。

图 7.3.5　UV 固化灯箱

④ 波峰焊接

常用的波峰焊设备有双波峰焊机,或电磁泵波峰焊机,其中双波峰焊接过程示意图如图 7.3.6所示。下面以双波峰焊机的工艺流程为例,来阐述波峰焊原理。

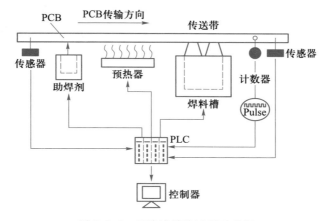

图 7.3.6　双波峰焊接过程示意图

波峰焊机内部结构图如图 7.3.7 所示。

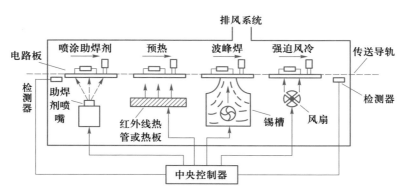

图 7.3.7　波峰焊机内部结构图

印制板经过点胶、贴装、固化、插装后,被送入波峰焊机的入口传送带上,首先经过焊剂发泡槽,此时对印制板下表面的焊盘和引脚表面进行焊剂涂覆。待焊剂涂覆完毕,传送带将印制板传送至预热区,在对元器件和印制板进行预热的同时,焊剂中的溶剂得以挥发,焊剂中的松香和活性剂得以分解和活性化,印制板和元器件焊接表面的氧化膜得以清除。

充分预热后,印制板被传送至焊料槽。焊料槽会对印制板下表面施加两个熔融的焊料波。

第一个焊料波是扰流波,也称为振动波或紊流波,将熔融的焊料对净化后的印制板焊盘与元器件引脚表面进行浸润和扩散。

第二个焊料波是平滑波,也称为 λ 波,平滑波顾名思义对有焊接缺陷的焊点进行平滑,如分离引脚连桥、去除拉尖等。双波峰焊如图 7.3.8 所示。

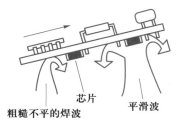

(a) 双波峰焊示意图　　　　　　(b) 双波峰焊锡波

图 7.3.8　双波峰焊

第二个焊料波过后,印制板经过自然降温冷却焊点,焊接完成。

双波峰焊理论温度曲线如图 7.3.9 所示。

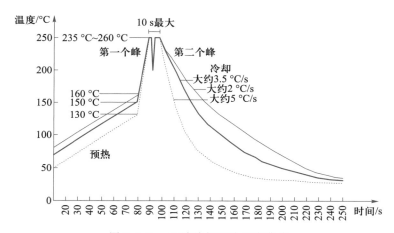

图 7.3.9　双波峰焊理论温度曲线

⑤ 检查

A. 检查印制板和元器件

波峰焊后印制板表面会稍微变色,但不能严重变色。观察基板的阻焊膜有无起皱、起泡和脱落。观察元器件有无损坏、脱落、翘起以及位置不正。

视频:7.3.3
AOI工艺

B. 观察焊点表面

焊点表面应平滑均匀,形状规则完整,焊料量适中,无气孔和砂眼,无漏焊、虚焊和桥接等缺陷。

C. 观察焊点润湿性

润湿性好的焊点与焊盘之间轮廓呈弯月状,润湿角应小于 90°,其中插装式元器件的润湿角以 15°～45°为佳,如图 7.3.10(a)所示;贴片式元器件引脚端应连续均匀覆盖焊料,形成完整的覆盖层,如图 7.3.10(b)所示。

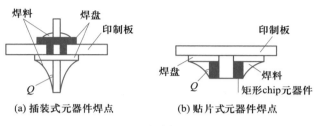

(a) 插装式元器件焊点   (b) 贴片式元器件焊点

图 7.3.10   波峰焊焊点示意图

4. 回流焊工艺

(1) 回流焊接原理

回流焊是工业生产中的常用焊接工艺。焊接流程为先在印制板焊盘上均匀涂覆膏状焊料,然后贴片机将元器件进行贴装,之后经过回流焊炉将印制板焊盘上的焊膏熔化,从而达到焊接目的。

回流焊工艺特点如下:

① 回流焊中印制板在回流焊炉中熔化焊料,与波峰焊中把印制板浸渍在焊料槽中不同,受到的热冲击相对减小;

② 回流焊可以通过丝网印刷等工艺给印制板焊盘均匀施加膏状焊料,焊料施加量控制均衡,再结合自定位效应可以大大减小虚焊、桥接、错位的概率,提高焊接稳定性;

③ 回流焊接各工艺流程环节清洁度较高,对焊料的污染较小,可保证焊接质量;

④ 回流焊加热区对印制板有整体加热和局部加热两种功能。整体加热分为热板、热风、红外、热风加红外和气相回流焊;局部加热分为激光回流焊、聚焦红外回流焊、光束回流焊、热气流回流焊。

回流焊工艺对元器件、印制板、焊接温度时间等要求与波峰焊类似,除此之外回流焊工艺还有如下要求:

① 印制板在传送带上传送时禁止振动或抖动。

② 有些 PCB 设计时就会规定焊接方向,要严格按照设计方向进行焊接。

③ 回流焊炉温度设置需合理,温度设置不合适会导致虚焊、锡珠、漏焊、基板损坏等故障。

④ 批量焊接前最好先试焊一块印制板,观察基板、焊点、元器件等有无焊接缺陷,根据检查结果调节温度曲线设置。批量生产过程中也要对每批次进行抽查,及时调整温度曲线。

（2）回流焊工艺流程

完整的回流焊接工艺流程包括施加焊膏、贴装元件、回流焊接、质量检查等几个环节。

① 施加焊膏

施加焊膏是指通过手工或利用工具将膏状焊料均匀地涂覆在印制板焊盘对应位置上，以保证元器件在回流焊炉内在熔融的焊膏粘接作用下与印制板焊盘达到良好的电气连接。

施加焊膏的方法有三种：滴涂法、丝网印刷法和金属模板印刷法。滴涂法又分为手工操作和机器制作两种。滴涂法通常用于单个或几个新产品的模型机研发阶段，或生产过程中的少量产品维修操作。丝网印刷法通常用于印制板焊盘的间距较大、元器件密度较低的小批量生产。金属模板印刷法通常用于引线间距小、元器件密度大的大批量生产中。三种方法中金属模板印刷法的印刷精度最高，模板的寿命较长，更适用于引线间距较窄的元器件焊接。

手工滴涂法的实施工艺与点胶法类似，这里不再赘述。下面以丝网/金属模板印刷法为例来介绍施加焊膏工艺的实施步骤。

第一步：固定印制电路板。在印刷锡膏前，将印制电路板基板放在工作台上，使用机械部件或真空夹紧定位，并用定位销或根据视觉来对准。

第二步：准备丝网/金属模板。在丝网/金属模板上根据印制电路板的焊盘位置，开出各种规格的开孔。在丝网/金属模板与印制电路板准确定位后，这些开孔能够使锡膏准确漏印在焊接位置处。

第三步：准备锡膏。锡膏的主要成分为锡粉和松香，锡粉由锡、铅和银等组成。回流焊炉中的焊接分为两个阶段，第一阶段温度为 150 ℃，持续约 3 min，在此期间松香挥发并发挥活性清除焊料表面的氧化物；第二阶段温度为 220 ℃，锡粉熔融，进行元器件焊接。

锡膏黏度是锡膏的一个重要参数。标准锡膏黏度范围为 500 kcP ~ 1 200 kcP，丝网/金属模板印刷法中一般用黏度为 800 kcP 的锡膏。锡膏要保持一定的黏度，才能够在印刷后在焊盘上保持原状不塌陷；黏性过低时，容易在印刷过程中经过丝网/金属模板的开孔流到印制板基板上。

第四步：刮刀刮锡。丝网/金属模板印刷的主体过程就是刮刀刮锡。在模板一端放置锡膏，使用刮板从丝网/金属模板一端缓缓走至另一端，将锡膏均匀压在模板上，锡膏再经过丝网/金属模板上的开孔沉积到焊盘上。锡膏印刷原理示意图如图 7.3.11 所示。

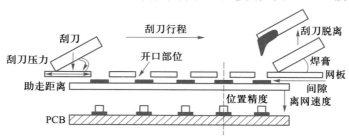

图 7.3.11 锡膏印刷原理示意图

在锡膏已经沉积之后,丝网/金属模板在刮刀之后要马上脱开,以避免锡膏残留在丝印开孔内,导致 PCB 焊盘上锡膏缺失。丝印开孔越细密,锡膏黏附在孔壁上的概率越大,为避免这种现象,可在开始分离时较慢地分开 PCB,待锡膏均由于重力和附着力留在 PCB 上之后,再迅速撤离丝网/金属模板。

刮刀刮锡效果的好坏取决于两个因素,即刮刀速度与刮刀压力。刮刀速度过快时,会导致锡膏部分沉积,小的模孔内甚至没有锡膏沉积。刮刀压力需与刮刀硬度相匹配。压力过小,会使模板上残留过多锡膏;压力过大,会导致刮刀进入模板上的大孔内破坏锡膏。使用金属模板时,先以在每 50 mm 的刮刀长度上施加 1 kg 压力为比例进行施压,而后逐渐减少压力。

② 贴装元件

贴装元件的工序与波峰焊类似,此处不再赘述。

③ 回流焊接

回流焊炉是回流焊接的主要设备。印制板贴装好元件后,经过传送带被送进回流焊炉,炉内的加热电路将加热后的空气或氮气吹向印制板,印制板上的焊料在高温下熔化后将元器件与主板进行黏结。回流焊接过程可以进行温度控制,还可以避免氧化,成本低,因而具有一定优势。

回流焊炉的加热方式有很多种,如热板传导回流、红外辐射回流、热风回流等,图 7.3.12 是热风回流焊炉总体结构示意图。

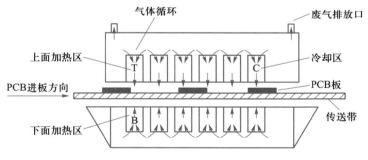

图 7.3.12　热风回流焊炉总体结构示意图

回流焊炉的温度控制是回流焊使用中最重要也是最难以把握的环节。根据回流焊的温度差别,我们将回流焊分为升温区、保温区、焊接区、冷却区几个阶段,回流焊温度曲线图如图 7.3.13所示。

回流焊的温度曲线分析如下:

A. 升温区:焊膏中的溶剂、气体挥发,助焊剂润湿焊件表面,焊膏软化,覆盖焊盘、元器件端头和引脚,使其与氧气隔离。

B. 保温区:为避免印制板进入焊接区后温度突然升高造成基板损坏,需在保温区对印制板和元器件进行充分预热。

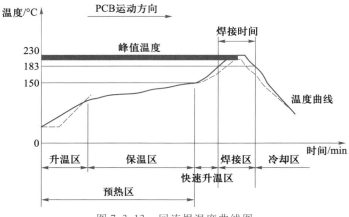

图 7.3.13 回流焊温度曲线图

C. 焊接区:焊膏在高温作用下迅速熔化,液态焊锡对焊盘、元器件端头和引脚进行润湿、扩散、漫流或回流混合,形成焊点。

D. 冷却区:焊点凝固,焊锡由液态变为固态。

④ 质量检查

回流焊完成后应用酒精清洗印制电路板表面,并检查电路板焊点。

回流焊容易出现的主要缺陷如下:

A. 冷焊。温度曲线中焊接区的回流时间较短,或者有比较大的吸热元器件或地线层消耗较多的热量。

B. 焊点不亮。升温区温度较低,焊剂的活性未能充分发挥;或者冷却区温度过高,未能充分冷却;或者锡膏变质。

C. 细间距连焊。与锡膏的粘度、成分、用量、回流温度、丝网/金属模板开孔大小都有关系。膏体不能太稀,金属或固体含量不能太低,用量不能过多,回流温度的峰值不能过高,丝网/金属模板的开孔不能太大,否则都将导致连焊产生。

D. 焊点出现锡珠。锡珠的判定标准为,锡珠直径不能超过印制板上焊盘或导线的间距 0.13 mm,或 600 mm² 范围内锡珠的数量不能多于 5 个。锡珠产生的原因跟加锡膏印刷精度、加热速度、助焊剂活性、锡膏质量等都有关系。

E. 开路。引起开路的原因有元器件引脚的共面性不足、锡膏量偏少、锡膏熔融性较差、锡膏黏度不够、元器件引脚吸锡等。引脚共面性不足可以通过给焊盘预先上锡来解决。引脚吸锡可以通过降低加热速度、元器件底面与表面分别加热、选用活性温度高的助焊剂或 Sn/Pb 成分的锡膏来解决。

7.3.4 注意事项

1. 贴片元器件焊接注意事项

(1)元件贴装时需认真核对元件明细表,确保元件引脚标识、元件参数、极性正确无误。

（2）元件贴装时排列整齐，引脚端口与焊盘对应整齐，并与焊盘上的锡膏充分接触。

（3）焊接时间不宜超过 3 s，时间过长会对器件及基板造成损害。

（4）及时对焊接过程中产生的锡粒、污垢进行清理。

（5）焊接结束检查焊点是否光滑，有无虚焊、漏焊、假焊、连焊等。

2. 贴片胶使用与保管注意事项

（1）贴片胶使用温度为 23 ℃±3 ℃，温度过高或过低会影响贴片胶的黏度。

（2）贴片胶储存温度为 5 ~ 10 ℃，有效期为 3 ~ 6 个月。

（3）使用前应从冰箱取出，静置到常温后再打开密封盖，防止水蒸气凝结。

（4）使用时，用不锈钢搅拌棒搅拌至完全无气泡后再装入注射器点胶。搅拌后要在 24 h内使用完毕。

（5）点胶或丝网/金属模板印刷后需在 24 h 内完成固化。

（6）操作时若不慎接触到皮肤，应及时用乙醇进行擦洗。

3. 锡膏使用注意事项

（1）锡膏需冷藏储存，使用前需在常温下静置 6 h 以上再开盖使用。

（2）锡膏使用时需用不锈钢搅拌棒进行搅拌，并用黏度测试仪来测试黏度。

（3）丝网/金属模板印刷时，可用锡膏厚度测试仪进行厚度测量。对印制板的上下左右及中间五点进行测量，锡膏厚度范围应为模板厚度的 10% ~ 15% 。

（4）丝网/金属模板印刷完毕后需彻底清洗模板，必要时采用超声波、酒精或高压气清洗，避免模板上残留的焊膏对下次焊接造成影响。

7.4 SMT 贴片手工焊接

7.4.1 实验目的

视频：7.4 SMT
贴片手工焊接

1. 了解 SMT 贴片手工焊接工艺内容；
2. 练习并掌握 SMT 贴片手工焊接技术。

7.4.2 实验器材

1. 印制电路板 1 块；
2. 贴片电子元器件若干；
3. 电烙铁 1 台；

4. 焊锡丝、松香、镊子若干。

7.4.3 实验内容

贴片元器件的手工焊接比普通通孔插接式元器件的难度要大,需要一定的步骤和手法。但在我们试制电路板、自制电路产品,或对原有的印制电路板进行维修时,都需要进行手工焊接。因此,有必要将贴片器件的手工焊接单独列出来,进行操作训练。

1. 焊接工具的选择

贴片元器件焊接时使用的工具仍是电烙铁,但不同的烙铁头针对不同的贴片引脚,有着不一样的施焊效果,应根据焊接器件的需要选择更换。

常用烙铁头有以下几种:

(1) 超细烙铁头(见图 7.4.1)。实现点到点的焊接,通常采用焊锡丝实现焊接。

(2) 扁铲式、马蹄式烙铁头(见图 7.4.2)。具有高焊接速度的优势,容易进行拖焊手法的实现,常用于引脚较多或引脚宽大的器件。

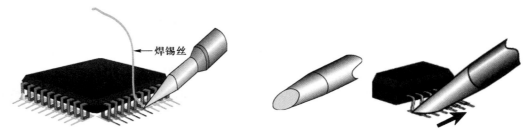

图 7.4.1　超细烙铁头　　　　　　　图 7.4.2　扁铲式、马蹄式烙铁头

2. 贴片焊接

(1) 双引脚端贴片器件

双引脚器件由于引脚很少,焊接实施还是很容易的。但是双引脚的贴片器件体积往往非常小,焊接时必须使用镊子作为夹持元器件的工具,并在光线充足的环境下施焊。

焊接步骤如下:

① 在一个焊盘上点上少量焊锡(只需非常少的量),注意不要过多,以免放上元器件时焊锡被挤出焊盘。焊盘点锡如图 7.4.3 所示。

② 用镊子夹持元器件,放在印制电路板标注的位置上,使它一端引脚与点锡后的焊盘连接,另一端引脚搭在干净的焊盘上。

③ 用电烙铁加热点锡后的焊盘,同时夹持元器件的镊子轻轻向下推,使元器件引脚与熔化的焊锡紧密连接。固定元器件如图 7.4.4 所示。

④ 用焊锡丝和电烙铁仔细焊接元器件的另一端,使元器件引脚与焊盘紧密相连,如图 7.4.5 所示。

图 7.4.3 焊盘点锡

图 7.4.4 固定元器件

（2）多引脚元器件焊接

多引脚元器件引脚排列非常密集,因此使用平时的焊接方式是无法实现手工焊接的。进行多引脚贴片焊接有效的方式是拖焊。熟悉了拖焊技术后,基本可以使用电烙铁、松香、吸锡线、酒精完成所有类型多引脚贴片的焊接。

图 7.4.5 焊另一端引脚

① 首先把多引脚元器件平放在焊盘上,对准焊盘位置,并用手紧紧压住,如图 7.4.6 所示。

② 用电烙铁将熔化的焊锡丝焊接元器件的数个引脚,以此来固定元器件,如图 7.4.7 所示。注意元器件四面都要用焊锡固定好,否则很容易在焊接过程中发生移动。

③ 固定好后在元器件四面引脚头部施加较多的焊锡丝,形成一个大的焊锡包,如图 7.4.8 所示。

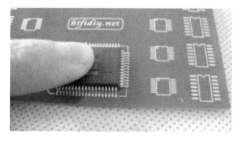

图 7.4.6 放置元器件

图 7.4.7 固定引脚图

④ 把烙铁头放入松香中,甩掉烙铁头部多余的焊锡,这里松香可以多蘸取些,有助于多余焊锡的去除以及后续拖焊的实施,如图 7.4.9 所示。然后把电路板斜放 45°（有助于元件引脚上的焊丝在熔化的情况下顺势往下流动）,把粘有松香的烙铁头迅速放到斜着的元件引脚的焊锡包上。

图 7.4.8 施加较多焊锡 图 7.4.9 蘸取松香

⑤ 接下来要使电烙铁以小曲线的方式,将焊锡拖焊过整个引脚区域,如图 7.4.10 所示。这也是拖焊手法的核心步骤。重复拖焊手法,使元器件引脚达到与焊盘贴合的效果,如图 7.4.11 所示。

图 7.4.10 拖焊示意图

图 7.4.11 拖焊效果

⑥ 由于拖焊手法中在焊接前蘸取的松香较多,所以会造成焊盘周围大量松香溢出、堆积。如果拖焊时间略长,还会使松香变黑,非常影响美观,也容易在电路板上凝结杂质。因此需要准备一些酒精和棉签,擦拭引脚表面,去除多余的松香。酒精清理前后的对比图如图 7.4.12 所示。

(a) 清理前

(b) 清理后

图 7.4.12 酒精清理前后的对比图

7.4.4 注意事项

1. 贴片焊接时由于芯片引脚密集,元器件体积较小,所以可能需要使用显微镜或放大镜进行焊点的观察和焊接。

2. 焊接时有条件的情况下,可以使用温控型电烙铁,这样有利于温度的调节,不至于对集成芯片造成影响。

3. 由于静电会对集成元器件或一些敏感器件产生影响,所以贴片焊接时应注意防静电措施,可以佩戴防静电手腕带并使用专业焊台。

4. 印制电路板焊接时应在电路板下加垫绝缘胶皮或绝缘垫。

5. 贴片手工焊接的过程中还需注意普通焊接时所有的注意事项,具体内容详见 7.2 节,此处不再赘述。

第8章

电子电路调试

8.1 基本调试技术

8.1.1 实验目的

1. 了解电子产品的调试步骤;
2. 了解调试的原则和调试前的准备工作;
3. 掌握电子产品的调试方法(静态调试、动态调试)。

8.1.2 实验器材

1. 焊接好的印制电路板 1 块;
2. 示波器、信号发生器、稳压电源各 1 台;
3. 万用表 1 台。

8.1.3 实验要求

1. 调试的一般原则

电子电路产品的调试一般遵循以下原则:

(1)先断电测试,再上电测试。断电测试时主要依靠调试人员的观察和万用表来进行。

(2)电路分块隔离测试。在比较复杂的电子电路中,整机电路往往可以分成若干功能模块,如电源模块、显示模块、控制芯片模块等。分模块调试能尽可能的减少问题之间的干扰,能够准确快速的找到问题原因。

(3)先静态调试后动态调试。静态调试是指电路在未加入输入信号的直流工作状态下,测试调整其静态工作点和各项技术性能指标;动态调试是指在电子电路输入适当信号的工作状态下测试调整其动态指标(如输入规则的正弦波,观察波形在电路中有无失真等)。

（4）先调试电源电路。对于具有内部电源模块的电子产品,应首先调试电源电路,然后再依次调试其他模块。

2. 调试准备

（1）调试人员技术准备

调试人员在进行电子产品调试时应具备一定的技术技能,对电子产品的电路设计知识、电路特点性能等有较好的了解,具体准备内容如下：

① 明确本电路调试的目的和要求。

② 能够正确掌握并熟练应用测量仪器及设备,掌握正确的使用和测量方法。

③ 掌握一定的调整和测试电子电路的方法。

④ 掌握电路中包含的模拟电路、数字电路的基础理论,能够根据各电路的性能特点分析、处理测试数据,并排除出现的故障。

⑤ 能够在调试完毕后写出调试总结并提出整改意见。

（2）技术文件准备

做好技术文件准备主要是指做好技术文件、工艺文件、质量管理文件等材料的准备、如电路原理图、框图、装配图、印制电路图、印制电路装配图、零件图、元件参数表和程序、质检程序与标准等文件的准备。要求掌握上述文件的技术内容,了解电路的基本工作原理、主要技术性能指标、各参数的调试方法和步骤。

（3）准备测试设备

调试前应准备好测量仪器和设备,检查其是否处于正常工作状态,检查设备开关、量程挡位是否处于正确的位置,以避免调试中带来误测甚至引发危险。此外要注意测量仪器与设备的精度是否符合技术文件规定的要求,能否满足测试精度的需要。

8.1.4 实验步骤

1. 制定调试工艺方案

在调试开始之前,制定一个调试工艺方案,能够明确调试目的、调试内容、步骤方法等细节,有助于调试工作的顺利进行。

一个完整的调试工艺方案包括以下内容：

（1）调试内容与项目（如产品工作特性、测试点、电路参数等）；

（2）调试步骤与方法（如功能模块的区分以及各模块的调试顺序等）；

（3）测试条件与仪器仪表；

（4）调试数据记录表格；

（5）电子产品的注意事项与安全操作规程；

（6）相关技术文档（如电路原理图、印制电路图、元器件列表等）。

制定调试工艺方案时要注意分清主次，将调试的重点和关键环节有条理地列出，这样才能使调试工作的效率更高、质量更好。这要求调试人员在制定调试方案前深入了解产品及其各部分的工作原理、性能指标，发现影响产品使用的关键模块与元器件。否则，制定出的方案必然是盲目无序的。

调试方案中还应注意各部件之间的相互影响，对调试中可能出现的反常现象作出预先估计。

2. 察看外观质量

完成方案制定后，接下来应该首先观察电路板的外观情况，这也是电路调试时最基本的检查方法。调试人员凭借视觉、嗅觉、触觉，直接观察电路产品有无问题，具体内容包括下列几项。

（1）察看电路板是否有明显的裂痕、短路、开路或裸露铜线等现象。

（2）察看元器件是否有错装、漏装、错连和歪斜松动等现象。

（3）察看焊点是否有漏焊、虚焊、毛刺、挂锡等缺陷。

（4）使用万用表电阻挡检查有无断线、脱焊、短路及接触不良。

（5）检查电路绝缘情况、保险丝通断、变压器好坏等元器件情况。

（6）如果电路有改动的地方，还应判断该部分元器件和接线的电路连接是否正确。

很多故障的发生往往是由于工艺上的原因，特别是刚完成焊接装配工作的电路板或装配工艺较差的电子产品。盲目通电检查有时反而会扩大故障范围，引起元器件击穿、电路烧毁等问题。通过外观检查可以将绝大部分的工艺缺陷查找出来。

3. 静态调试

静态调试也叫直流调试，即我们一般意义上的通电调试。它是指在未加入输入信号，或程序控制芯片未进行控制动作的情况下，进行各模块电路静态工作点和静态技术性能指标的调试。

静态调试时电路板给通的电压一般是各晶体管或集成电路的工作电压，一般为 3～5 V，有时会有 6 V、9 V、12 V、24 V 等电压位，但都不会过大。建议在设计的电路原理图上标注出直流工作点和工作电压（如晶体管的直流电位或工作电流）。

上电后不要急于测量电气指标，要观察电路有无冒烟、打火等现象，听一听有无异常杂音，闻一闻有无异常气味，用手触摸集成电路有无温度过高现象。如有异常现象，立即关断电源，排除故障后再上电。

静态调试时应首先排除以下故障。

（1）排除逻辑故障

这类故障往往是设计和加工制板过程中的工艺性错误所造成的，主要包括错线、开路、短路。排除的方法是首先将加工的印制板认真对照原理图，看两者是否一致。应特别注意电源系统检查,以防止电源短路和极性错误,并重点检查系统总线(地址总线、数据总线和控制总线)是否存在相互之间短路或与其他信号线路短路。必要时利用数字式万用表的短路测试功能,可以缩短排错时间。

（2）排除元器件失效

造成这类错误的原因有两个:一个是元器件买来时就已坏了;另一个是由于安装错误,造成器件烧坏。可以检查元器件与设计要求的型号、规格和安装是否一致,在保证安装无误后,用替换方法排除错误。

（3）排除电源故障

在通电前,一定要检查电源电压的幅值和极性,否则很容易造成集成块损坏。加电后检查各插件上引脚的电位,一般先检查 VCC 与 GND 之间的电位,若在 4.8～5 V 之间属正常。若有高压,联机仿真器调试时,将会损坏仿真器等,有时会使应用系统中的集成块发热损坏。

不同的分立元器件、集成电路组成的模拟电路、数字电路,都有各自的静态工作点与工作性能,应根据电路特点的不同安排调试方法和步骤。

例如,对由晶体管、电容、电阻构成的模拟放大电路,应根据放大电路的类型,检测其静态工作点的工作状态,并根据放大倍数等技术参数的需求,调整其静态工作点设置。对数字集成电路,应先对单片集成电路分调——检查其逻辑功能、高低电平、有无异常状况等;而后进行总调——对多片集成电路的组合电路输入单次脉冲信号,对照真值表进行调试。对装配好的整机产品,还应对整机进行全参数测试,考察各模块之间的相互干扰情况,各项静态参数的调试结果均应符合规定的技术指标。

电路静态调试中有以下一些共通的调试环节,在此列举出来。

① 电源模块调试

电子产品中如带有内部电源模块,应首先完成电源模块的调试检测,具体可遵循以下步骤:

A. 先用万用表测量电路板电源和地之间是否短路。

B. 上电时可用带限流、短路保护等功能的可调稳压电源。先预设好过流保护的电流,然后将电压值慢慢往上调,同时监测输出电流和输出电压。

C. 如果往上调的过程中,没有出现过流保护等问题,且输出电压也达到了正常,则说明电源部分正常。

D. 如果往上调的过程中,出现过流保护,则要断开电源,寻找故障点,并重复上述步骤,直到电源正常为止。

E. 如果电流过大,超出电路设计中元件所承受的最高电流,应警惕电路中电流过大引起的元件、线路发热现象,如温度过高应及时断电,以免烧坏器件。

② 功能模块调试

各功能模块在静态工作调试时可遵循以下几步进行:

A. 每个功能模块在上电测试时,也要按照电源模块调试的步骤进行,以避免设计错误和安装错误导致的过流烧坏元器件。

B. 确认各芯片电源引脚的电压是否正常,再检查各参考电压是否正常,还要测试主要功能点的电压是否正常等。

C. 通过看、听、闻、摸等手段观测电路板现象。"看"就是看元件有无明显的表面异常或机械损坏;"听"就是听工作声音是否正常;"闻"就是检查是否有异味;"摸"就是用手去试探器件的温度是否正常。

③ 振荡电路调试

振荡电路由于上电后会产生振荡波形,在电路中往往对其他部分电路有着重要影响。因此对于含有振荡电路的电路板应仔细检查振荡电路的工作情况,并根据技术需求进行调整。一般振荡电路调试可遵循以下步骤进行:

A. 检查电路安装、焊接是否正确可靠,有无短路现象后,再接通电源测试。

B. 接通电源后,如出现不起振现象,或给外界信号强烈触发才可起振(如手握金属螺钉旋具碰触晶体管基极;或用 0.01 ~ 0.1 μF 电容一端接电源,另一端去碰触晶体管基极),则说明电路可能没有满足振幅或相位平衡这两个根本条件。应检查相位条件是否满足,仔细检查反馈回路,看是否是反馈线圈反接形成了负反馈。如果满足相位平衡却不起振,则要根据振幅平衡条件所包含的因素进行调试。应调整振荡电路放大部分的电阻或晶体管,使之工作在满足需求的放大倍数状态,满足振幅平衡条件。

C. 振荡电路起振但示波器观察波形质量不好时,应排除寄生振荡对波形的影响(检查电路布局,重点检查构成环形、半环形的电路及元器件,如有寄生振荡应采取电容隔离等手段进行解决)。此外还需要调整放大电路的静态工作点,放大电路品质因数 Q 的降低会直接导致波形变坏。

4. 动态调试

动态调试是在静态调试的基础上进行的,在电路的输入端加入合适的信号,按信号的流向,顺序检测各测试点的输出信号,若发现不正常现象,应分析其原因,并排除故障,再进行调试,直到满足要求。这需要调试者具备一定的理论知识和调试经验。

(1) 信号输入检测调试

对于没有单片机这类控制芯片的电子电路,可用信号发生器直接在电路的输入端接入适当频率和幅值的信号,并循着信号的流向逐级检测关键节点的波形、参数和性能指标。若发现信号失真、不导通等故障问题,应及时查找原因并加以解决,做到边检测边处理。检测也可以从产品的最终输出单元开始,逐步移向最前面的单元。这种逐级查找的方法能迅速准确地找到故障产生的单元及原因。

在没有信号发生器的情况下,一个方便常用的方法是利用人体感应信号作为注入的信号源。下面以多级放大电路外接扬声器为例(见图 8.1.1),说明信号输入检测调试的实施步骤和具体方法。此处的扬声器也可用示波器来进行有无波形的观察。

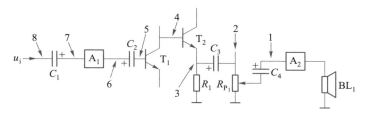

图 8.1.1 信号输入法调试示意图（以多级放大电路外接扬声器为例）

① 手握螺丝刀断续接触点击 1 点，即集成电路 A_2 的信号输入引脚。打开扬声器音量开关，扬声器发声若很轻，则 A_2 增益不足；若无声，则表明 1 点到扬声器之间存在故障，需检查 A_2 集成电路。若声音很大，则说明 1 点到扬声器之间没有问题。

② 继续点击 2 点，若扬声器无声则说明 1 点与 2 点之间有故障。可能是耦合电容 C_4 开路，或滑动变阻器 R_{P_1} 接触有问题，或电路上存在虚焊等现象。若声音正常，则说明 2 点到扬声器之间没有问题。

③ 继续点击 3、4 点。如果扬声器无声，则说明 T_2 晶体管开路，应检查焊点有无虚焊，或考虑器件损坏，检查是否需要更换晶体管。若点击 4 点时，声音和点击 3 点时差不多，甚至更小，则说明 T_2 没有起到放大作用，应检查晶体管的工作情况、焊点、管脚极性等，若 T_2 损坏还应考虑更换器件。正常情况下点击 4 点时由于比点击 3 点时多经过一个晶体管放大，声音应比点击 3 点时响许多，此时说明 4 点到扬声器之间电路没有问题。

重复上述步骤逐级向前检查，直至查完整个电路。

这种方法适用于方便外接扬声器的电路，以及没有示波器等可视检测设备的情况。此外由于实施信号时只需要螺丝刀，无需其他工具，操作非常方便简单，并能准确说明问题。有条件时可在扬声器上接毫伏表来观测信号的幅值。条件允许的情况下，用示波器来观测电路信号更为直观，也是实验室最常用的方法。

（2）联机仿真调试

在进行单片机等控制芯片的调试时，则需要联机仿真调试。联机仿真必须借助仿真开发装置、示波器、万用表等工具，这些工具是单片机开发的最基本工具。

信号线是联络单片机和外部器件的纽带，如果信号线连接错误或时序不对，那么会造成对外围电路读写错误。51 系列单片机的信号线大体分为读信号线、写信号线、片选信号线、时钟信号线、外部程序存储器读选通信号（PSEN）、地址锁存信号（ALE）、复位信号等几大类。这些信号大多属于脉冲信号，对于脉冲信号借助示波器用常规方法很难观测到，必须采取一定措施。应该利用在仿真器上软件编程的方法来实现检测。

对于电平类信号，观测起来就比较容易。例如对复位信号观测就可以直接利用示波器，当按下复位键时，可以看到单片机的复位引脚将变为高电平；一旦松开，电平将变低。

总而言之，对于脉冲触发类的信号我们要用软件来配合，并要把程序编为死循环，再利用示波器观察；对于电平类触发信号，可以直接用示波器观察。

下面结合控制系统中常见的键盘、显示部分的调试过程来加以说明。本系统中的键盘、显示部分都是由并行口芯片 8155 扩展而成的。8155 属于可编程器件,因而很难划分硬件和软件,即使电路安装正确,往往没有一定的指令去指挥它工作,也无法发现硬件的故障。因此要使用一些简单的调试程序来确定硬件的组装是否正确、功能是否完整。在本系统中采取了先对显示器调试,再对键盘调试的方法。

① 显示器部分调试。为了使调试顺利进行,首先将 8155 与 LED 显示分离,这样就可以用静态方法先测试 LED 显示,分别用规定的电平加至控制数码管段和位显示的引脚,看数码管显示是否与理论上一致。若不一致,一般为 LED 显示器接触不良所致,必须找出故障,排除后再检测 8155 电路工作是否正常。

② 8155 进行编程调试。此时分为两个步骤:第一,对其进行初始化(即写入命令控制字,最好定义为输出方式)后,分别向 PA、PB、PC 三个口送入#0FFH,这时利用万用表测试各口的位电压为 3.8 V 左右,若送入#00H,这时各口的位电压应为 0.03 V;第二,将 8155 与 LED 结合起来,借助开发机,通过编制程序(最好采用"8"字循环程序)进行调试。若调试通过,就可以编制应用程序了。

③ 键盘调试。一般显示器调试通过后,键盘调试就比较简单,完全可以借助于显示器,利用程序进行调试。利用开发装置对程序进行设置断点,通过断点可以检查程序在断点前后的键值变化,这样可知键盘工作是否正常。

以上讨论了借助简单工具对单片机硬件调试的方法,这些方法如果利用得好,就可以大大缩短单片机的开发周期。

8.1.5 注意事项

1. 调试时应在完成一部分调试之后,再接通下一部分进行调试,不要一开始就将电源施加到全部电路上。

2. 当示波器接入电路时,为了不影响电路的幅频特性,不要用导线或电缆线直接从电路中引向示波器的输入端,应采用示波器专用的衰减探头。

3. 在测量小信号时,示波器的接地线不要接近大功率器件,否则波形可能会出现干扰。

4. 动态调试时接入的信号源幅值不宜太大,否则将使被测电路的某些元器件工作在非线性区域,造成波形失真,给观测带来干扰。

8.2 干扰和噪声

8.2.1 实验目的

视频:8.2 电磁干扰现象

1. 了解干扰和噪声的类型;
2. 了解产生干扰和噪声的原因;

3. 掌握电子产品干扰和噪声的检测与分析方法。

8.2.2 实验器材

1. 焊接好的印制电路板 1 块；
2. 继电器开关、开关电源各 1 个；
3. 示波器、信号发生器、稳压电源、万用表各 1 台。

8.2.3 实验原理

在电子电路调试过程中，经常会出现一些与预期信号不同，甚至杂乱无章的扰动信号，这就是我们所说的干扰和噪声。在电子技术中，来自电子设备或电路系统外部的扰动称为干扰；来自电子设备或电路系统内部由材料、元器件的物理原因引起的扰动则称为噪声。

1. 干扰

周围环境中的高压电网、电台、电视台、电焊机、电机等设备以及雷击闪电等自然现象，所产生的电磁波和尖峰脉冲通过电磁耦合、线间电容或电源电线等进入电子电路，就形成了干扰。

（1）干扰源

通常的干扰源可分为自然和人为两大类。

① 自然干扰源。如地磁场、大气层内的静电荷、动态放电（云和雷电）、宇宙辐射等。

② 人为干扰源。如各种电台发射的电磁波，使用整流子的电动机、高频炉、电焊机，变电设备产生的电晕放电效应和固有电磁场，开关电路的突变，甚至日光灯火花都会形成干扰。此外，由于电子电路中使用的直流电源往往是由交流市电整流滤波而得，当滤波不好时，电子设备中就会混入交流市电信号引起的干扰。

（2）干扰信号的传播途径

干扰信号无论是来自自然现象还是周围的其他电子设备，都需要经由一定的途径传播到电子电路产品上，有些传播途径本身还起着放大信号的作用。弄清楚干扰信号的传播途径，不仅能使我们更好地了解和分析干扰现象，还为后面对干扰进行抑制处理做了准备。常见的干扰传播方式有电磁辐射、电路耦合传导两种方式，干扰传播示意图如图 8.2.1 所示。

① 以电磁辐射方式传播

设备和自然干扰源产生的空间干扰场通过电磁辐射的形式传播。电磁辐射又称电子烟雾，是由空间共同移送的电能量和磁能量所组成，而该能量是由电荷移动而产生的；举例说，正在发射信号的射频天线所发出的移动电荷，便会产生电磁能量。

A. 由受影响设备的天线接收，如长的信号线、控制线、收音设备的天线等。

B. 由导线感应耦合接收,电磁辐射对导线回路干扰示意图如图 8.2.2 所示。

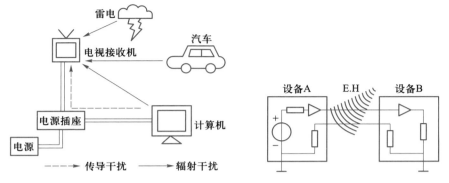

图 8.2.1　干扰传播示意图　　　　图 8.2.2　电磁辐射对导线回路干扰示意图

C. 由闭合回路感应接收,电磁辐射对闭合回路干扰示意图如图 8.2.3 所示。由于感应电压与场强成正比,与闭合回路所围面积成正比,与电磁场的频率成正比,所以在设计印刷电路板时,应尽量减小闭合回路所围的面积。

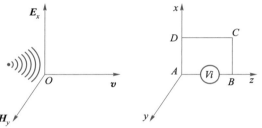

图 8.2.3　电磁辐射对闭合回路干扰示意图

② 以电路耦合传导方式传播

干扰信号能够通过漏电或耦合的方式,以绝缘物(包括空气)或支撑物为媒介,直接或间接地通过电阻、电感或电容耦合,进入电路。

A. 电容性耦合(静电耦合)

两个电路中的导体,当它们靠得比较近而且存在电位差时,会产生电场耦合,其程度取决于两导体的分布电容 C。图 8.2.4 中,U_1 为干扰电压,A 为干扰源电路,B 为接收电路。

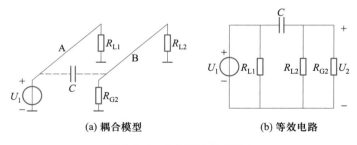

(a) 耦合模型　　　　　(b) 等效电路

图 8.2.4　电容耦合示意图 I

电路 B 中耦合的干扰电压 U_2 为

$$U_2 = \frac{R_2}{R_2 + X_C} U_1 = \frac{\mathrm{j}\omega C R_2}{1 + \mathrm{j}\omega C R_2} U_1$$

其中

$$R_2 = \frac{R_{G2} R_{L2}}{R_{G2} + R_{L2}}, X_C = \frac{1}{\mathrm{j}\omega C}$$

由上述模型与公式可以看出,当耦合电容较小,即 $\omega CR_2 \ll 1$ 时, $U_2 \approx j\omega CR_2 L_1$。

分析:干扰源频率越高,电容耦合越明显,同时接收电路的阻抗 R_2 越高,产生电容耦合越大。电容 C 越小,干扰耦合就越小。

结论:射频电路中,高频信号线都要加屏蔽;射频电路中引线长度尽量缩短。

另一种情况如图 8.2.5 所示。则有

$$U_N = \frac{j\omega C_{12} R}{1 + j\omega R(C_{12} + C_{2G})} U_1$$

分析一:若 R 为低阻抗,且 $R \ll \dfrac{1}{j\omega(C_{12}+C_{2G})}$,则 $U_N \approx j\omega C_{12} R L_1$。

结论一:若 U_1 和频率 f 不变,则减小 R 和 C_{12} 可以减小 U_N,其中减小 C_{12} 可通过采用导体合适的取向、屏蔽导体、增加导体间的距离等方式。

分析二:若 R 为高阻抗,且 $R \gg \dfrac{1}{j\omega(C_{12}+C_{2G})}$,则 $U_N \approx \dfrac{C_{12}}{C_{12}+C_{2G}} U_1$。

结论二:U_N 与频率 f 无关,且 R 为高阻抗情况的 U_N 大于 R 为低阻抗情况的 U_N。

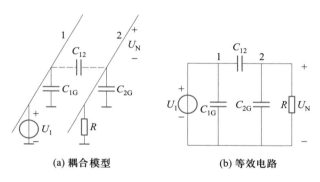

图 8.2.5 电容耦合示意图 Ⅱ

B. 电感性耦合(电磁耦合)

当一个回路中流过变化电流时,在它周围的空间就会产生变化的磁场,电感耦合示意图如图 8.2.6 所示。

根据电磁感应原理,有:$U_N = M\dfrac{\mathrm{d}I_1}{\mathrm{d}t}$。若 R_1 越小,则 I_1 越大,磁场越大,电感耦合越强。

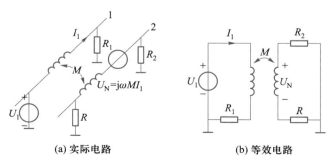

图 8.2.6 电感耦合示意图

C. 公共阻抗耦合

公共阻抗耦合是指干扰源回路与受干扰回路之间存在着一个公共阻抗,干扰电路的电流通过这个公共阻抗所产生的电压变化,影响与此公共阻抗相连的所有电路,从而产生干扰信号。主要的形式有电源内阻抗耦合干扰、共地阻抗耦合干扰、输出阻抗耦合干扰等,共阻抗耦合示意图如图 8.2.7 所示。

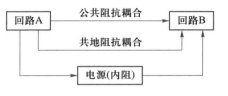

图 8.2.7　共阻抗耦合示意图

公共阻抗耦合是最常见最简单的传导耦合方式。例如,在市电电网上,使用电焊机、交流电动机等设备时,其产生的纹波就会沿着电源线路,干扰附近同时使用电网电源的电子设备。

D. 地电流干扰

当电子电路的接地点选取不当或接地回路设计不好时,会导致电路基准电位变化,对电子设备产生干扰。

E. 漏电流耦合

由于电子电路之间的绝缘不良,高压通过绝缘材料(绝缘高电阻)产生漏电。尽管漏电流非常小,它也会对电子电路尤其是放大电路产生影响。漏电流产生的干扰同绝缘电阻大小成反比。因此,对于高输入阻抗的放大器,必须在输入端加强绝缘。

③ 干扰的作用形式

电压电流的变化通过导线传输时有两种形态,我们将此称作"串模"(差模)和"共模"。设备的电源线、电话等的通信线,与其他设备或外围设备相互交换的通信线路,至少有两根导线,这两根导线作为往返线路输送电力或信号。但在这两根导线之外通常还有第三导体,这就是"地线"。干扰电压和电流分为两种传输形式:一种是两根导线分别作为往返线路传输;另一种是两根导线作为去路,地线作为返回路传输。前者叫"串模"(差模),后者叫"共模"。根据这两种形式,我们可以把干扰分成两类:串模干扰(差模干扰)与共模干扰(接地干扰)。

A. 串模干扰

串模干扰(差模干扰)也称为正相噪声,电流作用于两条信号线间,其传导方向与波形和信号电流一致,串模等效电路如图 8.2.8(a)所示。

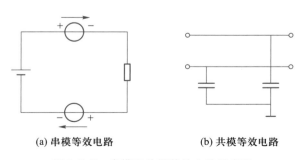

(a) 串模等效电路　　　　(b) 共模等效电路

图 8.2.8　串模和共模等效电路示意图

B. 共模干扰

共模干扰也称为同相噪声,电流作用在信号线路和地线之间,干扰电流在两条信号线上各流过二分之一且同向,并以地线为公共回路,共模等效电路如图 8.2.8(b)所示。

如果电路板中产生的共模电流不经过衰减过滤(尤其是像 USB 和 IEEE 1394 接口这种高速接口走线上的共模电流),那么共模干扰电流就很容易通过接口数据线产生电磁辐射(在线缆中因共模电流而产生的共模辐射)。美国 FCC、国际无线电干扰特别委员会的 CISPR22 以及我国的 GB9254 等标准规范等都对信息技术设备通信端口的共模传导干扰和辐射发射有相关的限制要求。

2. 噪声

(1)噪声的分类

噪声通常按其发生根源分为热噪声、散粒噪声、分配噪声、闪烁噪声(1/f 噪声)和爆裂噪声。噪声信号由大量的无规则短尖脉冲组成,其幅度和相位都是随机的,形状也不尽相同。任意噪声脉冲的能量都只占噪声总量的小部分,它们叠加起来即产生所谓的随机噪声。

① 热噪声

热噪声是由导体中电子的热振动引起的,它存在于所有电子器件和传输介质中。它是温度变化的结果,但不受频率变化的影响。热噪声在所有频谱中以相同的形态分布,它是不能够消除的,由此对电子电路系统性能构成了上限。电阻热噪声电压随温度升高而上升,且与电流无关,其波形图如图 8.2.9 所示,其振幅概率密度函数呈正态分布。

热噪声属于高斯白噪声。这里的白噪声是指功率谱密度在整个频域内均匀分布的噪声,如图 8.2.10 所示。所有频率具有相同能量密度的随机噪声称为白噪声。从我们耳朵的频率响应听它是非常明亮的"咝"声(每高一个八度,频率就升高一倍。因此高频率区的能量也显著增强)。如果一个噪声,它的幅度分布服从高斯分布(指概率分布是正态函数),而它的功率谱密度又是均匀分布的,则称它为高斯白噪声。

图 8.2.9 电阻热噪声电压波形图

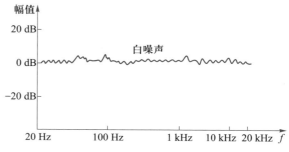

图 8.2.10 白噪声示意图

② 散粒噪声

散粒噪声是半导体的载体密度变化引起的噪声,属于高斯白噪声。散粒噪声是由形成电流的载流子的分散性造成的,在大多数半导体和电子管器件中,由于粒子的随机运动,电流产生一定的波动,都会产生散粒噪声,它是半导体和电子管器件的主要噪声来源。在低频和中频时,散粒噪声与频率无关,高频时,散粒噪声谱变得与频率有关。

当电流流过被测体系时,如果被测体系的局部平衡仍没有被破坏,此时被测体系的散粒效应噪声可以忽略不计。

散粒噪声电压与温度无关,但随着平均电流强度或平均光强度增大而增加。所以电流强度或光强度的增加会使信号本身的强度增加相对散粒噪声的增加更快,所以在电子产品使用中并不用担心增加电流强度或光强度会使噪声增加,实际上反而提升了电子产品的信噪比。

③ 分配噪声

分配噪声只存在于晶体管中,是晶体管集电极电流随基区载流子复合数量的变化而变化所引起的噪声,亦即由发射极发出的载流子分配到基极和集电极的数量随机变化而引起的噪声。分配噪声随着频率的增高而增大,而且存在一个截止频率,当晶体管的工作频率高到一定值后,噪声会迅速增大。

④ 闪烁噪声

闪烁噪声产生的原因与半导体材料制作时表面清洁处理和外加电压有关。它是由有源器件中载波密度的随机波动而产生的,它会对中心频率信号进行调制,并在中心频率上形成两个边带,降低了振荡器的 Q 值。在低频端,闪烁噪声功率与频率成反比地增大。定性地说,这种噪声是 PN 结的表面发生复合、雪崩等引起的。

由于闪烁噪声是在中心频率附近的主要噪声,所以在设计器件模型时必须考虑到它的影响。

⑤ 爆裂噪声

爆裂噪声存在于硅晶体管中,是由于制造工艺中存在缺陷,半导体结合处渗入杂质所导致的。它的振幅比热噪声大 10 倍左右,是一种无规则脉冲的低频噪声,扬声器接收到这种信号会发出类似谷物爆裂般的声音。由于生产工艺的提升,这种噪声在集成电路中并不是主要噪声。

(2) 电阻元器件、晶体管元器件的噪声

在电子电路中,一般以电阻、晶体管类元器件的噪声影响最大。

① 电阻类元器件噪声

典型的电阻器件产生的总噪声以热噪声和闪烁噪声为主。在低频区(小于 1 kHz)时,闪烁噪声占优势;大于1 kHz时,热噪声分量占优势。电阻器总噪声–频率曲线图如图 8.2.11所示。

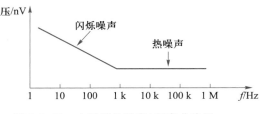

图 8.2.11　电阻器总噪声–频率曲线图

普通合成炭质电阻器的噪声较大,金属膜电阻器的噪声较小,线绕电阻器的噪声最小。因此在低噪声电路中常使用金属膜电阻器或线绕电阻器。

② 晶体管类元器件噪声

晶体管的自身噪声由下列四部分组成:a. 闪烁噪声,其功率谱密度随频率 f 的降低而增加,因此也叫作 $1/f$ 噪声或低频噪声。频率很低时这种噪声较大,频率较高时(几百赫以上)这种噪声可以忽略;b. 热噪声,一般为基极电阻的热噪声和,功率谱密度基本上与频率无关;c. 散粒噪声,功率谱密度基本上与频率无关;d. 分配噪声,其强度与频率的平方成正比,当频率高于晶体管的截止频率时,这种噪声急剧增加。

图 8.2.12 是晶体管噪声系数–频率特性曲线图。对于低频,特别是超低频低噪声放大器,应选用 $1/f$ 噪声小的晶体管;对于中、高频放大器,则应尽量选用截止频率高的晶体管,使其工作频率范围位于噪声系数–频率特性曲线的平坦部分。

在工作频率和信号源内阻均给定的情况下,噪声系数也和晶体管直流工作点有关。发射极电流 I_E 有使噪声系数最小的最佳值,典型的 $F-I_E$ 曲线如图 8.2.13 所示。

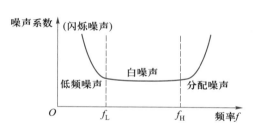
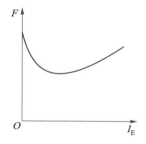

图 8.2.12 晶体管噪声系数–频率特性曲线图   图 8.2.13 典型的 $F-I_E$ 曲线

晶体管放大器的噪声系数基本上与电路组态无关。但共发射极放大器具有适中的输入电阻,F 为最小时的最佳信源电阻 R_S 和此输入电阻比较接近,输入电路大体上处于匹配状态,增益较大。共基极放大器的输入电阻小,共集电极放大器的输入阻抗高,两者均不易同时满足噪声系数小和放大器增益高的条件,所以都不太适于作为放大器前置级之用。为了兼顾低噪声和高增益的要求,常采用共发射极–共基极级联的低噪声放大电路。

对于低噪声电子电路,应该考虑到晶体管既是放大器件,同时又是噪声源,需要使用低噪声工艺的晶体管。低噪声晶体管一般用作各类无线电接收机的高频或中频前置放大器,以及高灵敏度电子探测设备的放大电路。

场效应晶体管没有散粒噪声,在低频时主要是闪烁噪声,频率较高时主要是沟道电阻所产生的热噪声。通常它的噪声比一般的晶体管小,可用于频率高得多的低噪声放大器。

(3) 信噪比和噪声因数

① 信噪比,即 SNR 或 S/N(signal-noise rate),它反映了电子设备的抗干扰能力,狭义来讲是指放大器的输出信号的电压与同时输出的噪声电压的比,常用分贝数表示。一般来说,

信噪比越大,说明混在信号里的噪声越小,信号传输的质量越高,否则相反。信噪比一般不应该低于 70 dB,高保真音箱的信噪比应达到 110 dB 以上。

信噪比的计量单位是 dB,其计算方法是

$$SNR = 10 \ \lg(P_{\mathrm{s}}/P_{\mathrm{n}})$$

其中 P_{s} 和 P_{n} 分别代表信号和噪声的有效功率。

也可以将其换算成电压幅值的比率关系,即

$$SNR = 20 \ \lg(V_s/V_{\mathrm{n}})$$

其中 V_s 和 V_{n} 分别代表信号和噪声电压的"有效值"。

通过计算公式我们发现,信噪比不是一个固定的数值,如果噪声固定的话,显然输入信号的幅度越高信噪比就越高。为了使信噪比能够成为衡量电子设备的一个稳定参考值,在测量时往往给定一个参考信号幅值,具体测量方法见实验步骤。

② 噪声系数(F),是指输入端的信噪比与输出端的信噪比之比,它是表征放大器的噪声性能恶化程度的一个参量,并不是越大越好。它的值越大,说明在传输过程中掺入的噪声也就越大,反映了器件或者信道特性的不理想。

公式表示为:噪声系数(F)= 输入端信噪比/输出端信噪比。

噪声因数(NF),是将噪声系数(F)取对数,并以分贝(dB)表示。

公式表示为:噪声因数(NF)= 10 $\lg F$。

8.2.4 实验步骤

1. 继电器开关对电子电路的干扰观测

(1)将一个继电器开关放置在电子电路旁边,如图 8.2.14(a)所示。

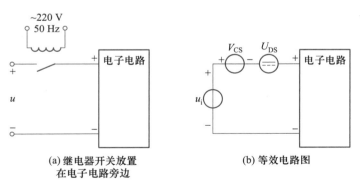

(a)继电器开关放置
在电子电路旁边

(b)等效电路图

图 8.2.14　继电器开关对电子电路的干扰

(2)当继电器开关动作时,50 Hz 交流电在输入线路上产生的电磁感应信号等效为 V_{CS},它与继电器触电热电动势产生的直流干扰信号 U_{DS} 共同组成串模干扰信号 V_{S}。

(3)测量 V_{S},观察并记录波形。重复继电器开关动作,观察波形随继电器开关而产生的变化。

2. 信噪比测量

通过计算公式我们发现,信噪比不是一个固定的数值,它应该随着输入信号的变化而变化,如果噪声固定的话,输入信号的幅度越高信噪比就越高。显然,这种变化着的参数是不能用来作为一个衡量标准的,要想让它成为一种衡量标准,就必须使它成为一个定值。于是,作为器材设备的一个参数,信噪比被定义为了"在设备最大不失真输出功率下信号与噪声的比率",这样,所有设备的信噪比指标的测量方式就被统一起来,大家可以在同一种测量条件下进行比较了。

信噪比通常不是直接进行测量的,而是通过测量噪声信号的幅度换算出来的,通常的方法如下:

(1) 给放大器一个标准信号,通常是 0.775 Vrms 或 2 Vpp,频率为 1 kHz。

(2) 调整放大器的放大倍数使其达到最大不失真输出功率或幅度(失真的范围由厂家决定,通常是 10%,也可能是 1%),记下此时放大器的输出幅值 V_s。

(3) 然后撤除输入信号,测量此时出现在输出端的噪声电压,记为 V_n。

(4) 根据 $SNR = 20 \lg(V_s/V_n)$ 就可以计算出信噪比了。

(5) P_s 和 P_n 分别是信号和噪声的有效功率,根据 $SNR = 10 \lg(P_s/P_n)$ 也可以计算出信噪比。

这样的测量方式完全可以体现被测电子设备的性能。但是,实践中发现,这种测量方式很多时候会出现误差,某些信噪比测量指标高的放大器,实际听起来噪声比指标低的放大器还要大。

经过研究发现,这不是测量方法本身的错误,而是这种测量方法没有考虑到人的耳朵对于不同频率的声音敏感性是不同的,同样多的噪声,如果都是集中在几百到几千赫,和集中在 20 kHz 以上是完全不同的效果,后者我们可能根本就察觉不到。因此就引入了一个"权"的概念。这是一个统计学上的概念,它的核心思想是,在进行统计的时候,应该将有效的、有用的数据进行保留,而无效和无用的数据应该尽量排除,使得统计结果接近最准确,每个统计数据都有一个"权","权"越高越有用,"权"越低就越无用,毫无用处的数据的"权"为 0。于是,经过一系列测试和研究,科学家们找到了一条"通用等响度曲线",这个曲线代表的是人耳对于不同频率的声音的灵敏度的差异,将这个曲线引入信噪比计算方法后,信噪比指标就和人耳感受的结果更为接近了。噪声中对人耳影响最大的频段"权"最高,而人耳根本听不到的频段的"权"为 0。这种计算方式被称为"A 计权",已经成为音响行业中普遍采用的计算方式。

8.2.5 注意事项

1. 观察干扰和噪声时应减少手机、强磁场或其他电子器件对观测产生的影响。

2. 由于外接引线会形成天线作用,引入环境中的干扰和噪声,所以测量时应将电压源、信号源、示波器、电路板上多余的接线去掉,并尽量选择用屏蔽作用的引线连接电压源、信号源、示波器。

3. 分析实验步骤所观测的结果,区分干扰、噪声的不同现象。

8.3　抑　制　技　术

8.3.1 实验目的

1. 了解电子电路抗干扰的主要措施;
2. 掌握常见的电子电路抑制技术。

8.3.2 实验器材

1. 印制电路板 1 块;
2. 开关电源 1 个;
3. 示波器、信号发生器、稳压电源、万用表各 1 台。

8.3.3 实验原理

1. 抑制技术概述

噪声是一种电子信号,干扰是指某种效应,是由于噪声原因对电路造成的一种不良反应。而电路中存在着噪声,却不一定就有干扰。在数字电路中,往往可以用示波器观察到在正常的脉冲信号上混有一些小的尖峰脉冲,这些脉冲是我们所不期望的,是一种噪声。但由于电路特性的关系,这些小尖峰脉冲还不至于使数字电路的逻辑受到影响而发生混乱,所以可以认为是没有干扰。

当一个噪声电压大到足以使电路受到干扰时,该噪声电压就称为干扰电压。而一个电路或一个器件,它能保持正常工作时所加的最大噪声电压,称为该电路或器件的抗干扰容限或抗扰度。一般说来,噪声很难消除,但可以设法降低噪声的强度或提高电路的抗扰度,以使噪声不至于形成干扰。

在传统观念中,所有不希望出现的信号都属于干扰。但根据新的国家标准,有些对电路无害的信号可以不认定为干扰,这取决于电路设备对干扰的抵抗性能。例如在电磁兼容的定义中,认为设备或系统在电磁环境中能正常工作且不对该环境中任何事物构成不能承受的电磁骚扰的能力越强,其电磁兼容性就越好。而不同的电子设备或系统,对电磁兼容性能的要求级别亦不同。

因此,在进行电路抑制技术时,并不是要消灭某些噪声或干扰,而是要尽可能地减少其影响。通常情况下,我们会采取切断传播途径、隔离元器件、屏蔽电子设备、电子滤波等措施来达到抑制噪声与干扰的目的。

从广义上讲,噪声与干扰是同义词,是指有用信号以外的无用信号。在测量中它严重影响有用信号的测量精度,特别是妨碍微弱信号的检测。一般来说,噪声是很难消除的,但可以降低噪声的强度,消除或减小其对测量的影响。

(1)噪声干扰的来源与耦合方式

要想设法抑制噪声和干扰,必须首先确定产生噪声的噪声源是什么,接收电路是什么,噪声源和接收电路之间是怎样耦合的,然后才能分别采用相应的方法。这就是平常所说的形成噪声的三要素,即:噪声源(如电磁干扰源)、噪声接收电路(如接收机)及噪声传播路径(耦合通道),如图 8.3.1 所示。具体内容在 8.2 节中有详细介绍,此处不再赘述。

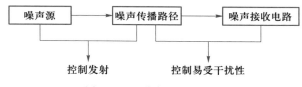

图 8.3.1　噪声形成三要素

(2)抑制噪声干扰的方法

抑制噪声干扰通常考虑三个方面:对于噪声源,应抑制噪声源产生的噪声;对于噪声敏感的接收电路,应使接收电路对噪声不敏感;对于耦合通道,可隔离耦合通道的传输。

① 抑制噪声源产生的噪声

不难理解,在噪声发源处采取措施不让噪声传播出来,问题会迎刃而解。因此在遇到干扰时,无论情况怎样复杂,首先要查找噪声源,然后研究如何将噪声源的噪声抑制下去。工作现场常见的噪声源有电源变压器、继电器、白炽灯、电机运转、集成电路处于开关工作状态等,应根据不同情况采取适当措施,如电源变压器采取屏蔽措施,继电器线圈并接二极管等。

② 使接收电路对噪声不敏感

这种解决方法有两方面含义:一是将易受干扰的元器件甚至整个电路屏蔽起来,如对多级放大器中的第一级放大电路,可以用屏蔽体罩起来,使外来噪声尽量少进入放大器中;二是使放大器本身固有噪声尽量变小,因此通常选用噪声系数小的元器件,并通过合理布线来降低前置放大器的噪声。

③ 隔离耦合通道的传输

根据噪声传播途径的不同,采用相应手段将传播切断或削弱,从而达到抑制噪声的目的。

2. 常见抑制技术

由于干扰和噪声的产生原因和表现形式十分复杂,所以抑制手段和措施也多种多样。

尤其是在多种干扰源和噪声同时存在的情况下,甚至抑制手段本身也可能成为新的干扰源。因此,抑制手段的选择和采用需要在使用前仔细权衡,并在实践中反复摸索,才能融会贯通。下面介绍几种常用的抑制和消减干扰噪声的措施,电路设计者应从电路设计时便开始考虑,预防在先。

（1）元器件选择

在 8.2 节中我们得知,不同材质的元器件本身就具有不同的噪声特性。

一般来说,低噪声电路中常使用金属膜电阻器元件,或采用云母和瓷介质电阻器元件;选择电容时,可选用漏电流较小的钽电解电容。

对于前置放大电路来说,其噪声必须很低,否则将直接在放大电路中放大,并影响电路的静态工作点,造成信号失真等现象,因此器件和电路耦合方式的选择都较严格。

① 前置放大电路的晶体管往往是结型场效应晶体管,因为与其他晶体管相比,结型场效应晶体管具有高输入阻抗和较小的噪声,常用于低噪声的前置放大电路。

② 前置放大电路经常采用直接耦合的方式,即传感器与前置放大器直接连接,不引入中间匹配网络。为了兼顾低噪声和高增益的要求,常采用共发射极 – 共基极级联的低噪声放大电路。

通过查阅元器件手册,可以很全面地看到其在电子电路中直流或交流、低频或高频的应用特性。合理选择元器件,是减少噪声产生的第一步。

（2）合理布局

印制电路板的印制线排列过密、强电流印线与数字信号线距离过近、出现环形线路布局等情况,都会给电子产品中的相关电路带来干扰。很多时候,在电路检测调试中,原因不明而且难以排除的干扰大多是电路板布局过密过乱造成的。合理的电路板布局,有利于降低和消除各种因素造成的干扰。

印制电路板的合理布局应该将合理安排印刷线路板元器件布局结构、正确选择布线方向、整体仪器的工艺结构三方面联合起来考虑。合理的布局设计,既可消除因布线不当而产生的噪声干扰,同时便于生产中的安装、调试与检修等。

布局的基本原则是:在完成电路原理和工艺规则要求的基础上,最大限度地减少无用信号的相互耦合。布局中需要注意的细节很多,只要掌握基本原则,并在实践中不断练习掌握,就能将要领融会贯通,减少干扰现象。具体常用的布局规范有以下内容。

① 布局和线要有合理的走向

应按照输入/输出,交流/直流,强/弱,高频/低频,高压/低压等顺序进行布局,它们的走向应该是呈线形的,不得相互交融,防止相互干扰。最好的布线走向是直线,最不利的布线走向是环形,应尽可能地减小环路面积,尤其是时钟信号等高速、高频电路,以抑制电磁辐射干扰。

在双层或多层印制电路板中,相邻两层间的走线必须遵循垂直走线的原则,否则会造成线间的串扰,增加 EMI 辐射。如遇到线间交叉的情况,在双层或多层印制电路板中,可以采用过孔处理。直流、小信号、低电压电路板设计的要求可以低些,但是注意过孔不应太多,否则生产印制电路板时沉铜工艺稍有不慎就会埋下隐患。所以,设计中应把握过孔数量。

② 布线线条要讲究

A. 有条件做宽的布线决不做细。强电流引线应尽可能宽些,如公共地线、功放电流引线等。因为印制电路板上的铜箔很薄,大约为 35 μm,一段 1 mm 宽的走线比同样长度为 Φ0.2 mm 的铜导线的电阻还要大。因此印制电路板上强电流的走线应尽可能宽,甚至大面积布铜,以免引起发热甚至烧毁板基和铜箔。例如印制电路板上的公共地线,常使用大面积覆铜,以减小阻抗,加强散热,这对接地点问题有相当大的改善。在一些大面积布线仍不满足散热的元器件上(如电源、大功率输出端),还会加设散热片或风扇。

B. 布线应圆滑,不得有尖锐的倒角,拐弯也不得采用直角。尤其是高压及高频线,对于高频电流来说,当导线的拐弯处呈现直角甚至锐角时,在靠近弯角的部位,磁通密度及电场强度都比较高,会辐射较强的电磁波,而且此处的电感量会比较大,感抗便也比钝角或圆角要大一些。此外,在制作印制电路板时,锐角容易出现工艺残留腐蚀液的现象,从而造成过度腐蚀,这对细线影响很大。

C. 信号线长度不能过长,应尽可能短,尤其在高频信号线中很容易产生传输线效应问题。传输线效应是指高频电磁波在印制电路板内线路、通信的电缆等导电介质传输的过程中,发生的信号反射、干涉、振铃效应、天线效应、衰减、叠加等各种信号畸变的情况。

在设计高频或有高速跳变边沿信号的电子电路时,就必须考虑到传输线效应问题。应检查信号线的长度和信号的频率是否构成谐振,当布线长度为信号波长的 1/4 的整数倍时,此布线将产生谐振,而谐振就会辐射电磁波,产生干扰。现在普遍使用的高时钟频率快速集成电路芯片都会存在这样的问题。一般来说,如果采用 CMOS 或 TTL 电路进行设计,工作频率小于 10 MHz,布线长度应不大于 1.778 cm;工作频率为 50 MHz,布线长度应不大于 3.81 cm;如果工作频率达到或超过 75 MHz,布线长度应为 2.54 cm。高频芯片(GaAs 芯片)最大的布线长度应为 0.762 cm。如果超过这个标准,就存在传输线的问题。

D. 阻抗高的走线尽量短,阻抗低的走线可长一些。因为阻抗高的走线容易发射和吸收信号,引起电路不稳定。电源线、地线、无反馈元器件的基极、发射极引线都属于低阻抗走线。射级跟随器的基极、放大器集电极(如中频变压器)的走线都属高阻抗走线。要根据流通引线的电流、电压选择引线粗细,外接导线时不同功能的引线还应用颜色区分。

③ 做好信号分区隔离

在布局上,要把模拟信号部分、高速数字电路部分、噪声源部分(如继电器、大电流开关等)这三部分合理地分开,使相互间的信号耦合最小。高、中、低速逻辑电路在印制电路板上要用不同区域。低电子信号通道不能靠近高电平信号通道和无滤波的电源线,包括能产生瞬态过程的电路。有必要时应加入光耦等隔离器件对模拟信号和数字信号进行隔离。

集成芯片输入端与输出端、反馈线条应尽量远离干扰源(如 PFC 电感、PFC 二极管、MOS 管)的引线,应避免相邻平行,以免产生反射干扰。必要时应加地线隔离,两相邻层的布线要互相垂直,平行时容易产生寄生耦合。

④ 做好地线布局

A. 由于地线往往流经较强电流,所以常采用大面积覆铜的处理方法。双层印制电路板的上层尽可能用宽线,地线尽量布在上层。多层印制电路板应用一层作为地线、一层作为电源线,以充分利用层间电容去耦,减小干扰。对数字电路(高频电路)的印制电路板可用宽的地导线组成一个包围式的回路,即构成一个地网来起到屏蔽效果,但模拟电路的地线不能这样使用。

B. 数字电路与模拟电路的共地处理。对于数模混合电路,布线时就需要考虑它们之间互相干扰问题,特别是地线上的噪声干扰。数字电路的频率高,模拟电路的敏感度强。对信号线来说,高频的信号线应尽可能远离敏感的模拟电路器件。但对地线来说,整个印制电路板对外界只有一个节点,所以必须在电路板内部处理数、模共地的问题。在电路板内部,数字地和模拟地实际上是分开的,它们之间互不相连,只是在 PCB 与外界连接的接口处(如插头等),数字地与模拟地有一点短接。请注意,只有一个连接点,如果整个系统提供数模外接的分别接地点,也可以在印制电路板上不共地,这由系统设计来决定。

C. 电源与地线的布局处理。较常用的降低抑制噪声的方法有两种:一是在电源、地线之间加上去耦电容;二是尽量加宽电源、地线宽度,最好是地线比电源线宽,它们的宽度关系是:地线>电源线>信号线。通常信号线宽为 0.2 ~ 0.3 mm,最细宽度可达 0.05 ~ 0.07 mm;电源线宽度为 1.2 ~ 2.5 mm;地线则采用大面积覆铜处理。

D. 同一级电路的接地点应尽量靠近,本级电路电源滤波电容器也应该接在同级接地点上。特别是本级晶体管基极、发射极的接地点不能离得太远,否则两个接地点间的铜箔太长会引起干扰和自激。

不同级的电路地线应采用地线割裂法,即使各级地线自成回路,不直接连接,只在本级电路之外,与公共地有一个连接点。这样能避免各级电流通过地线产生相互间的干扰。

E. 总地线必须严格按照高频→中频→低频,逐级地按从弱电流到强电流的顺序排列。级与级之间宁可接线长些,也不可翻来覆去地连接。

F. 立体声扩音机、收音机、电视机等的两个声道地线必须分开,各自成为一路,一直到功放末端才能再合起来。否则两路地线连接中极易产生串音,使分离度下降。

⑤ 设备导线处理

电子电路及设备的内部和外部,常接有不同的导线线缆。这些线缆若胡乱捆扎在一起,又没有任何屏蔽、滤波、接地措施,则不仅会在传输高、低电平信号的导线之间相互产生干扰,也会给后期采用屏蔽滤波等补救措施带来不便。正确的导线处理也是一种电磁兼容性设计措施,它能大大地降低电磁干扰,不需增加工序却可收到较满意的效果。常用的处理原则如下:

A. 机箱中各种裸露走线要尽可能短。

B. 传输不同电子信号的导线分组捆扎,数字信号线和模拟信号线也应分组捆扎,并保持适当的距离,以减小导线间的相互影响。

C. 对于经常用来传递信号的扁平带状线,应采用"地→信号→地→信号→地"的排列方式,这样不仅可以有效地抑制干扰,也可明显提高信号线的抗干扰度。

D. 将低频进线和回线绞合在一起,形成双绞线,这样两线之间存在的干扰电流几乎大小相等方向相反,其干扰场在空间可以相互抵消,从而减小干扰。

E. 对能确定的、辐射干扰较大的导线加以屏蔽。所有敷设在屏蔽钢管内的电缆和导线都要进行适合的搭配和接地,高电压电缆的屏蔽必须接地,终端要有压线端子、开关装置、配电板、配电箱和分线盒的机架与机壳,在需要的地方都必须接地。

F. 在音频敏感电路周围使用磁屏蔽,以减少同电源线的耦合。可以用这样的方法来有效地减少 400 Hz/50 Hz 交流声。输入电路用差分方式,输入信号用双绞线。

⑥ 其他注意事项

印制电路板布局中的注意细节还有很多,需要在实践中不断积累经验,重要的举例如下。

A. 电磁滤波器要尽可能靠近电磁源,并放在同一块线路板上。例如,电源滤波/退耦电容在设计时,一般在原理图中仅画出若干电源滤波/退耦电容,但未指出它们各自应接于何处。其实这些电容是为开关器件(门电路)或其他需要滤波/退耦的部件而设置的,布置这些电容就应尽量靠近这些元部件,离得太远就没有作用了。

B. DC/DC 变换器、开关元件和整流器应尽可能靠近变压器放置,以使其导线长度最小。

C. 时钟发生器、晶振和 CPU 的时钟输入端都易产生噪声,要相互靠近些。

D. 在 X 电容、PFC 电容引脚附近,铜条要收窄,以便充分利用电容滤波。

E. 变压器一次侧地和二次侧地之间或直流正极和二次侧地之间应接一个电容,为共模干扰提供放电。变压器的内屏蔽层应接一次侧直流正极,以抑制二次侧共模干扰。

F. 交流回路应远离 PFC、PWM 回路,以减少来自后者的干扰。

(3) 电源处理

① 线性电源(电网电源)的处理

我们通常在产品中用的电源主要有线性电源和开关电源两大类。线性电源输出的直流电压是一个固定值,由市电电网的交流电压经整流后得到。但在市电电网中,常常会有电力谐波的干扰和影响。

电力谐波主要由非线性负荷产生,非线性负荷吸收的电流与端电压不呈线性关系,结果电流发生波形畸变且导致端电压波形畸变。产生电力谐波的设备非常广泛,主要有变频调速器、直流调速系统、整流设备、中高频感应加热设备、晶闸管温控加热设备、焊接设备、电弧炉、电力机车、不间断电源、计算机、通信设备、音像设备、充电器、变频空调、晶闸管调光设备、电子节能灯等。

电力谐波不仅会影响干扰临近的电子设备,还会增加电力设施负荷,降低系统功率因数,降低发电、输电及用电设备的有效容量和效率;引起无功补偿电容器谐振和谐波放大,导致电容器因过电流或过电压而损坏或无法投入运行;产生脉动转矩致使电动机振动,影响产品质量和电机寿命;由于涡流和集肤效应,电机、变压器、输电线路等会产生附加功率损耗而过热;增加绝缘介质的电场强度,降低设备使用寿命;零序谐波电流导致三相四线系统的中线过载,并在三角接法的变压器绕组内产生环流;引起继电保护设施的误动作,造成继电保护等自动装置工作紊乱;改变电压或电流的变化率和峰值,延缓电弧熄灭,影响断路器的分断容量;使计量仪表特别是感应式电能表产生计量误差。

　　此外,电源线还有着天线的作用,可以接收天空中的杂散电磁波,并将其传送到电子设备中。因此电子设备在接入市电电网时,应进行滤波处理。

　　通常这类干扰的频率较高,可用 *LC* 滤波器电路予以抑制。*LC* 滤波器,又称无源滤波

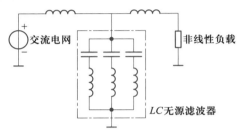

器,它利用电容、电感在某一谐波频率时发生谐振,呈低阻抗,与电网阻抗形成分流的关系,使大部分该频率的谐波流入滤波器,能够同时补偿电网中的感性无功功率。由于 *LC* 无源滤波器具有投资少、效率高、结构简单、运行可靠及维护方便等优点,所以它是目前广泛采用的抑制谐波及无功补偿的手段。*LC* 滤波器在电网滤波中的应用如图 8.3.2 所示。

图 8.3.2　*LC* 滤波器在电网滤波中的应用

　　上述由电抗器与电容器串联谐振所构成的 *LC* 无源滤波支路称作单调谐滤波器,是最简单也是最常用的无源滤波支路。除此之外,还有许多其他类型的无源滤波支路,如图 8.3.3 所示。

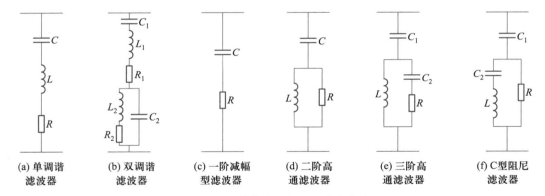

图 8.3.3　其他类型的无源滤波支路

　　② 开关电源的处理

　　开关电源产生的纹波噪声比较复杂、很难滤除且幅值较大,主要来源于五个方面:低频纹波、高频纹波、共模噪声、开关器件产生的噪声和调节控制环路引起的纹波噪声。一般开关电源的纹波比线性电源的纹波要大,频率要高。下面分别介绍除低频纹波之外的其他几种纹波噪声。

　　A. 高频纹波。高频纹波来源于开关变换电路。开关电源的开关管在导通和截止的时候,都会有一个上升和下降时间,这时候在电路中就会出现一个和开关上升与下降时间的频

率相同或者是其奇数倍频的噪声,一般为几十兆赫。同样二极管在反向恢复瞬间,其等效电路为电阻电容和电感的串联,会引起谐振,产生的噪声频率也为几十兆赫。还有高频变压器的漏感也会产生高频干扰。这些噪声一般叫作高频纹波噪声,幅值通常要比纹波大得多,如图 8.3.4 所示。

B. 共模噪声。功率器件与散热器底板和变压器一次侧与二次侧之间存在寄生电容,导线存在电感,因此当电压作用于功率器件时,开关电源的输出端会产生共模纹波噪声。

C. 开关器件产生的噪声。随着开关的开启和关闭的切换,电感 L 中的电流也是在输出的有效值下波动,所以在输出端也会出现一个与开关同频率的纹波噪声。

D. 调节控制环路引起的纹波噪声。实际电路中控制环路要有时间响应,不能做到线性调节,故输出电压瞬间会忽高忽低,甚至有可能造成电源系统的振荡,由此产生了噪声纹波。

抑制纹波电压的通常做法是:加大滤波电路中电容容量;采用 LC 滤波电路;采用多级滤波电路;以线性电源代替开关电源;合理布线等。但如果能有针对性地采取措施可能会起到事半功倍的效果。下面介绍几种抑制纹波电压的方法。

A. 加大电感和输出电容滤波

根据开关电源的公式,电感内电流波动大小和电感值成反比,输出纹波和输出电容值成反比。所以加大电感值和输出电容值可以减小纹波。

通常的做法是,对于输出电容,使用铝电解电容以达到大容量的目的。但是电解电容在抑制高频噪声方面效果不是很好,而且 ESR 也比较大,所以会在它旁边并联一个陶瓷电容,来弥补铝电解电容的不足。同时,开关电源工作时,输入端的电压不变,但是电流是随开关变化的。这时输入电源不会很好地提供电流,通常在靠近电流输入端(以 BUCK 型开关电路为例,是开关 T 附近)并联电容来提供电流。

这种做法对减小纹波的作用是有限的。因为体积限制,电感不会做得很大;输出电容增加到一定程度,对减小纹波就没有明显的效果了;增加开关频率,又会增加开关损失。所以在要求比较严格时,这种方法并不是很好。关于开关电源的原理等,可以参考各类开关电源设计手册。应用该对策后,改变电容电感滤波的开关电源电路如图 8.3.5 所示。

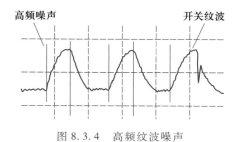

图 8.3.4　高频纹波噪声　　　　图 8.3.5　改变电容电感滤波的开关电源电路

B. 二级滤波

二级滤波就是再加一级 LC 滤波器。LC 滤波器对噪声纹波的抑制作用比较明显,根据要除去的纹波频率选择合适的电感电容构成滤波电路,一般能够很好地减小纹波。但是,这种情况下需要考虑反馈比较电压的采样点。二级滤波的开关电源电路如图 8.3.6 所示。

采样点选在 LC 滤波器之前(P_a),输出电压会降低。因为任何电感都有一个直流电阻,当有电流输出时,在电感上会有压降产生,导致电源的输出电压降低。而且这个压降是随输出电流变化的。

采样点选在 LC 滤波器之后(P_b),这时输出电压就是我们所希望得到的电压。但是这样等于在电源系统内部引入了一个电感和一个电容,有可能会导致系统不稳定,需要增加让系统稳定的措施。

C. 开关电源输出之后,接 LDO 滤波

这是减少纹波和噪声最有效的办法,输出电压恒定,不需要改变原有的反馈系统,但也是成本最高、功耗最高的办法。LDO(low dropout regulator)意为低压差线性稳压器,LDO 滤波是指在电源的输入端加入线性稳压器,以保证电源电压恒定和实现有源噪声滤波。传统的线性稳压器,如 78×× 系列的芯片都要求输入电压要比输出电压高出 2 ~ 3 V 甚至更多,否则就不能正常工作。但是在一些情况下,这样的条件显然是太苛刻了,如输入为 5 V,输出为3.3 V,输入与输出的电压差只有 1.7 V,显然是不满足条件的。针对这种情况,出现了 LDO 类的电源转换芯片。

任何一款 LDO 都有一项指标:噪音抑制比,这是一条频率-dB 曲线。经过 LDO 之后,开关纹波一般在 10 mV 以下。图 8.3.7 是 LT3024 的噪音抑制比曲线仿真图。

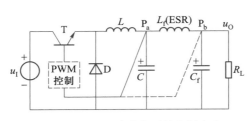

图 8.3.6　二级滤波的开关电源电路

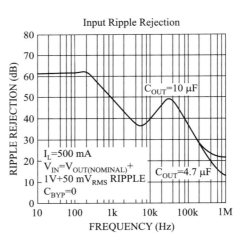

图 8.3.7　LT3024 的噪音抑制比曲线仿真图

可以看出对于几百千赫的开关纹波,LDO 的抑制效果非常好。但在高频范围内,该 LDO 的效果就不那么理想了。开关电源的电路布线也非常关键,可参考前文中对布线原则的阐述。

D. 在二级滤波电路二极管上并联电容 C 或 RC

对于高频噪声,由于频率高幅值较大,后级滤波虽然有一定作用,但效果不明显。简单

的抑制做法是在二极管上并联电容 C 或 RC,或串联电感。图 8.3.8 是实际使用的二极管的等效电路。二极管高速导通截止时,要考虑寄生参数。在二极管反向恢复期间,等效电感和等效电容成为一个 RC 振荡器,产生高频振荡。为了抑制这种高频振荡,需在二极管两端并联电容 C 或 RC 缓冲网络。电阻一般取 $10\ \Omega \sim 100\ \Omega$,电容取 $4.7\ \text{pF} \sim 2.2\ \text{nF}$。

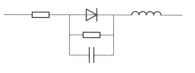

图 8.3.8 实际使用的二极管的等效电路

在二极管上并联的电容 C 或者 RC,其取值要经过反复试验才能确定。如果选用不当,反而会造成更严重的振荡。

E. 在二级滤波电路二极管后接电感(EMI 滤波)

这也是常用的抑制高频噪声的方法。针对产生噪声的频率,选择合适的电感元件,同样能够有效地抑制噪声。需要注意的是,电感的额定电流要满足实际的要求。

(4) 屏蔽

屏蔽可以有效减弱电磁干扰。屏蔽的方式有静电屏蔽和电磁屏蔽。屏蔽的对象可以是干扰源,也可以是被干扰电路(或部分电路、元器件等),根据屏蔽的效果和可行性来决定。

① 静电屏蔽

静电屏蔽是通过将一个区域封闭起来的壳体实现的,其示意图如图 8.3.9 所示。这个壳体对它的内部起到"保护"作用,使它的内部不受外部电场的影响。壳体可以做成金属隔板式、盒式,也可以做成电缆屏蔽和连接器屏蔽。屏蔽的壳体一般有实心型、非实心型(如金属网)和金属编织带几种类型,后者主要用作电缆的屏蔽。屏蔽效果优与劣,不仅与屏蔽材料的性能有关,也与屏蔽与静电源距离,以及壳体上可能存在的各种不连续的孔洞和数量有关。

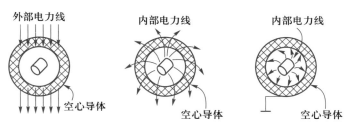

图 8.3.9 静电屏蔽示意图

若要取得好的静电屏蔽效果,首先要使屏蔽体接地,才能保证屏蔽体上感应的静电荷泄漏,使屏蔽体内的电路不受静电场干扰。其次,要尽量使屏蔽体将被屏蔽的物体包围起来,从而使干扰源和被干扰部件的耦合电容降到最小。当干扰频率和振幅固定时,可采用改变导线走向、拉开两线间距离等措施来降低耦合电容干扰。

静电屏蔽是很多仪表电路防静电干扰的重要措施之一,同时也用于防止静电源对外界的干扰。在工程技术中,如果需要屏蔽的区域较大,还可采用金属屏蔽网,也有良好的屏蔽效果。在电子仪器中,为了免受静电干扰,常利用接地的仪器金属外壳作为屏蔽装置。电测量仪器中的某些连接线的导线绝缘外面有一层金属丝网作为屏蔽。某些用途的电源变压器中,常在一次绕组与二次绕组之间放置一不闭合的金属薄片作为屏蔽装置。

② 磁屏蔽

磁屏蔽是指用铁磁性材料制成的屏蔽罩,其示意图如图 8.3.10 所示,它是把需防干扰

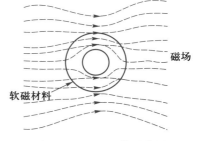

的部件罩在里面,使它和外界磁场隔离,也可以把那些辐射干扰磁场的部件罩起来,使它不能干扰别的部件。由于磁屏蔽外壳的磁阻很小,它为外界干扰磁场提供了通畅的磁路,使磁力线都通过外壳短路而不再影响被屏蔽在里面的部件。屏蔽罩的形状对屏蔽效果影响很大,圆柱形屏蔽罩效果最好。

图 8.3.10　磁屏蔽示意图

在实践中,要达到完全的屏蔽是极不容易的。总有一些磁场要漏进屏蔽罩内或者跑出屏蔽罩外。要达到好的屏蔽效果,必须选用磁导率高的材料,如坡莫合金、硅钢片等软磁材料,而且不要太薄,屏蔽罩在结构设计中,接缝要尽量少,在制作时接缝处要紧密,尽量减少气隙。总之屏蔽罩的磁阻越小则屏蔽效果越好。如果在低频交变磁场中,需要进行屏蔽时,例如电源变压器需要屏蔽时,都是按以上磁屏蔽的原则处理的。屏蔽要求较高时,还可以采用多层屏蔽。

在高频交变磁场中,屏蔽原理就完全是另一种概念。这时是利用涡流现象,以导电材料制成屏蔽罩。在高频干扰磁场中,屏蔽罩中会产生涡流。由于涡流产生的磁场有抵消外磁场的作用,当外磁场的交变频率越高,产生的涡流现象越严重,从而抵消外界磁场的作用越大。所以在进行高频屏蔽时,不必用很厚的铁磁性材料作为屏蔽罩,而是用导电性好的铜片或铝片作为屏蔽罩,对要求高的屏蔽罩,常是在铜壳上再镀一层银,提高屏蔽罩导电性能,则屏蔽效果就更好。

在实际应用中,静电屏蔽和磁屏蔽往往综合使用。如变压器的绕组之间加上接地的静电屏蔽,以防止干扰脉冲或干扰频率的扩散和干扰。同时变压器铁心和线圈则包围在磁性钢壳内。

(5) 接地

电路系统中的接地有三种:一是为了保证人身安全,将强电系统中电气设备(如发电机、变压器等)的外壳接地,防止触电;二是为了在电子电路中将其当作电位参考点而接地;三是为了保障电子电路设备、测量仪器仪表等免受干扰而采用的抑制技术。本节中所讲的接地主要是指第三种。

接地的方法很多,具体使用那一种方法取决于系统的结构和功能。接地的一般原则是:尽量减小接地回路的阻抗;接地回路中尽量不出现电流;不能形成接地环路。

"接地"的概念首次出现在电话的设计开发中。1881 年初开始采用单根电缆作为信号通道,大地作为公共回路,这就是第一个接地问题。但是用大地作为信号回路会导致地回路中的过量噪声和大气干扰。为了解决这个问题,增加了信号回路线。现在存在的许多接地

方法都是来源于过去成功的经验,具体如下。

① 单点接地

单点接地是指所有电路的地线接到公共地线的同一点,最大好处是没有地环路,相对简单。但地线往往过长,导致地线阻抗过大。单点接地是为许多在一起的电路提供公共电位参考点的方法,这样信号就可以在不同的电路之间传输。若没有公共参考点,就会出现错误信号传输。单点接地要求每个电路只接地一次,并且接在同一点,该点常常以地球为参考。

单点接地可分为串联单点接地和并联单点接地两种形式,如图 8.3.11 所示。

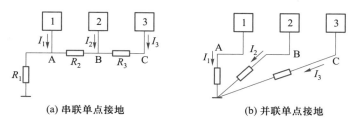

(a) 串联单点接地　　(b) 并联单点接地

图 8.3.11　串联/并联单点接地示意图

串联单点接地中,由于许多电路之间有公共阻抗,所以相互之间由公共阻抗耦合产生的干扰十分严重。串联单点接地的优点是电路设计简单,容易实现,在实际中最为常见。但在大功率和小功率电路混合的系统中,切忌使用,因为大功率电路中的地线电流会影响小功率电路的正常工作。另外,最敏感的电路要放在 A 点,这点电位最稳定。例如,放大器功率输出级要放在 A 点,前置放大器放在 B、C 点。

并联单点接地可以解决公共阻抗问题,但是并联单点接地往往由于地线过多,可实现性小于串联单点接地。因此,实践中常采用串联、并联混合接地。即将电路按照信号特性分组,相互不会产生干扰的电路放在一组,一组内的电路采用串联单点接地,不同组的电路采用并联单点接地。这样,既解决了公共阻抗耦合的问题,又避免了地线过多的问题。分组并联单点接地示意图如图 8.3.12 所示。

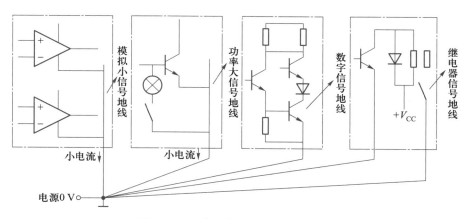

图 8.3.12　分组并联单点接地示意图

单点接地只在低频的场合可以起到抑制干扰的作用。在高频时,只能通过减小地线阻抗(减小公共阻抗)来解决。由于趋肤效应,电流仅在导体表面流动,所以增加导体的厚度并不能减小导体的电阻。在导体表面镀银能够降低导体的电阻。

② 多点接地

多点接地是指所有电路的地线就近接地,其示意图如图 8.3.13 所示。地线很短,且电感小,因此其适用于高频场合。在高频电路和数字电路中经常使用多点接地。电路的接地线要尽量短,以减小电感。在频率很高的系统中,通常接地线要控制在几毫米的范围内。在多点接地系统中,每个电路就近接到低阻抗的地线面上,如机箱。

多点接地的缺点是存在地环路,容易产生公共阻抗耦合。在低频的场合,通过单点接地可以解决这个问题。但在高频时必须使用多点接地,只能通过减小地线阻抗(减小公共阻抗)来解决阻抗问题,即要求每根接地线的长度小于信号波长的 1/20。

通常频率在 1 MHz 以下时,可以用单点接地;频率在 10 MHz 以上时,可以用多点接地;频率在 1 MHz 和 10 MHz 之间时,如果最长的接地线不超过波长的 1/20,可以用单点接地,否则用多点接地。

③ 混合接地

混合接地既包含了单点接地的特性,又包含了多点接地的特性。例如,系统内的电源需要单点接地,而射频信号又要求多点接地,这时就可以采用图 8.3.14 所示的电容耦合混合接地。对于直流信号,电容是开路的,电路是单点接地;对于射频信号,电容是导通的,电路是多点接地。

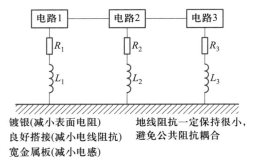

镀银(减小表面电阻)　　地线阻抗一定保持很小,
良好搭接(减小电线阻抗)　避免公共阻抗耦合
宽金属板(减小电感)

图 8.3.13　多点接地示意图

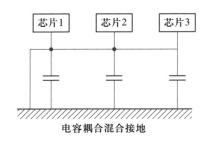

电容耦合混合接地

图 8.3.14　电容耦合混合接地示意图

在考虑接地问题时,要考虑两个方面的问题,一个是系统的自兼容问题,另一个是外部干扰耦合接地回路,导致系统的错误工作。当许多相互连接的设备体积很大(设备的物理尺寸和连接电缆与任何存在的干扰信号的波长相比很大)时,就存在通过机壳和电缆的作用产生干扰的可能性。当发生这种情况时,干扰电流的路径通常存在于系统的接地回路中。由于外部干扰常常是随机的,所以解决起来往往更难。在进行接地设计时,应注意以下要求。

第一,安全接地。使用交流电的设备必须通过黄绿色安全地线接地,否则当设备内的电源与机壳之间的绝缘电阻变小时,会导致电击伤害。

第二,雷电接地。设施的雷电保护系统是一个独立的系统,由避雷针、下导体和与接地系统相连的接头组成。该接地系统通常与用作电源参考地及黄绿色安全地线的接地是共用的。雷电放电接地仅对设施而言,设备没有这个要求。

第三,电磁兼容接地。出于电磁兼容设计而要求的接地如下。① 屏蔽接地:为了防止电路之间由于寄生电容存在产生相互干扰、电路辐射电场或对外界电场敏感,必须进行必要的隔离和屏蔽,这些隔离和屏蔽的金属必须接地;② 滤波器接地:滤波器中一般都包含信号线或电源线到地的旁路电容,当滤波器不接地时,这些电容就处于悬浮状态,起不到旁路的作用;③ 噪声和干扰抑制:对内部噪声和外部干扰的控制需要设备或系统上的许多点与地相连,从而为干扰信号提供"最低阻抗"通道;④ 电路参考:电路之间信号要正确传输,必须有一个公共电位参考点,这个公共电位参考点就是地。因此所有互相连接的电路必须接地。以上所有理由形成了接地的综合要求。但是,一般在设计要求时仅明确安全和雷电防护接地的要求,其他均隐含在用户对系统或设备的电磁兼容要求中。

（6）滤波

滤波是将信号中特定波段频率滤除的操作,是抑制和防止干扰的一项重要措施。滤波通常采用的实现形式有以下几种。

① 去耦电容

我们经常可以看到,在电源和地之间连接着去耦电容,它有三个方面的作用:一是作为本集成电路的蓄能电容;二是滤除该器件产生的高频噪声,切断其通过供电回路进行传播的通路;三是防止电源携带的噪声对电路构成干扰。在电子电路中,当去耦电容放在电路前级,用于对输入信号中的高频噪声杂波进行滤除时,习惯上也称之为旁路电容,图 8.3.15 所示为去耦电容的位置示意图。

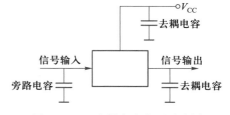

图 8.3.15　去耦电容位置示意图

数字电路中典型的去耦电容值是 0.1 μF。这个电容的分布电感的典型值是 5 μH。0.1 μF 的去耦电容有 5 μH 的分布电感,它的并行共振频率在 7 MHz 左右,也就是说,对于 10 MHz 以下的噪声有较好的去耦效果,对 40 MHz 以上的噪声几乎不起作用。1 μF、10 μF 的电容,并行共振频率在 20 MHz 以上,去除高频噪声的效果要好一些。每 10 片左右集成电路要加一片充放电电容,或 1 个蓄能电容,可选 10 μF 左右。高频旁路电容一般比较小,谐振频率一般是 0.1 μF、0.01 μF 等,可以依据电路中分布参数以及驱动电流的变化大小来确定谐振频率的值,可按 $C=1/F$,即 10 MHz 取 0.1 μF,100 MHz 取 0.01 μF。

去耦电容器选用及使用注意事项如下:

A. 一般在低频耦合或旁路,电气特性要求较低时,可选用纸介、涤纶电容器;在高频高压电路中,应选用云母电容器或瓷介电容器;在电源滤波和退耦电路中,可选用电解电容器。中、高频电路中最好不用电解电容,电解电容是两层薄膜卷起来的,这种卷起来的结构在高频时表现为电感,要使用钽电容或聚碳酸酯电容。

B. 在振荡电路、延时电路、音调电路中,电容器容量应尽可能与计算值一致。在各种滤波及网(选频网络)中,电容器容量要求精确;在退耦电路、低频耦合电路中,对同两级精度的要求不太严格。

C. 电容器额定电压应高于实际工作电压,并要有足够的余地,一般选用耐压值为实际工作电压两倍以上的电容器。

优先选用绝缘电阻高、损耗小的电容器,还要注意使用环境。

② EMI 滤波器

EMI(electro magnetic interference)直译是电磁干扰。EMI 滤波器是一种常用于对电源线滤波的电路,用来隔离电路板或者系统内外电源的电磁干扰。电源线是干扰传入设备和传出设备的主要途径,通过电源线,电网的干扰可以传入设备,干扰设备的正常工作,同样设备产生的干扰也可能通过电源线传到电网上,干扰其他设备的正常工作。因此在设备的电源进线处加入 EMI 滤波器是非常必要的。EMI 滤波器的作用是双向的,既可以作为输出滤波,也可以作为输入滤波。

标准的 EMI 滤波器通常是由串联电抗器和并联电容器组成的低通滤波电路,如图 8.3.16所示。它能让设备正常工作时的低频有用信号顺利通过,而对高频干扰有抑制作用。比较常见的几种 EMI 滤波器为穿心电容、L 型滤波器、Ⅱ 型滤波器、T 型滤波器等。对于不同滤波器的选择,我们通常是通过滤波器接入端的阻抗大小来决定。如果电源线两端都为高阻,那么宜选用穿心电容和Ⅱ型滤波器,但是Ⅱ型滤波器的衰减速度比穿心电容大;如果两端阻抗相差比较大,适宜选择 L 型滤波器,其中如果电感两端都为低阻抗,那么就选用 T 型滤波器。

③ 磁性元件

磁性元件是由铁磁材料构成的,在抑制干扰的滤波电路中最常见的磁性元件有磁珠、磁环、扁平磁夹子。

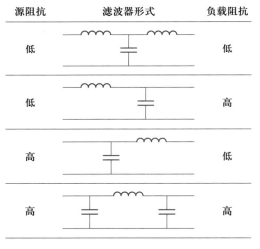

图 8.3.16　标准的 EMI 滤波器

磁珠是专用于抑制信号线、电源线上的高频噪声和尖峰干扰的器件,还具有吸收静电脉冲的能力。磁珠能有效吸收超高频信号,像一些 RF 电路,PLL 振荡电路,含超高频存储器电路(DDRSDRAM,RAMBUS 等)都需要在电源输入部分加磁珠。与磁珠相比,同样常用于滤波的电感由于是一种蓄能元件,其应用频率范围很少超过 50 MHz,常用在 LC 振荡电路、中低频的滤波电路等。磁珠对高频信号有较大阻碍作用,一般规格有 100 Ω/100 MHz,它在低频时电阻比电感小得多。

磁珠及其等价电路示意图如图 8.3.17 所示。磁珠有很高的电阻率和磁导率,等效于电

阻和电感串联,但电阻值和电感值都随频率变化。它的单位是欧,而不是亨,这一点要特别
注意。这是因为磁珠的单位是按照它在某一频率产
生的阻抗来标称的,阻抗的单位也是欧。

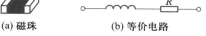

图 8.3.17　磁珠及等价电路示意图

　　磁环和磁夹子一般用在连接线上,将整束电缆穿
过一个铁氧体磁环就构成了一个共模扼流圈。电缆
在磁环上面绕匝数越多,对频率较低的干扰的抑制效果越好,而对频率较高的噪声的抑制作
用则会越弱。在实际工程中,要根据干扰电流的频率特点来调整磁环的匝数。通常当干扰
信号的频带较宽时,可在电缆上套两个磁环,每个磁环绕不同的匝数,这样可以同时抑制高
频干扰和低频干扰。

　　由于磁性元件并不增加线路中的直流阻抗,所以它非常适合用在电源线上作为 EMI 抑
制器件。由于磁珠很小也很容易处理,所以有时候也把它用在信号线上作为 EMI 抑制器件,
但是它掩盖了问题的本质,影响了信号的上升下降时间,除非万不得已或者在设计的最后调
试阶段,一般不推荐使用。

　　④ 共模/差模电感

　　两根电源线对地之间的干扰叫共模干扰。两根电源线之间的干扰叫差模干扰。抑制共
模干扰的滤波电感叫共模电感(共模扼流圈),抑制差模干扰的滤波电感叫差模电感(差模
扼流圈)。共模电感是绕在同一铁心上的圈数相等、导线直径相等、绕向相反的两组线圈。
差模电感是绕在一个铁心上的一个线圈。

　　共模电感的特点是:由于同一铁心上的两组线圈的绕向相反,所以铁心不怕饱和。市场
上用的最多的磁芯材料是高导铁氧体材料。

　　差模电感的特点是:常应用在大电流的场合。由于一个铁心上绕的一个线圈,当流进线
圈的电流增大时,线圈中的铁心会饱和,所以市场上用得最多的铁心材料是金属粉心材料。

　　任何电源线上传导的干扰信号,均可用差模和共模信号来表示。差模干扰在两导线之间
传输,属于对称性干扰;共模干扰在导线与地(机壳)之间传输,属于非对称性干扰。在一般情
况下,差模干扰幅度小、频率低、所造成的干扰较小;共模干扰幅度大、频率高,还可以通过导线
产生辐射,所造成的干扰较大。用于滤除共模、差模干扰的电路示意图如图8.3.18所示。

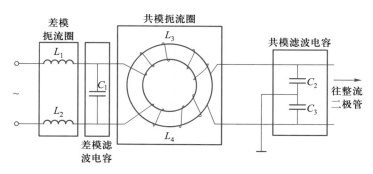

图 8.3.18　用于滤除共模、差模干扰的电路示意图

共模干扰占传导干扰中的绝大部分,因此大多数电源都没有在板上设置差模滤波电感,而仅使用差模滤波电容;对共模部分则一般设置 1~2 个共模扼流圈进行两级滤波。

对理想的电感模型而言,当线圈绕完后,所有磁通都集中在线圈的中心内。但通常情况下环形线圈不会绕满一周,或绕制不紧密,这样会引起磁通的泄漏。共模电感有两个绕组,其间有相当大的间隙,这样就会产生磁通泄漏,并形成差模电感。因此,共模电感一般也具有一定的差模干扰衰减能力。在滤波器的设计中,我们也可以利用漏感。如在普通的滤波器中,仅安装一个共模电感,利用共模电感的漏感产生适量的差模电感,起到对差模电流的抑制作用。有时,还要人为增加共模扼流圈的漏电感,提高差模电感量,以达到更好的滤波效果。

(7) 隔离

电子电路内部中常用隔离的方法,来减小模块之间的互相干扰。尤其在接地点的地电位有差别时,接地回路便有电流。若回路电流为直流,那么普通的滤波器便无法将干扰除掉。此时可用隔离的方式,在不同地电位的模块间消除干扰(如数字电路与模拟电路之间,地电位一般可划分为数字地与模拟地)。

① 光耦合器/光电隔离器

光耦合器(optical coupler,OC)亦称为光电隔离器,简称光耦。它对输入、输出电信号有良好的隔离作用,在各种电路中得到广泛的应用。光耦合器的种类达数十种,主要有二极管型、通用型(又分无基极引线和有基极引线两种)、达林顿型、双向对称型、施密特型、高速型、光集成电路型、光纤型、光敏晶闸管型(又分单向晶闸管、双向晶闸管)、光敏场效应晶体管型等,如图 8.3.19 所示。目前已成为种类最多、用途最广的光电器件之一。

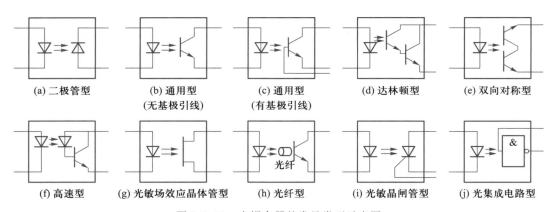

图 8.3.19   光耦合器的常见类型示意图

光耦合器一般由三部分组成:光的发射、光的接收及信号放大。输入的电信号驱动发光二极管(LED),使之发出一定波长的光,被光探测器接收而产生光电流,再经过进一步放大后输出。这种信号单向传输的方式,使输入端与输出端完全实现了电气隔离,输出信号对输入端无影响,抗干扰能力强,工作稳定,无触点,使用寿命长,传输效率高。

光耦合器是 20 世纪 70 年代发展起来的新型器件,现已广泛用于电气绝缘、电平转换、级间耦合、驱动电路、开关电路、斩波器、多谐振荡器、信号隔离、级间隔离、脉冲放大电路、数字仪表、远距离信号传输、脉冲放大、固态继电器（SSR）、仪器仪表、通信设备及微机接口中。在单片开关电源中，利用线性光耦合器可构成光耦反馈电路，通过调节控制端电流来改变占空比，达到精密稳压的目的。

光耦的好坏可通过测量其内部二极管和晶体管的正反向电阻来判断。较可靠的检测方法是以下三种。

A. 比较法：拆下怀疑有问题的光耦，用万用表测量其内部二极管、晶体管的正反向电阻值，用其与好的光耦对应脚的测量值进行比较，若阻值相差较大，则说明光耦已损坏。

B. 万用表检测法：以 PCIll 光耦检测为例，将光耦内接二极管的+端（脚 1）和-端（脚 2）分别插入数字式万用表的 hFE 的 c、e 插孔内，此时数字式万用表应置于 NPN 挡。然后将光耦内接光电晶体管 c 极（脚 3）的脚接指针式万用表的黑表笔，e 极（脚 4）接红表笔，并将指针式万用表拨在 R×1k 挡。这样就能通过指针式万用表指针的偏转角度——实际上是光电流的变化，来判断光耦的情况。指针向右偏转角度越大，说明光耦的光电转换效率越高，即传输比越高，反之越低；若表针不动，则说明光耦已损坏。

C. 光电效应判断法：以 PC817 光电耦合器为例，将万用表置于 R×100 电阻挡，两表笔分别接在光耦的输出端脚 3、脚 4，然后用一节 1.5 V 的电池与一只 50～100 Ω 的电阻串接后，电池的正极端接脚 1，负极端碰接脚 2，或者正极端碰接脚 1，负极端接脚 2，如图 8.3.20 所示。这时观察接在输出端万用表的指针偏转情况。如果指针摆动，说明光耦是好的，如果不摆动，则说明光耦已损坏。万用表指针摆动偏转角度越大，表明光电转换灵敏度越高。

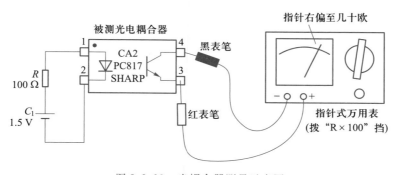

图 8.3.20　光耦合器测量示意图

② 隔离变压器

隔离变压器是指输入绕组与输出绕组电气隔离的变压器，变压器的隔离是通过隔离一次绕组与二次绕组各自电流实现的，如图 8.3.21 所示。隔离变压器的主要作用是：使一次侧与二次侧的电气完全绝缘，也使该回路隔离。另外，利用其铁心的高频损耗大的特点，可以达到抑制高频杂波传入控制回路的隔离效果。

隔离变压器的原理和普通变压器的原理是一样的，都是利用电磁感应原理。隔离变压器一般是指 1∶1 的变压器。由于二次侧不和地相连，二次侧任一根线与地之间都没有电位差,使用非常安全。因此隔离变压器在交流电设备中非常常见,同时它还常用于维修时的安全电源。

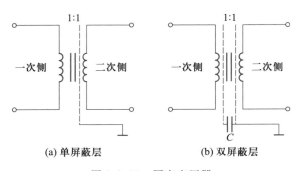

(a) 单屏蔽层   (b) 双屏蔽层

图 8.3.21   隔离变压器

一般变压器一次绕组与二次绕组之间虽也有隔离电路的作用,但在频率较高的情况下,两绕组之间的电容仍会使两侧电路之间出现静电干扰。为避免这种干扰,隔离变压器的一次绕组与二次绕组一般分置于不同的心柱上,以减小两者之间的电容。一次绕组与二次绕组同心放置时,在绕组之间可加置静电屏蔽,以获得高的抗干扰特性。

静电屏蔽就是在一次绕组与二次绕组之间设置一片不闭合的铜片或非磁性导电纸,称为屏蔽层。铜片或非磁性导电纸用导线连接于外壳。有时为了取得更好的屏蔽效果,在整个变压器外还要罩一个屏蔽外壳。对绕组的引出线端子也加屏蔽,以防止其他外来的电磁干扰。这样可使一次绕组与二次绕组之间主要只剩磁的耦合,而其间的等值分布电容可小于 0.01 pF,从而大大减小一次绕组与二次绕组的电容电流,有效地抑制来自电源以及其他电路的各种干扰。

③ 布线割断

想将电路板间的电磁干扰完全隔离是很困难的,因为我们没有办法将电磁干扰一个个地"包"起来,所以要采用其他办法来降低干扰的程度。PCB 中的金属导线是传递干扰电流的罪魁祸首,它像天线一样传递和发射着电磁干扰信号,因此在合适的地方"截断"这些"天线"是有用的防电磁干扰的方法。

"天线"断了,再以一圈绝缘体将其包围,它对外界的干扰自然就会大大减小。如果在断开处使用滤波电容还可以更进一步降低电磁辐射泄露。这种设计能明显地增加高频工作时的稳定性和防止电磁干扰辐射的产生,许多大的电脑主板厂商在设计上都使用了该方法。

(8)补偿

如果能明确噪声发生和干扰侵入的位置,或者能预测所加扰动量时,可采用补偿的方法来减小噪声和干扰的不良影响。

① 反馈补偿

负反馈对于放大电路中的噪声有抑制作用,但就其效果来说,以抑制加于最末级放大电路的噪声为最好。加于中间级的噪声效果降低;加于第一级的噪声由于和输入信号没有区别,负反馈起不到抑制作用。即使不知道所加噪声大小,负反馈也有抑制噪声的效果,所以对于放大器内部产生的噪声,和靠近电路末级的电源电压脉动等噪声,这种抑制方法效果较好。

② 前馈补偿

前馈补偿是一种开环的补偿方式。在噪声大小已知或能够预测,且对输出信号的影响程度明确的情况下,可以加入与噪声相位相反、大小相等的信号来抵消噪声的影响。这种补偿方式叫前馈补偿。前馈补偿在噪声模式不明确的情况下,不能有效补偿,因此使用时有一定的局限性。实际工程中,常在电源电路中,取部分交流电,调节其大小和相位,用来消除信号中的有害交流声,这是前馈补偿的一种使用形式。

8.3.4 实验步骤

由于抑制技术内容较多,不同使用场合的方式方法也各种各样,必须因地制宜地进行使用。本节中,以通用便携电子产品的电源噪声抑制为例,介绍抑制技术的应用。

1. 选择控制对象

今天,便携式电子产品随处可见,如数码相机、数字视频设备和音频播放器,随之产生的是此类设备 PCB 上的各种噪声的抑制问题。特别是当交流(AC)适配器代替电池给这些设备供电的时候,噪声的抑制就显得很有必要,因为不仅适配器会辐射噪声,同时外界的噪声也会从适配器的导线上耦合进来。

AC 适配器与便携式电子设备之间的连接是一根 DC 导线(如图 8.3.22 所示)。在低频条件下,这根导线的作用就类似于一根天线,将外界噪声吸收进来,并将电子设备的内部噪声发射出去。

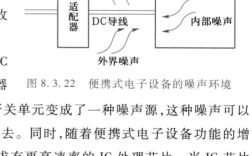

图 8.3.22　便携式电子设备的噪声环境

在电子设备中,DC/DC 模块和 DC/DC 转换 IC 芯片是电源电路不可缺少的部分。DC/DC 转换器所需电源是通过开关模块控制产生的,从而这种开关单元变成了一种噪声源,这种噪声可以泄漏至直流电源线,且通过 AC 适配器导线发射出去。同时,随着便携式电子设备功能的增多,数据处理量的增加和处理速度的提高,电路要求有更高速率的 IC 处理芯片。当 IC 芯片动作时,频率范围从几千赫到几百兆赫的宽频噪声就随之产生,并通过 AC 适配器的导线发射出去。

2. 添加滤波器

一般说来,带有 AC 适配器的便携式设备所产生的共模噪声是通过 DC 电源线输出的,如 AC 适配器导线。因此,其噪声可以通过在导线上加共模噪声滤波器进行有效抑制。本节

采用的方法是通过在线上加一个铁氧体磁环来抑制噪声,数码相机连接的磁环如图 8.3.23
所示。

尽管这是一个有效的噪声抑制方式,但
是它也存在许多不足,比如,加上磁环之后导
线会变得沉重和庞大,且外观不雅。如果改
用一个小尺寸的片式共模扼流圈用于此类导
线的共模噪声的抑制,是个不错的选择,值得
重点推荐。共模扼流圈应放置在电源电路的
前端,安装情况如图 8.3.24 所示。

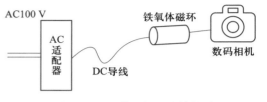

图 8.3.23   数码相机连接的磁环

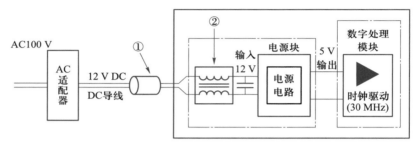

①—铁氧体磁环的安装位置;②—片式共模扼流圈的安装位置。

图 8.3.24   片式共模扼流圈的安装情况

3. 效果评估

为了评估 DC 电源线上的噪声抑制效果,我们可以做一个效果评估,评估方式如
图 8.3.25所示。

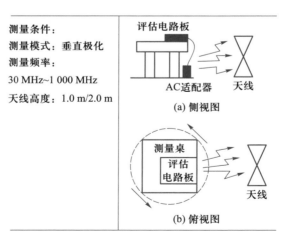

图 8.3.25   评估方式

AC 适配器被挂在一个放有评估电路板的测试桌上,这样就可以测试垂直模式的噪声,
此噪声代表了从桌子上辐射来的噪声。没有噪声评估电路板的可以使用示波器代替,对于

数码相机、音频播放器等,可以直接从设备的图片、音效情况来进行粗略观察。

根据评估结果的测试数据,噪声的发射范围从几十兆赫到 800 MHz 都有。因此,可以推断噪声是从 DC/DC 转换器和内部数字处理电路传向 AC 适配器,通过电源线发射出来的。

我们可以对两个不同模式下的噪声比较:(1) 在 AC 适配器电源线加装一个铁氧体磁环;(2) 在 DC 输出模块上加装一个片式共模扼流圈。由于不同的铁氧体磁芯的尺寸会产生不同的共模阻抗,所以比较测试中可采用一个标准尺寸的磁环(直径大约为 20 mm,长度大约为 40 mm)和一个片式共模扼流圈(100 MHz 时的阻抗值为 1 400 Ω)。结果表明片式共模扼流圈静噪效果比较好。当然,使用更大尺寸的磁环或增加电源在磁环上绕线数也会得到一个较高的阻抗值,然而,这样会带来不足,导线的重量会增加,同时外观也显得凌乱。综上所述,推荐用片式共模扼流圈取代笨重的磁环。

8.3.5　注意事项

抑制技术在实践中的注意细节有很多,这里列举几项在电路设计、制作、测量中较常遇到的现象,予以简单说明,其他内容需要随着经验的积累才能逐渐体会丰富。

1. 集成运算放大器使用的注意事项

当采用集成运算放大器时,由于放大器件本身就具有放大功能,所以需要对电路设计格外注意。要考虑到信号流向的简洁、端直,如图 8.3.26(a)所示,而图 8.3.26(b)的信号流向就较混乱。在实际电路中,由于受 IC 引脚的限制,有时要完全做到信号的直线流向是困难的。尽管如此,也应注意到以下几点:

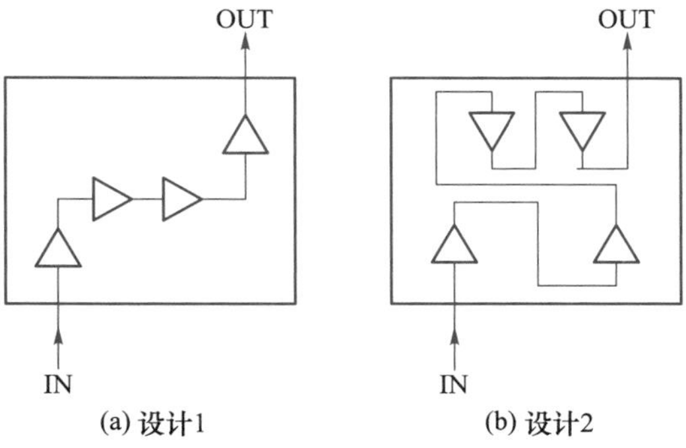

(1) 输入回路与输出回路尽量远离,以免输出信号反馈到输入回路而产生自激振荡。

(2) 应该避免同一芯片中的几个运算放大器的一部分用作小信号放大,而另一部分用作振荡器。

图 8.3.26　多运放集成电路信号流向排列比较

(3) 小信号放大器应尽量远离大信号电路,尤其不宜用同一芯片中的一部分运放作为 A 电路的小信号放大器,而另一部分运放作为 B 电路的大信号放大。

(4) 应注意由电源的不良耦合所产生的干扰,特别是多运放芯片由于公用同一电源,极易因电源的去耦不良而产生振荡。

2. 测量仪器的抗共模干扰

在测量时,由于测量仪器本身也是电子设备,所以也会与外界和所测量设备之间产生互相干扰。由于信号传输的差模信号大小相等,相位差是 180°,所以相互抵消后地线上没有电流流过。所有的差模电流全流过负载,因此可以认为差模信号携带了信息"想要"的信号。由于共模干扰的信号同相,所有的共模电流都通过电缆和地之间的寄生电容流向地线。在以电缆传输信号时,因为共模信号不携带信息,所以它是"不想要"的信号。综上所述,我们在实践中需要抑制的是共模干扰信号。可以通过以下方式对共模干扰信号进行抑制。

(1) 使仪表浮地、信号接地,或使仪表接地、信号浮地。这里的浮地是指信号的参考地,这个地和大地不直接相连,是相互隔离的。这样可以抑制信号地与仪器地之间的地电流产生的共模干扰。如果仪表和信号都浮地,共模干扰会更小。

(2) 对测量仪器和电子电路之间的连接线进行双层屏蔽,减少信号传输过程中的共模干扰。例如双绞线的屏蔽效果就比普通传输线效果好。

(3) 串联共模扼流圈,利用其互感来抑制噪声,电路示意图如图 8.3.27 所示。当信号电流流经扼流圈时,两线圈电感 L_1、L_2 的自感电动势被线圈之间的互感电动势抵消,所以和没有接入该扼流圈时一样;当共模干扰电流流入时,由于共模干扰电流引起的自感电动势和互感电动势同相,扼流圈就相当于接入了高阻抗元器件,对共模干扰起一定的抑制作用。

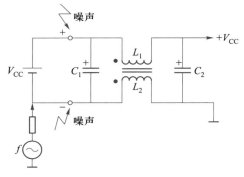

图 8.3.27　串联共模扼流圈电路示意图

(4) 接入隔离变压器或光耦合器等可以切断共模干扰和内阻形成的回路。但在选择时应注意隔离器件的速率等参数选择。

(5) 使用差分放大器,使共模干扰相位转换(即转换为大小基本相等的串模干扰信号),与原共模干扰信号大致抵消,从而达到抑制作用。差分放大器的频率适用范围很广,低频到高频均有效,输入和输出之间的线性关系也很好,非常适合在模拟信号的电路中使用。

3. 信号传输线的抗干扰

在远距离传输,尤其是传输弱信号而周围又可能存在干扰电磁场的情况下,很容易在信号传输时受到干扰,如网线、通信电缆等。由于传输线无法完全置于屏蔽罩内,所以需要采用屏蔽线。通常的信号电缆常采用双绞线、同轴电缆或对称线路来抑制电磁干扰,最有效的方法是采用屏蔽型线路。

双绞线是一种对称传输线路,由两条相互绝缘的导线按照一定的规格互相缠绕(一般以逆时针缠绕)在一起,如图 8.3.28 所示。一根导线在传输中辐射的电波会被另一根线上发出的电波抵消。采用这种方式,不仅可以抵御一部分来自外界的电磁波干扰,而且可以降低自身信号的对外干扰。实际使用时,双绞线是由多对双绞线一起包在一个绝缘电缆套管里的,这些我们称之为双绞线电缆,一般扭线越密,其抗干扰能力就越强。

双绞线可分为非屏蔽双绞线和屏蔽双绞线。屏蔽双绞线电缆的外层由铝箔包裹,以减小辐射,但并不能完全消除辐射,屏蔽双绞线价格相对较高,安装时要比非屏蔽双绞线电缆困难。与其他传输介质相比,双绞线在传输距离、信道宽度和数据传输速率等方面均受到一定限制,但价格较为低廉。

同轴电缆一般由里到外分为四层:中心铜线(单股的实心线或多股绞合线)绝缘层,网状屏蔽层(导电层)和塑料封套,如图 8.3.29 所示。同轴电缆传导交流电而非直流电,也就是说电流方向每秒钟会发生好几次的逆转。如果使用一般电线传输高频率电流,这种电线就会相当于一根向外发射无线电的天线,这种效应损耗了信号的功率,使得接收到的信号强度减小。同轴电缆的设计正是为了解决这个问题。中心电线发射出来的无线电被网状导电层所隔离,网状导电层可以通过接地的方式来控制发射出来的无线电。

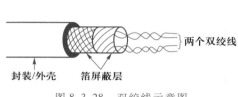

图 8.3.28 双绞线示意图

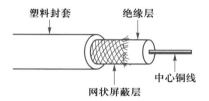

图 8.3.29 同轴电缆示意图

同轴电缆的缺点也显而易见:一是体积大,细缆的直径大约有 0.95 cm 粗,要占用电缆管道的大量空间;二是不能承受缠结、压力和严重的弯曲,这些都会损坏电缆结构,阻止信号的传输;三是成本较高。

传输电缆使用时需注意以下几点:

(1)屏蔽层不能作为信号的返回电路;

(2)线缆连接器两端的屏蔽层都应该接地,以免发生不连续现象,也可以将屏蔽层通过连接器的插头实现接地连接;

(3)所有信号电路和信号接地返回线都要单独屏蔽;

(4)具有单独屏蔽和总屏蔽的多芯导线及对绞电缆,同一电缆内所有屏蔽层都应该相互绝缘。

第9章

故障检修及元器件拆卸

9.1 故障检修方法

9.1.1 实验目的

1. 掌握故障判断的常用方法；
2. 掌握故障排除的一般程序及安全事项。

9.1.2 实验器材

1. 直流稳压源、信号发生器、示波器、数字式万用表各 1 台；
2. 电烙铁、焊锡丝等辅助工具。

9.1.3 实验原理

电子产品有故障时,应首先对其进行检查,找到故障的症结所在,再根据情况进行故障排除。但很多初学电子设计的人员,在发现电子电路工作不正常时往往翻来覆去找不到问题所在,甚至越修越坏。检修人员需要具备一定的知识、能力、素质,才能迅速找出故障,并进行检修。本节主要学习的就是如何寻找故障,并排除故障。

1. 故障检修的准备工作

在进行电子产品的故障判断和排除前,需要准备好常用的工具及检修时需要的技术文档,具体内容如下:

(1) 通常检修时必备的测试仪器有直流稳压电源、示波器、信号发生器、万用表。它们就是常说的"四大件"。熟用巧用"四大件"能有效解决很多问题。在实践操作时,还可以查阅"万用表(或示波器)使用××例"之类的经验丛书,并在实践中进行操练。

（2）检修工作前必须备好常用的修理工具,如电烙铁、吸锡器、剪线钳、剥线钳、螺丝刀、镊子、剪刀、小扳手等。其中电烙铁是最应该熟练掌握的。在贴片器件或大体积器件电路的检修中,还应准备热风枪;在精密度较高的印制电路检修时,还可以准备 BGA 检修台。

（3）准备常用的易损元器件,以待换用。这些元器件包括:各种阻值的电阻器、常用电容器、二极管、晶体管和所检测电路中相关的集成器件。

（4）有些情况下,需要准备专用检测设备。如通信设备等高频电路检修时,常需要综合测试仪、场强仪、驻波比表、射频功率计、频谱分析仪、频偏仪等仪器;电视机等图像设备检修时,需要矢量示波器、扫频仪、图示仪、彩色发生器等仪器;数字设备检修时,需要逻辑脉冲发生器、逻辑探笔、IC 测试仪等仪器。这些专用设备在各自领域中具有不可替代的作用。

（5）除了设备及工具外,检修前应准备好被检测电路的相关技术文档,如电路原理图、印制电路板(PCB)连接图。完整电子产品检测则还需要准备好产品的使用说明书、性能介绍等技术文档。

2. 故障检修的程序及原则

在排除电子产品故障时,应遵循如图 9.1.1 所示的排除故障的一般顺序。

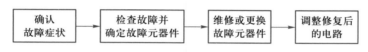

图 9.1.1　排除故障的一般顺序

电子设备的故障可能是单独元器件造成的,也有可能是某块电路造成的;有可能是内部原因造成的,也有可能是外部影响造成的;有可能是某个模块出现故障,也有可能是多个模块同时出现故障或互相干扰出现问题。各种问题交织在一起,很容易使检修人员产生混乱。因此在检修电子电路时,应掌握一定的原则,安排好检修的次序,以免造成手忙脚乱、顾此失彼的现象。

（1）先了解后动手,先理论后实践。动手之前要先了解电子产品损坏前后的情况,例如音频放大器杂音是否过多、无声,有无发热冒烟等。还要观察了解是否有他人检修拆卸过等。同时还应对电子电路的技术文档进行一定的了解。

（2）先观察后通电。通常在电子电路通电前就能观察到电路有无可见的明显故障点。例如元器件的短路、绕坏、脱落或其他损坏情况。此外,应先用万用表检测电路关键线路的阻值、通断是否正常。更换完损坏器件并确认无误后,再进行通电测试。

（3）先静态后动态。在检查部件时,应先空载后负载,先静态测量再动态测量(先直流后交流)。这样能确保安全修复机器,避免故障进一步扩大恶化。一般静态条件下就能排除大部分故障。

（4）先简后繁、先易后难。对于多种故障共存的情况,应先解决简单容易的问题,再考虑复杂故障。这样简洁明了,便于排除故障间的相互干扰。

（5）先电源后整机。当电子设备不能正常工作，尤其是电子设备的指示灯不亮，或不能正常启动时，应首先考虑电源电路的问题。

（6）先通病后特殊。有些电路模块同时出现问题，应首先将它们之间共同的故障排除掉，然后再单独解决特殊问题。往往通病故障排除了，特殊故障排除就迎刃而解了。

（7）先末级后前级。检修时，通常从输出端等末级单元电路开始，依次逐级对前级进行分析，直到找到信号出现问题的故障单元。这样可以使检测有序，少走弯路。

（8）检修完毕后要进行性能测试。

3. 故障检修方法

检修工作是一项繁杂的技术工作，需要细心和经验。要想快速高效的找到故障点，完成检修工作，必须具备扎实的理论基础和实践功底，需要学习者在实践中不断探索、善于总结。下面是检修工作中常用到的一些方法与技术手段。

（1）直观法

直观法是电子故障检修中最基本的方法，调试检修人员通过触觉、嗅觉、视觉直接观察电子产品，找出损坏的器件。

① 断电检查

首先应在断电的情况下对电路进行检查。用目视的方法能直接判断出电路上的一些元器件损坏或电路异常的情况。如：电池接头被电池液锈蚀、电容器爆炸、电解电容溢出电解液、电阻器烧焦碳化、金属部件锈蚀霉断、线头脱落、元器件断脚、扬声器纸盆破损、插头松落等现象。

当出现部件锈蚀等情况时，可用酒精清洗锈蚀处，刮除铜绿锈斑，换用新的元器件或配件即可。

② 通电检查

断电检查无误后，可以通电进行观察。注意观察有无冒烟、起火等现象；并用手接触变压器以及通过较大电流的晶体管、电阻器、二极管等元器件，检查有无烫手情况。如有异常，应立即切断电源，必要时应更换起火点、发烫点的元器件，因为元器件有可能已经由于电流过大而损坏。有时线路起火或发烫并不是由于元器件本身的原因造成的，而是周围电路设计或焊接等问题，使线路通过电流过大，引起发烫。因此还应仔细检查异常点周围的电路情况，否则更换新的元器件之后仍然会因同样的问题发烫、起火。

通电后，转动或拨动电位器、可调电容、高频头、开关等器件，可以观察到电子电路是否发出噪声或出现异常。在通电检查时要特别注意以下几点：第一，在检查电源交流部分时要格外小心，注意人身安全，不要用手碰触 220 V 交流电部分；第二，拨动过的器件应及时复位，避免在检查过程中将器件弄歪或损坏，造成故障进一步扩大。

直观检查法运用时应以电路模块为单位，围绕故障点或核心工作点进行元器件的检查，不要每一个部件和元器件都仔细观察一番，否则工作量将很大。直观检查法的使用贯穿在整个故障检测和检修过程中,和其他方法配合使用时往往能取得很好的效果,需要在实践中不断积累经验。

（2）测量法

测量法是通过万用表测量电路的电压、电流、电阻值,从而判断电路故障点的方法,是检测电路中常用方法之一。

① 电阻测量

通过电阻值的测量可以检查出元器件的质量、线路通断、电阻值大小的数据。一般要求在断电情况下,使用万用表的欧姆挡进行测量。通常,我们通过电阻测量来检测开关器件的通路短路是否正常,接插元件是否接触不良。

此外,还可以通过线路的阻值检测来判断铜箔线的短路和断路。这一使用在印制电路板检测上非常实用。因为印制电路板上的铜箔线非常细密,走向也常常曲折多样,凭肉眼检查很难发现问题。此时可用万用表欧姆挡直接检测两点间的阻值,若阻值为零,则两点间有线路导通,否则就不在同一段铜箔线上。用数字式万用表时可以根据万用表的短路报警声来检查线路通断情况。

② 电压测量

电压检查时一般测量的是电路中的直流电压、交流电压、信号电压等。

A. 直流电压正常是电路静态工作点正常的基本保障,各集成芯片、晶体管等器件都需要在稳定正确的直流电压供电情况下,才能正常工作。如 AVR 等控制芯片需要 5 V 工作电压,晶体管基极与发射极之间的电压要大于 0.4 V 才能使集电极与发射极之间导通。此外,直流电压一般压差都比较小,对人体的危险性小,在检修时很适合使用这种方法进行检查。

测量直流电压时一般选用万用表即可,选择适当量程后,黑表笔接电路板地线,红表笔分别接所要测量的点。需要注意如下几点:

a. 当电路中有直流工作电压时,电阻器两端应有电压降,否则电阻器所在电路必有故障。

b. 电感线圈两端电压应接近 0,否则说明电感器开路。

c. 整流电路输出端直流电压最高,沿 RC 滤波、退耦电路逐级降低。

d. 空载工作电压比负载工作电压高出许多（几伏）是正常的现象,高出越多说明电源的内阻越大。因此直流电压测量时一般应在负载工作情况下进行。

B. 交流电压检测一般使用在接市电电网的电源供电部分或负载部分。如测量电源变压器一、二次交流电压,有助于判断电源变压器是否损坏;测量输出端的交流电压能够估算出功率的大小。

测量交流电时需要根据需要选择测量工具。一般情况下万用表交流挡即可完成交流电压的测量,对于有更专业要求的测量场合,可使用交流电压表测量。测量交流电压时应注意以下几点:

a. 测量交流市电电压时注意应单手操作,安全第一。

b. 测量前应检查万用表量程,并分清交、直流挡及极性。

C. 信号电压一般是一个交变量,与交流电类似,但工作频率很高,如音频信号。由于普通万用表是针对 50 Hz 交流电设计的,所以无法准确测量信号电压,必须使用真空毫伏表。使用真空毫伏表时应注意以下几点:

a. 使用前先预热,使用一段时间后要校零,以保证电平信号测量的精度。

b. 在测量很小的音频信号电压时,如测量话筒输出信号电压时,应选择好量程,否则会出现测不到、测不准的情况,影响正常判断。

③ 电流测量

适合用电流测量的电路主要有以下两大类:第一,以直流电阻值较低的电感器件作为集电极负载的电路;第二,各种功率输出电路。

测量电流时一般采用断开法。测量整机工作电流时,应断开电源整流电路与电路板之间的输入通路,将万用表串联在电源输入通路上。红表笔接电源整流电路的输出端,黑表笔接电路板的接入端。测量某一元器件的电流时,可焊下该元件的一只引脚,串联万用表电流挡测量,红表笔接电流流入处,黑表笔接电流流出处。电流的测量方法如图 9.1.2 所示。

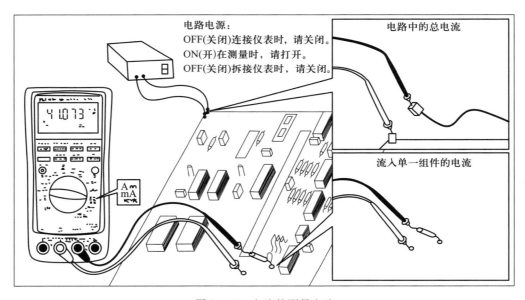

图 9.1.2　电流的测量方法

测量整机工作电流时,若电流很大,说明电路中存在短路现象;当工作电流很小时,说明电路中存在开路现象。

交流电流主要是在检查电源变压器空载损耗时用到,一般在新接电源变压器或电源变压器空载发热时才会进行测量。由于一般万用表上没有交流电流挡的量程,所以测量交流电流时往往需要使用交流电流表。使用时直接将交流电流表串联在交流电路回路中即可,没有极性之分。

（3）波形观察法/信号输入法

波形观察法是用示波器观察电子电路各级输入输出的波形,判断波形是否正常的方法。信号输入法则是用信号发生器给出一定频率的正弦波、方波或尖波等信号,来模拟电子电路工作时的信号电波。这两种方法常常配合使用,即信号发生器给出信号电波后,示波器逐级观察信号经过的输入输出点。

这种方法不仅能检测出信号的通断有无,还能直观地观察到信号失真、变形的情况和程度,并且检测出电路中的噪声波形,因此在电路检测中具有不可替代的作用。

图 9.1.3（a）中波形为纯阻性负载上的截止、饱和失真波形。一般是输入信号过强,超过电路允许范围(阈值),信号不能顺利通过造成波形缺失。此时可适当减小输入信号,使输出波形在不截止且不过饱和的范围内,即处于正好不失真的状态。此时还应根据不失真信号电压计算出输出功率,若小于应用的输出功率时,说明电路的放大器电路没有正常工作,输出功率不足。此时需要逐级测试放大电路的输出波形,找出引起失真的故障点。

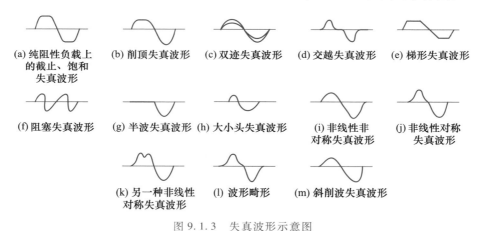

(a) 纯阻性负载上的截止、饱和失真波形　(b) 削顶失真波形　(c) 双迹失真波形　(d) 交越失真波形　(e) 梯形失真波形

(f) 阻塞失真波形　(g) 半波失真波形　(h) 大小头失真波形　(i) 非线性非对称失真波形　(j) 非线性对称失真波形

(k) 另一种非线性对称失真波形　(l) 波形畸形　(m) 斜削波失真波形

图 9.1.3　失真波形示意图

图 9.1.3（b）为削顶失真波形,与之对应的是削底波形。产生削顶或削底失真往往是由于晶体管的静态工作点没有调好,所以晶体管工作在截止或饱和失真的状态下[若削顶和削底同时出现,应考虑图 9.1.3（a）所示的情况]。此时应用示波器逐级找出失真的晶体管,调整晶体管的前端电阻或自举电容,使其静态工作点处于正常状态。

图 9.1.3（c）为双迹失真波形。这种失真波形有时会演变成多层的重影波形,一般是干扰造成的。应首先检查电源是否存在噪声干扰,如有应更换无干扰的电池或增加滤波器。其次可检查电路中是否存在振荡电路的干扰,或运放器件、负载器件的参数质量不佳。若是高频干扰,还可在每级运放中加 $10 \sim 10^3$ pF 的高频隔离电容。

图 9.1.3（d）为交越失真波形。这种失真出现在晶体管放大电路中。比如一般的硅晶体管,NPN 型晶体管在 0.7 V 以上才导通,这样在 $0 \sim 0.7$ V 就存在死区,不能完全模拟输入信号波形,而 PNP 型晶体管小于 -0.7 V 才导通。当输入交流的正弦波时,在 $-0.7 \sim +0.7$ V 之间两个管子都不能导通,输出波形对输入波形来说存在失真,即为交越失真。消除交越失真的方法是设置合适的静态工作点,避开死区电压区,使得每一个晶体管在静态时都处于微

导通状态(U_{BE}为 0.4 V 左右),一旦加入输入信号,其马上就进入线性工作区。

图 9.1.3(e)为梯形失真波形。这种失真一般是某级放大电路耦合电容过大,或某只晶体管直流工作电流不正常造成的。处理方法是减小级间耦合电容,或减小晶体管静态直流工作电流。

图 9.1.3(f)为阻塞失真波形。一般推动级与功放级的栅极电阻阻值偏高时,会使晶体管产生阻塞失真,可用适当的电阻并联,以减小其阻塞失真。有时是由于元器件或晶体管失效、特性不良或焊接不稳造成的,直接替换好的器件并检查焊接即可。

图 9.1.3(g)为半波失真波形。这种失真出现时,一般说明推挽放大电路中某一臂的晶体管开路,没有电波经过。当某级放大电路中晶体管没有直流偏置电流,而输入信号较大时,也会出现此类失真。处理方法是检查各级晶体管,找出问题点并进行更换或调整。

图 9.1.3(h)为大小头失真波形。该失真的半周幅值不对称,一般是晶体管静态工作不正常所致,应检查晶体管的工作情况。

图 9.1.3(i)为非线性非对称失真波形。该失真波形往往是多级放大电路失真重叠造成的,应用示波器逐级检查放大电路的输出波形,找出问题电路。

图 9.1.3(j)为非线性对称失真波形。处理方法是减小推挽放大电路中晶体管的静态直流工作电流。

图 9.1.3(k)为另一种非线性对称失真波形。这一般是推挽放大电路中两只晶体管直流偏置电流一大一小造成的。

图 9.1.3(l)为波形畸形。上述原因都无法改善的时候,波形畸形往往是负载造成的,更换负载即可。

图 9.1.3(m)为斜削波失真波形。该失真一般发生在录音机中,应更换录放磁头。

波形观察法/信号输入法在使用时应注意以下事项:

① 要经常检查仪器的测试引线,以免引线由于经常扭转而出现内部断线现象,给测试带来错误的判断。

② 信号源的信号电压大小应调整恰当,输入信号电压过大不仅容易产生失真波形,还会损坏放大器电路,造成额外故障。

③ 要熟练掌握示波器的操作方法,注意示波器挡位的选择。

(4)分割测试法

分割测试法是将各级电路的隔离元件逐级断开,使整机电路分割成相对独立的单元电路,并分别测试故障现象的方法。

例如,检测电源电路时,常常从电源电路上切断它的负载,然后再通电观察。这是判断电源本身故障还是某级负载电路故障的常用方法。在检测电路噪声大的故障时,也常将信号传输电路中的某一点切断(如断开级间耦合电容的一根引脚),若噪声消失则说明噪声的产生部位在切断点另一侧的电路中。通过逐级分段切割电路,可以有效地将故障缩小在一定范围内。

应注意的是,分割法在使用时需要断开元器件的引脚,或切断铜箔引线。在进行分割检查后,应及时将线路恢复原样,以免造成新的故障现象,影响正常的检查。

（5）旁路法

旁路法是使用电容将电路某一点进行对地短接的方法,主要用来解决电路上的寄生振荡故障。电路本身产生的寄生振荡或寄生调制信号会叠加在正常的信号电压之上,给电子产品带来很大的干扰。当示波器观察到电路在不给输入信号的情况下,就出现较为稳定的信号波形时,说明电路中存在寄生振荡。可以将电容器接在某级电路的输入或输出端上,使其对地短路一下,或直接并联在环形电路点间。若振荡消失,则说明此前级电路是产生振荡的所在。不断使用旁路法测试,便可以找到故障点。对于故障点的处理可以通过改变电路,或在寄生振荡产生的电路间并联 10^4 pF 钽电容等方法来实现。

9.1.4 实验步骤

下面以放大电路为例,进行电路故障的查找。

1. 单级放大电路故障查找

单级放大电路的常见故障有:无信号输出、输出信号幅度小、非线性失真。

下面以共发射极单极放大电路为例,进行常见的故障查找工作。图 9.1.4 所示为典型的阻容耦合共发射极放大电路,其中 V_{CC} 为直流供电电压,R_{b1}、R_{b2} 是基极分压式偏置电阻,R_c 是集电极电阻,R_e 是发射极反馈电阻,C_1、C_2 是稳定晶体管工作点的耦合电容,C_e 是发射极旁路滤波电容。

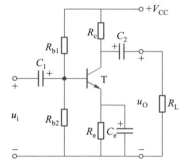

图 9.1.4　典型的阻容耦合共发射极放大电路

（1）无信号输出故障查找

第一步:检查输入端的信号源、连接线以及示波器探头是否正常,如有故障应首先排除。

第二步:测量放大器直流供电电压 V_{CC}。用万用表直流电压挡红表笔接 $+V_{CC}$,黑表笔接地。如测得电压为 0 或很低,说明放大器供电电压不正常,应检查供电电源以及 V_{CC} 与地之间的电路连接。

第三步:测量晶体管各电极的工作电压。若测得集电极电压近似等于电源电压,则检查晶体管是否截止或开路;若测得集电极电压近似等于 0 或小于 1 V,则检查晶体管是否饱和或被击穿。

检查晶体管是否开路或击穿时可用万用表欧姆挡在线测量,用 R×10 Ω 挡位测量晶体管 PN 结的正反向电阻,测得的阻值均很小时,说明 PN 结被击穿;用 R×10 kΩ 挡位测量晶体管 PN 结正反向电阻,测得阻值均很大时,说明 PN 结开路。此时应更换新的晶体管。

第四步:检查偏置电阻是否变值或开路。如 R_{b1} 开路,则晶体管没有偏置电压,晶体管不工作。如偏置电阻变值,则晶体管静态工作点不在所需要的正常状态。

以下三种情况下,晶体管同样不能正常工作:① 电路有虚焊或元器件开路;② 发射极电阻 R_e 损坏;③ 集电极电阻 R_c 损坏。

（2）输出信号幅度小故障查找

输入信号正常时,放大电路输出信号过小,未达到放大效果,则说明放大器电压放大倍数不够。

第一步:检查晶体管性能是否良好,可参考无信号输出故障查找第三步中晶体管开路或击穿的检查方法。

第二步:检查晶体管工作点是否正常。晶体管工作正常与否主要取决于偏置电阻及集电极电阻情况,应检查各电阻是否变值或开路。

第三步:检查旁路电容。若工作点正常,则需要着重检查旁路电容 C_e 是否开路。C_e 开路会使晶体管的交流负反馈量增大,导致放大倍数下降,信号输出幅度下降。

（3）非线性失真故障查找

晶体管放大电路输出波形出现非线性失真,说明晶体管放大电路没有工作在线性放大区,而是工作在饱和区或截止区,使波形出现顶部或底部失真,如图 9.1.5 所示。

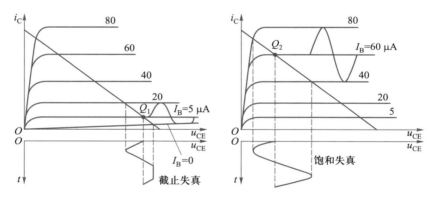

图 9.1.5　晶体管非线性失真示意图

放大电路工作在非线性区的原因是偏置参数发生了变化,主要检查 R_{b1}、R_{b2}、R_c、R_e 等是否变值或开路。

2. 多级放大电路故障查找

多级放大电路一般由输入级、中间级和输出级组成,常见故障有无信号输出、输出信号幅度小、信号失真等问题。

下面以一个多级放大器电路为例,进行故障查找。如图 9.1.6 所示,T_1 是输入级,射极跟随器结构,作为信号缓冲和阻抗变换级;T_2 是中间级,进行电压放大;T_3 是输出级,进行功率放大;T 是输出变压器,用来与负载的阻抗匹配。$R_1 \sim R_8$、$C_1 \sim C_8$ 的作用与图 9.1.4 中的电阻电容作用类似。

具体步骤如下：

第一步：检测 T_1 与 T_2。由于 T_1 与 T_2 两级放大电路之间为直接耦合方式，所以两级放大器中有一级出现故障，就会影响两级电路的直流工作点。在检测中应将这两级电路视为一个整体，直接检测两级的输入输出波形，以及偏置元件的参数特性。其元件特点及性能与单极放大电路的检测类似。

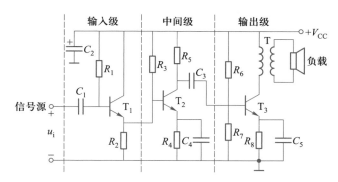

图 9.1.6　多级放大器电路图

第二步：分级检测 T_2 与 T_3。由于 T_2 与 T_3 间采用阻容耦合方式，它们的工作点彼此独立，所以应采用分级测量的方法查找故障。

第三步：当多级放大电路中有集成放大器时，应先找到集成电路的信号输入引脚和输出引脚。然后将信号加到集成电路的信号输入端，观察输出端是否有信号。若无信号输出，不能立即判断集成电路损坏，应继续检测集成电路各引脚的工作电压。如测得某一个引脚工作电压不正常时，同样不能判断集成电路是坏的，还要检查引脚端的外围电路元件。如果外围电路元件是好的，则说明集成器件已损坏，需要更换新的器件。若外围元件有坏件，应更换后重复上述步骤，直至集成电路工作正常。

第四步：对于含有频率补偿电路或分频电路的多级放大电路，可采用电路分割法，将频率补偿或分频电路断开后再进行检查。

9.1.5 注意事项

同学们在初次制作电子电路产品时，故障多出现在元器件、焊接和线路等三方面，因此应重点检测这几个方面。

1. 元器件检测

（1）应检查元器件是否有安装错误，器件极性是否安装正确；
（2）应检查导线连接是否有错焊、漏焊，导线是否被烫伤，多股线芯是否部分折断。

2. 焊接检测

初次进行焊接工作的时候很容易产生虚焊等问题。对于怀疑有虚焊点的电路，可将电烙铁沾满松香,将焊点重新熔融一遍。注意此时不要加过多的焊锡,只有在焊点焊锡过少时可少量补锡,否则过多的焊锡会形成堆焊点,更容易在焊点内部产生空气包或形成豆腐渣状的不良情况。

3. 线路检测

（1）应仔细检查电路连接的问题,看电气连接是否有设计上的重大缺陷。

（2）故障检测人员应该了解,排除故障不能只求功能恢复,还要求全部的性能都达到技术要求;更不能不加分析,不把故障的根源找出来,而盲目更换元器件,这样只能排除表面的故障。

9.2　基本元器件拆卸方法

9.2.1 实验目的

1. 了解拆焊工艺的工具、手法;
2. 熟练掌握电子元器件的拆焊工艺。

9.2.2 实验器材

1. 带有元器件的废旧电路板;
2. 烙铁、吸锡器、镊子等拆焊工具。

9.2.3 实验内容

拆焊又称解焊。在调试、维修或焊错的情况下,常常需要将已焊接的连线或元器件拆卸下来,这个过程就是拆焊,它是焊接技术的一个重要组成部分。在实际操作上,拆焊要比焊接更困难,更需要使用恰当的方法和工具。如果拆焊不当,便很容易损坏元器件,或使铜箔脱落而破坏印制电路板。因此,拆焊技术也是应熟练掌握的一项操作基本功。除普通电烙铁外,拆焊时常用的工具还有如下几种。

1. 拆焊工具

（1）吸锡器

吸锡器用于收集拆卸电子元件时熔融的焊锡,是拆焊时常用的工具,有手动、电热两种。维修拆卸零件需要使用吸锡器,尤其是大规模集成电路,更为难拆,拆不好容易破坏印制电路板,造成不必要的损失。

　　按照吸筒壁材料,可分为塑料吸锡器和铝合金吸锡器,大部分吸锡器均为活塞式结构。塑料吸锡器轻巧,做工一般,价格便宜,长型塑料吸锡器吸力较强;铝合金吸锡器外观漂亮,吸筒密闭性好,一般可以单手操作,更加方便。

　　按照是否可以电加热,吸锡器可以分为手动吸锡器和电热吸锡器,如图 9.2.1 所示。手动吸锡器使用时配合电烙铁一起使用,电热吸锡器直接可以拆焊,部分电热吸锡器还附带烙铁头,换上后可以作为烙铁焊接用。手动吸锡器一般大部分是塑料制品,它的头部由于常常接触高温,所以通常都采用耐高温塑料制成。

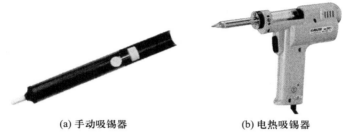

(a) 手动吸锡器　　　　　　　(b) 电热吸锡器

图 9.2.1　吸锡器

　　① 手动吸锡器使用方法

　　A. 胶柄手动吸锡器的里面有一个弹簧,使用时,先把吸锡器末端的滑杆压入,直至听到"咔"声,则表明吸锡器已被固定。

　　B. 再用烙铁对接点加热,使接点上的焊锡熔化,同时将吸锡器靠近接点,按下吸锡器上面的按钮即可将焊锡吸上。

　　C. 若一次未吸干净,可重复上述步骤。

　　② 电热吸锡器使用方法

　　电热吸锡器的外观一般呈手枪式结构,也叫作电动吸锡枪,主要由真空泵、加热器、吸锡头及容锡室组成,是集电动、电热吸锡于一体的新型除锡工具。电热吸锡器由于自带电热头,单手就能用,用起来方便很多。

　　A. 吸锡枪接通电源后,进行 5 ~ 10 min 预热。

　　B. 当吸锡头的温度升至最高时,用吸锡头贴紧焊点使焊锡熔化。

　　C. 同时将吸锡头内孔一侧贴在引脚上,并轻轻拨动引脚,待引脚松动、焊锡充分熔化后,扣动扳机吸锡即可。

　　(2) 吸锡带

　　吸锡带是一种特制的涂了助焊剂的细铜丝编织带,如图 9.2.2(a) 所示,能够有效地将熔化的焊锡吸附在金属丝上,尤其是处理少量焊锡时,吸得非常干净,常用来精密去除多余焊锡。由于吸锡带不能重复使用,属于消耗品,单用损耗较大,常和吸锡器搭配使用,如图 9.2.2(b) 所示。

　　吸锡带使用时和吸锡器一样,都需要配合电烙铁。首先要用电烙铁将焊点上的焊锡熔融后,再用吸锡带将多余的焊锡吸走。

(a) 吸锡带

(b) 吸锡带和吸锡器搭配使用

图 9.2.2 吸锡带

由于吸锡带十分柔软,没有吸锡器使用时的物理振动,所以常在集成芯片拆卸中使用。此外,使用吸锡带清理印制电路板上的焊盘时,不会影响到周围紧密排列的其他元器件。

(3) 空心针

空心针的作用是方便拆卸元器件的引脚,使用方法是:将针孔穿入元器件引脚,用电烙铁加温,略做旋转,即可使元器件引脚与印制电路板铜箔彻底分离,多用来拆老式直插元件的焊盘。空心针可用医用针管改装,要选取不同直径的空心针管,市场上有维修专用的空心针管,如图 9.2.3 所示。

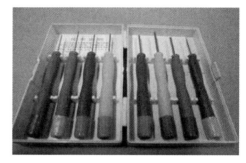

图 9.2.3 维修专用空心针管

(4) 镊子

拆焊以选用端头较尖的不锈钢镊子为佳,它可以用来夹住元器件引线,挑起元器件引脚或线头。

2. 清洗工具

清洗工具是用来清洗电路板与元器件的,经常在拆焊或完成整个电路的焊接时使用。

(1) 毛刷、酒精

清洗用的工具最常见的是毛刷和酒精。在清洗多余焊膏、松香、杂质时,一般都使用酒精擦涂,一般医用酒精即可满足使用要求。

毛刷在选择时应注意,必须选择防静电的毛刷。应使用天然材料制成的毛刷,禁用塑料毛刷。其次,若使用金属工具进行清洁,必须切断电源,且对金属工具进行泄放静电的处理。常用毛刷和酒精如图 9.2.4 所示。

(2) 气囊

气囊是元器件维修或保养时的必备清洁工具,它可清除物体表面和隐蔽处的灰尘,同时也可清除机内清洗后附着的水分。在使用气囊时要轻轻按动,将灰尘驱离机身即可,不要过于猛烈地用气吹,灰尘不是沙子,很多都能在空气中飘浮很久,短时间内不会自行落地,还会再回来沾染到元器件上,反而更麻烦。气囊外形如图 9.2.5 所示。

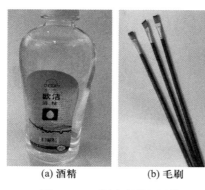

(a) 酒精　　　　(b) 毛刷

图 9.2.4　常用毛刷和酒精　　　　图 9.2.5　气囊外形

（3）脱脂棉、棉签

在清洗时也会用到脱脂棉来进行擦拭,对于管脚微小的器件,还会使用棉签蘸取酒精进行擦拭。脱脂棉、棉签选用普通医药商店销售产品即可,选购脱脂棉时尽量挑选纤维比较长、比较整齐的。

9.2.4 实验步骤

1. 用镊子进行拆焊

在没有专用拆焊工具的情况下,用镊子进行拆焊因其方法简单,是印制电路板上元器件拆焊常采用的拆焊方法。由于焊点的形式不同,其拆焊的方法也不同。

（1）分点拆焊

对于印制电路板中引线之间焊点距离较大的元器件,拆焊时相对容易,一般采用分点拆焊的方法,其示意图如图 9.2.6 所示。操作过程如下。

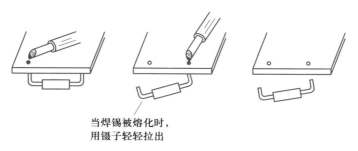

当焊锡被熔化时,
用镊子轻轻拉出

图 9.2.6　分点拆焊示意图

第一步:固定印制电路板,同时用镊子从元器件面夹住被拆元器件的一根引线;

第二步:用电烙铁对被夹引线上的焊点进行加热,以熔化该焊点的焊锡;

第三步:待焊点上焊锡全部熔化,将被夹的元器件引线轻轻从焊盘孔中拉出;

第四步:用同样的方法拆焊被拆元器件的另一根引线;

第五步:用烙铁头清除焊盘上多余焊料。

（2）集中拆焊

对于拆焊印制电路板中引线之间焊点距离较小的元器件,如晶体管等,拆焊时具有一定的难度,多采用集中拆焊的方法,其示意图如图 9.2.7 所示。操作过程如下。

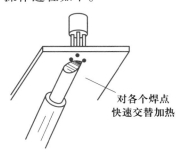

第一步:固定印制电路板,同时用镊子从元器件一侧夹住被拆焊元器件;

第二步:用电烙铁对被拆元器件的各个焊点快速交替加热,以同时熔化各焊点的焊锡;

第三步:待焊点上的焊锡全部熔化,将被夹的元器件引线轻轻从焊盘孔中拉出;

第四步:用烙铁头清除焊盘上多余焊料。

图 9.2.7　集中拆焊示意图

注意:此办法加热要迅速,注意力要集中,动作要快。如果焊接点引线是弯曲的,要逐点间断加温,先吸取焊接上的焊锡,露出引脚轮廓,并将引线拉直后再拆除元器件。

（3）同时加热拆焊

在拆卸引脚较多、较集中的元器件时(如天线圈、振荡线圈等),采用同时加热方法比较有效。操作过程如下。

第一步:用较多的焊锡将被拆元器件的所有焊点连在一起;

第二步:用镊子钳夹住被拆元器件;

第三步:用内热式电烙铁头,对被拆焊点连续加热,使被拆焊点同时熔化;

第四步:待焊锡全部熔化后,用时将元器件从焊盘孔中轻轻拉出;

第五步:清理焊盘,用一根不沾锡的 $\Phi3$ mm 的钢针从焊盘面插入孔中,如焊锡封住焊孔,则需用烙铁熔化焊点。

2. 用吸锡工具进行拆焊

（1）用专用吸锡烙铁进行拆焊

对焊锡较多的焊点,可采用吸锡烙铁去锡脱焊。拆焊时,吸锡电烙铁加热和吸锡同时进行,其操作如下。

第一步:吸锡时,根据元器件引线的粗细选用锡嘴的大小;

第二步:吸锡电烙铁通电加热后,将活塞柄推下卡住,如图 9.2.8(a)所示;

第三步:锡嘴垂直对准吸焊点,待焊点焊锡熔化后,再按下吸锡烙铁的控制按钮,焊锡即被吸进吸锡烙铁中,如图 9.2.8(b)所示。反复几次,直至元器件从焊点中脱离。

若吸锡时,焊锡尚未充分熔化,则可能会造成引脚处有残留焊锡。遇到此类情况时,应在该引脚处补上少许焊锡,然后再用吸锡烙铁或吸锡枪吸锡。根据元器件引脚的粗细,可选用不同规格的吸锡头。标准吸锡头内孔直径为 1 mm、外径为 2.5 mm。若元器件引脚间距较小,应选用内孔直径为 0.8 mm、外径为 1.8 mm 的吸锡头;若焊点大、引脚粗,可选用内孔直径为 1.5~2.0 mm 的吸锡头。

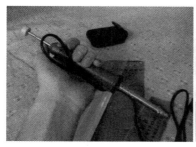 

(a) 通电加热、推下活塞　　　　　　　(b) 熔化焊点并吸锡

图 9.2.8　吸锡电烙铁拆焊示意图

吸锡烙铁或吸锡枪在使用一段时间后必须清理,否则内部活动的部分或头部会被焊锡卡住。

(2)用吸锡器进行拆焊

吸锡器就是专门用于拆焊的工具,装有一种小型手动空气泵,其拆焊示意图如图 9.2.9 所示。其拆焊过程如下。

 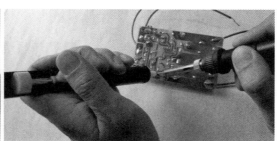

图 9.2.9　吸锡器拆焊示意图

第一步:将吸锡器的吸锡压杆压下。

第二步:用电烙铁将需要拆焊的焊点熔融。

第三步:将吸锡器吸锡嘴套入需拆焊的元件引脚,并没入熔融焊锡。

第四步:按下吸锡按钮,吸锡压杆在弹簧的作用下迅速复原,完成吸锡动作。如果一次吸不干净,可多吸几次,直到焊盘上的锡吸净,而使元器件引脚与铜箔脱离。

手动吸锡器使用时应注意以下事项:

① 要确保吸锡器活塞密封良好。通电前,用手指堵住吸锡手动吸锡器的小孔,按下按钮,如活塞不易弹出到位,说明密封是好的。

② 吸锡器头的孔径有不同尺寸,要选择合适的规格使用。

③ 吸锡器头用旧后,要适时更换新的。

④ 接触焊点以前,每次都蘸一点松香,改善焊锡的流动性。

⑤ 头部接触焊点的时间稍长些,当焊锡熔化后,以焊点针脚为中心,手向外按顺时针方向画一个圆圈之后,再按动吸锡器按钮。

（3）用吸锡带进行拆焊

吸锡带是一种通过毛细吸收作用吸取焊料的细铜丝编织带,使用吸锡带操作简单,效果较佳,如图9.2.10所示。其拆焊操作方法如下。

第一步:将铜编织带(专用吸锡带)放在被拆焊的焊点上。

第二步:用电烙铁对吸锡带和被焊点进行加热。

第三步:一旦焊料熔化,焊点上的焊锡逐渐熔化并被吸锡带吸去。

第四步:如被拆焊点没完全吸除,可重复进行。每次拆焊时间为2～3 s。

（4）空心针拆焊

第一步:使用时,要根据元器件引脚的粗细选用合适的空心针头,常备9～24号针头各一只。

第二步:操作时,右手用烙铁加热元器件的引脚,使元件引脚上的锡全部熔化。

第三步:这时左手把空心针头左右旋转刺入引脚孔内,使元件引脚与铜箔分离。

第四步:针头继续转动,去掉电烙铁,等焊锡固化后,停止针头的转动并拿出针头,就完成了拆焊任务,如图9.2.11所示。

图9.2.10　吸锡带拆焊示意图

图9.2.11　空心针拆焊示意图

9.2.5 注意事项

1. 严格控制加热的时间与温度

一般元器件及导线绝缘层的耐热较差,受热易损元器件对温度更是十分敏感。在拆焊时,如果时间过长,温度过高会烫坏元器件,甚至会使印制电路板焊盘翘起或脱落,进而给继续装配造成很多麻烦。因此,一定要严格控制加热的时间与温度。

2. 拆焊时不要用力过猛

塑料密封器件、瓷器件和玻璃端子等在加温情况下，强度都有所降低，拆焊时用力过猛会引起器件和引线脱离或铜箔与印制电路板脱离。

3. 不要强行拆焊

不要用电烙铁去撬或晃动接点，不允许用拉动、摇动或扭动等办法去强行拆除焊接点。

4. 各类焊点的拆焊方法和注意事项

各类焊点的拆焊方法和注意事项如表 9.2.1 所示。

表 9.2.1　各类焊点的拆焊方法和注意事项

焊点类型		拆焊方法	注意事项
引线焊点拆焊		首先用烙铁头去掉焊锡，然后用镊子撬起引线并抽出。如引线用缠绕的焊接方法，则要将引线用工具拉直后再抽出	撬、拉引线时不要用力过猛，也不要用烙铁头乱撬，要先弄清引线的方向
引脚不多元器件的焊点拆焊		采用分点拆焊法，用电烙铁直接进行拆焊。一边用电烙铁对焊点加热至焊锡熔化，一边用镊子夹住元器件的引线，轻轻地将其拉出来	这种方法不宜在同一焊点上多次使用，因为印制电路板上的铜箔经过多次加热后很容易与绝缘板脱离而造成电路板的损坏
有塑料骨架的元器件的拆焊		因为这些元器件的骨架不耐高温，所以可以采用间接加热拆焊法。拆焊时，先用电烙铁加热除去焊接点焊锡，露出引线的轮廓，再用镊子或捅针挑开焊盘与引线间的残留焊锡，最后用烙铁头对已挑开的个别焊点加热，待焊锡熔化时，迅速拨下元器件	不可长时间对焊点加热，防止塑料骨架变形
焊点密集的元器件的拆焊	采用空心针管	使用电烙铁除去焊接点焊锡，露出引脚的轮廓。选用直径合适的空心针管，将针孔对准焊盘上的引脚。待电烙铁将焊锡熔化后迅速将针管插入电路板的焊孔并左右旋转，这样元器件的引线便和焊盘分开了。 优点：引脚和焊点分离彻底，拆焊速度快。很适合体积较大的元器件和引脚密集的元器件的拆焊。 缺点：不适合如双联电容器引脚呈扁片状元器件的拆焊；不适合像导线这样不规则引脚的拆焊	① 选用针管的直径要合适。直径小于引脚插不进；直径大了，在旋转时很容易使焊点的铜箔和电路板分离而损坏电路板；② 在拆焊中周、集成电路等引脚密集的元器件时，应首先使用电烙铁除去焊接点焊锡，露出引脚的轮廓，以免连续拆焊过程中残留焊锡过多而对其他引脚拆焊造成影响；③ 拆焊后若有焊锡将引线插孔封住可用铜针将其捅开

续表

焊点类型		拆焊方法	注意事项
焊点密集的元器件的拆焊	采用吸锡电烙铁	它具有焊接和吸锡的双重功能。在使用时,只要把烙铁头靠近焊点,待焊点熔化后按下按钮,即可把熔化的焊锡吸入储锡盒内	无
	采用吸锡器	吸锡器本身不具备加热功能,它需要与电烙铁配合使用。拆焊时先用电烙铁对焊点进行加热,待焊锡熔化后撤去电烙铁,再用吸锡器将焊点上的焊锡吸除	撤去电烙铁后,吸锡器要迅速地移至焊点吸锡,避免焊点再次凝固而导致吸锡困难
	采用吸锡绳	使用电烙铁除去焊接点焊锡,露出导线的轮廓。将在松香中浸过的吸锡绳贴在待拆焊点上,用烙铁头加热吸锡绳,通过吸锡绳将热量传导给焊点熔化焊锡,待焊点上的焊锡熔化并吸附在锡绳上,抻起吸锡绳。如此重复几次即可把焊锡吸完。此方法在高密度焊点拆焊点拆焊操作中具有明显优势	吸锡绳可以自制,方法是将多股胶质电线去皮后拧成绳状(不宜拧得太紧),再加热吸附上松香助焊剂即可

9.3　SMT 贴片式元器件拆卸方法

9.3.1 实验目的

1. 了解贴片器件拆焊工艺的工具、手法;
2. 熟练掌握贴片电子元器件的拆焊工艺。

9.3.2 实验器材

1. 带有贴片元器件的废旧电路板;
2. 电烙铁、吸锡器、镊子、热风机等拆焊工具。

9.3.3 实验内容

SMT 贴片式元器件由于体积小、引脚多,拆焊起来往往非常麻烦,需要一定的经验和技巧,其使用工具也和普通拆焊略有不同。除上节中提到的拆焊工具外,还有以下几种。

1. 热风台、热风枪

热风台、热风枪是利用发热电阻丝的枪芯吹出的热风来对元件进行焊接与摘取元件的工具,如图 9.3.1 所示。热风台、热风枪控制电路的主体部分包括温度信号放大电路、比较电路、可控硅控制电路、传感器、风控电路等。为了提高电路的整体性能,还设置有辅助电路,如温度显示电路、关机延时电路和过零检测电路。设置温度显示电路是为了便于调温。温度显示电路显示的温度为电路的实际温度,在操作过程中可以依照显示屏上显示的温度来手动调节。

图 9.3.1　热风台、热风枪

2. BGA 焊台

BGA 的全称是 ball grid array,即球栅阵列结构的 PCB,它是集成电路的一种封装法,它的 I/O 端子以圆形或柱状焊点按阵列形式分布在封装下面,如图 9.3.2(a)所示。由于 BGA 芯片焊接的温度要求比较高,引脚分布的形式与普通器件也有一定差别,一般用的加热工具(如热风枪)满足不了它的需求,因此常用专业的 BGA 焊台来进行拆焊工作。BGA 焊台一般也叫 BGA 返修台,如图 9.3.2(b)所示,在工作的时候按照标准的回流焊曲线温度进行设定。用好一点的 BGA 焊台进行元器件焊接、检修等工作,成功率可以达到98%以上。

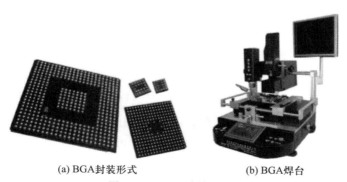

(a) BGA封装形式　　　　　　(b) BGA焊台

图 9.3.2　BGA 拆焊工具

3. 专用拆焊烙铁头

对于 SMT 贴片器件来说,还可以采用不同规格的专用烙铁头来进行拆卸。拆焊时只要根据器件尺寸,将专用烙铁头更换至普通烙铁上即可使用,与其他焊接工具相比较,无需操作人员有很高的操作技巧。在使用专用拆焊烙铁头时,一定注意要根据元器件尺寸选择合适的烙铁头,尺寸合适是降低损伤芯片的先决条件。

(1) 镊型烙铁头。用一对镊型烙铁头就可拆除多种元器件,其具有使用灵活、工作效率高等特点,如图9.3.3(a)所示。

(2) 开槽式烙铁头。常用于超小尺寸的元器件拆焊,如图9.3.3(b)所示。

(3) 隧道式烙铁头。常用于引脚排列在两边的SMT器件,如图9.3.3(c)所示。

(4) 方形烙铁头。常用于四边引出引脚的SMT器件,如图9.3.3(d)所示。

(5) 扁铲式烙铁头。常用于拆焊完成后,清除残留焊锡,常和吸锡带配合使用。使用时要选择合适尺寸的扁铲式烙铁头,吸锡带宽度应与焊盘宽度一致,并选用符合工艺要求的助焊剂。若残留焊锡较少,且符合工艺要求,可不用吸锡带,直接用扁铲式烙铁头平整焊盘,如图9.3.3(e)所示。

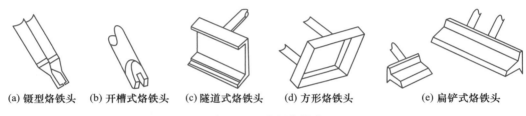

(a) 镊型烙铁头　(b) 开槽式烙铁头　(c) 隧道式烙铁头　(d) 方形烙铁头　　　(e) 扁铲式烙铁头

图9.3.3　专用烙铁头

9.3.4 实验步骤

1. 热风枪拆焊

第一步:选择合适的热风头。热风枪的热风头是可以更换的,拆焊前应首先根据需要拆焊的器件尺寸,选择合适大小的热风头。

第二步:热风枪加热。将热风枪对准拆焊芯片,均匀加热芯片各个引脚。

热风枪在使用时应特别注意温度、风量、时间、距离的控制。在吹带塑料外壳的集成芯片时,过高的温度、过长的时间、过近的距离都会把塑料外壳吹变形或烧坏元器件。若温度过低、风量过小,势必增加熔化焊点的时间,反而会让过多的热量传到芯片内部,容易损坏器件。若风量过大,则可能会影响到周边器件,甚至将周围元器件吹跑。

初学者使用时可将温度、送风量旋钮调至中间挡位。以热风枪850为例,可把热风枪的温度调到5.5,热风枪的刻度风量调到6.5~7,此时实际温度是270~280 ℃。风枪嘴离功放的高度应为8 cm左右(可根据情况自己掌握,但不能太近)。

第三步:移除芯片。因为金属导热快,锡很快就会熔化。待芯片各引脚焊锡均熔化时,就可以用镊子将器件完好无损地取下来了,如图9.3.4所示。

第四步:清理及补焊。在原来的焊盘上补焊新的功放器件前,还应先用热风枪对焊盘加热清理。若遗留焊锡适中,且符合工艺要求,可待焊盘上的锡熔化时直接放上新的器件,然后用热风枪吹元器件引脚就可以完成补焊。当焊盘上遗留的焊锡过多且不规则,无法采用前述方法补焊时,应将焊盘上残留的焊锡、助焊剂等清除干净,重新进行新元器件的焊接。

图 9.3.4 热风枪拆焊

2. 烙铁拆焊

第一步:先在元器件一边的引脚上锡,另一边不要上锡。这时上锡的一侧会微微翘起,如图 9.3.5(a)所示。

第二步:用镊子顶住翘起一侧,如图 9.3.5(b)所示,并用电烙铁对翘起一侧进行拖焊,如图 9.3.5(c)所示。当焊锡逐渐熔化时,用镊子轻轻撬动芯片,但不要太用力,直至该侧引脚完全脱离焊盘,如图 9.3.5(d)所示。

(a) 一侧引脚上锡

(b) 镊子顶住翘起一侧

(c) 进行拖焊

(d) 引脚完全脱离焊盘

图 9.3.5 拆焊一侧引脚

第三步:同样方法拆焊另一侧,此时可不用镊子撬,直接在拖焊时用镊子移除芯片即可,如图 9.3.6 所示。

第四步:清理引脚和焊盘。

首先给烙铁上锡,在烙铁上形成锡珠,如图 9.3.7 所示。

其次,如图 9.3.8 所示,用镊子垂直并倾斜着夹持芯片,涂上焊剂,然后用烙铁上带的锡珠,自上而下拖动。拖动的时候,如果还见到连锡,可以用烙铁碰一下这些引脚,然后横向抽开,直至引脚连锡清除干净。

(a) 拆焊另一侧引脚   (b) 移除下来的芯片

图 9.3.6　移除芯片

(a) 烙铁上锡   (b) 形成锡珠

图 9.3.7　烙铁上锡形成锡珠

(a) 带锡珠拖焊   (b) 清理完毕的芯片

图 9.3.8　清理引脚连锡

9.3.5　注意事项

1. 对热敏感的电路板和芯片要避免选择温度过高的烙铁头或热风枪。

2. 对电路板的接地铜箔过多、焊点过大的芯片,要选择温度较高的烙铁或热风枪。这样才可保证在所需的时间范围内使焊点的焊锡达到熔化。

3. 对元器件密度大的电路板需采用超细烙铁头,此时最好选择温度高的烙铁头对焊点进行快速的热传导。

4. 如果拆除的芯片仍打算重新使用,在拆除时要格外小心,注意不要损伤芯片的引脚。

5. 电路板上的焊盘总是要重复使用的,因此,高温度将会把粘贴焊盘的黏合剂破坏使焊盘脱落。要尽量在较短的时间内采用较低的温度进行焊接。

6. 请勿将热风枪与化学类(塑料类)的刮刀一起使用。

7. 当热风枪使用时或刚使用过后,不要去碰触喷嘴,热风枪的把手必需保持干燥、干净且远离油品或瓦斯,严禁对着人直吹。

8. 热风枪要完全冷却后才能存放。

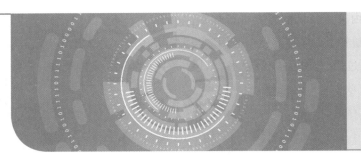

第10章

模拟电路综合设计及制作

10.1 家庭影院（音频功率放大器）设计及制作

10.1.1 实验目的

1. 通过实验,学会数字电路、模拟电路的电路分析;

2. 熟练使用电子电工的基本工具,主要有万用表、示波器、信号发生器、实验电源以及其他工具;

3. 学习和掌握电子制作工艺流程,包括设计、加工、焊接、调试、修改完善等流程;

4. 学习实际电路的操作方法和调制过程,提高动手实践能力。

10.1.2 实验器材

1. 双踪示波器、信号发生器、直流稳压电源、万用表各 1 台;

2. 电烙铁、焊锡丝等焊接工具;

3. 钻台 1 台;

4. 蚀刻工具 1 套;

5. 元器件清单见附表。

10.1.3 实验原理

1. 实验原理图说明

音频功率放大器实验总原理图如图 10.1.1 所示。可以将该整体原理图分为四部分进行原理介绍。

第一部分为第一级放大电路,原理图如图 10.1.2 所示,它是由 T_1 和 R_1、R_2、R_3 组成的 NPN 晶体管共射放大电路,信号源的输入和第一级之间为阻容耦合。

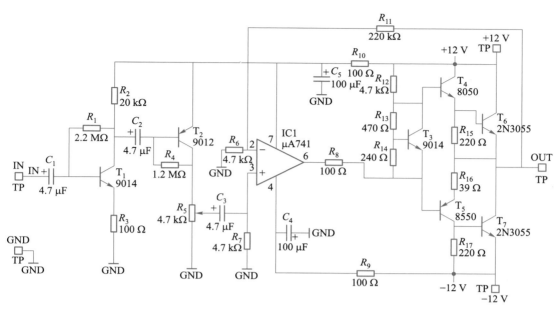

图 10.1.1 音频功率放大器实验总原理图

第二部分为第二级放大电路,原理图如图 10.1.3 所示,它是由 T_2 和 R_4、R_5 组成的 PNP 晶体管的共射放大电路,第一级和第二级之间为阻容耦合。

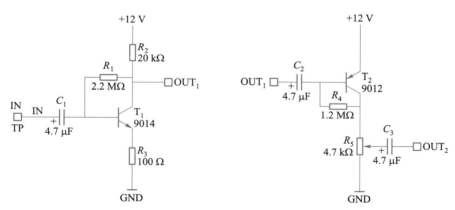

图 10.1.2 第一级放大电路原理图   图 10.1.3 第二级放大电路原理图

输入信号通过前两级的放大之后,通过电位器 R_5 进行调节输入第三级放大电路,从而控制最终信号的幅度。第二级和第三级之间采用阻容耦合的形式。

第三部分为第三级放大电路,是由运算放大器和 R_6、R_{11} 组成的负反馈放大电路,原理图如图 10.1.4 所示,主要完成电压的放大。放大倍数可以通过运放负反馈来计算,详细介绍请参照反馈放大电路一节。

第四部分是互补输出电路。乙类双电源互补对称功率放大电路原理图如图 10.1.5 所示。工作原理为,当静态即 $u_i = 0$ 时,T_4 和 T_5 均零偏置,两管的 I_{BQ}、I_{CQ} 均为零,$u_O = 0$,电路不消耗功率。当 $u_i > 0$,即波形处于正半周期时,T_4 正偏导通,T_5 反偏截止,R_L 上有正方向电

流;当 $u_i < 0$,即波形处于负半周期时,T_4 正偏截止,T_5 反偏导通,R_L 上有负方向电流。这种电路,由于没有直流偏置,管子必须在 $|U_{BE}|$ 大于其阈值电压时才能导通,当 u_i 小于这个值时,T_4 和 T_5 都处于截止状态,在 R_L 上会出现一段死区,如图 10.1.6 所示,这种现象叫作交越失真。并且输入的信号幅度越小时,失真越明显。

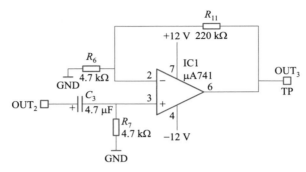

图 10.1.4　第三级放大电路原理图

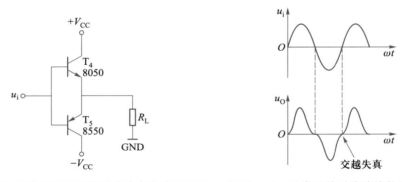

图 10.1.5　乙类双电源互补对称放大电路原理图　图 10.1.6　乙类互补对称功放的交越失真

　　为了克服交越失真,可以给两个互补管的发射结设置一个很小的正向偏置电压,使它们在静态时处于微导通状态。这样,既消除了交越失真,又能使功放工作在接近乙类的甲乙类状态,效率仍然很高。图 10.1.7 就是按照这种要求构成的甲乙类互补对称功放电路。

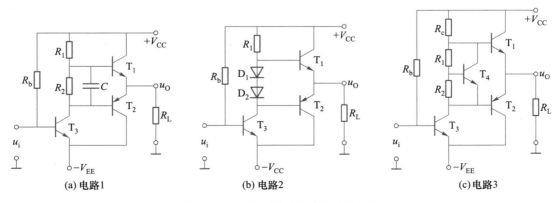

图 10.1.7　甲乙类互补对称功放电路

本实验采用的就是甲乙类互补对称功放电路,和图 10.1.7(c)相同。为提高功率,还在后面接入两个功率晶体管 2N3055。

2. 实验要求

(1) PCB 印刷电路板规格为:6 cm×10 cm;

(2) PCB 要求横平竖直,呈正方形,四角磨去尖角;

(3) 元器件安排设计要符合电气技术要求,排列整齐,元器件管脚距 PCB 不小于 3 mm,不大于 5 mm;

(4) 电气连接线宽度不小于 1.5 mm,间距不小于 1 mm,焊盘直径不小于 6 mm;

(5) PCB 上 1 mm 的铜箔能通过 1 A 的电流,电流大的地方线宽及间距应相应加宽,方便散热;

(6) 线路连接不得外接连线,焊点要根据管脚粗细不同而大小不同,焊点要光滑圆亮。

10.1.4 实验过程

1. 需求分析

本实验要求实现高保真音频功率放大器的实现,放大倍数在 500 倍以上,观察波形无明显失真,接听音乐时无噪音。

原理设计如图 10.1.1 所示,采用晶体管放大和功率放大器进行信号放大,最后采用晶体管组成互补输出级完成信号的放大。电路的参数如原理图所示。

2. 原理图分析

(1) 学习并分析电路原理图,计算前两级的静态工作点。

(2) 计算电路中各级放大倍数,以及最终的放大倍数。

(3) 学习互补对称输出级的功率放大原理,分析产生交越失真的原因,并分析去除交越失真的方法。对实际应用的原理图进行分析总结。

3. 绘制原理图

绘制原理图时推荐使用的软件为 Altium Designer,也可以采用其他软件进行设计。详细设计步骤参照前面相应章节,在此仅作简要步骤介绍。

(1) 安装 Altium Designer。

(2) 根据个人习惯或需要,将英文编辑环境切换到中文编辑环境。

(3) 创建一个新 PCB 项目,并在项目内创建一个新的原理图图纸。

(4) 设置原理图选项并保存原理图文件。

（5）添加所需要的库文件。

（6）在原理图中放置元器件，并选择和设定正确的参数，主要有电阻值、电容值以及元器件的封装等。如果在元器件的放置过程中，找不到相应的元器件原理图或封装类型，就需要自己创建原理图和封装图。元器件应摆放在适当的位置，以便于下一步的连线。

（7）连接电路。按照给定原理图，进行原理图电路的连接。连线需要连接到元器件的电气连接点上。

（8）编译该项目并且检查排除错误项。

4. 绘制 PCB

（1）创建一个新的 PCB 文件，可以采用 PCB 向导来创建 PCB 文件。

（2）添加 PCB 文件到上面的 PCB 工程中。

（3）检查封装：到原理图文件中，利用封装管理器检查并且确定每一个元器件的封装。

（4）导入设计，利用 UpdatePCB 命令产生 ECO（工程变更命令），它将把原理图信息导入目标 PCB 文件。

（5）更新 PCB。

（6）设置必要的新的设计规则，指明电源线、地线的宽度等。

（7）布局：将元器件放置到 PCB 中。当元器件和封装类型确定好之后，把所有的元器件放置在 6 cm×10 cm 的板子上，PCB 元器件布局具体效果如图 10.1.8 所示。

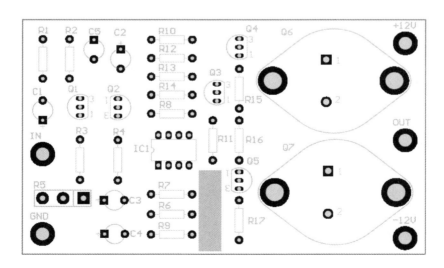

图 10.1.8　PCB 元器件布局具体效果

（8）手动布线。实验中所用到的电路板为单面的覆铜板，在设计布局和布线时，元器件全部放在正面，背面用来走线，电气连接线宽度不小于 1.5 mm，间距不小于 1 mm。除了手动布线之外，还可以采用自动布线的方式进行布线。不过在自动布线之前，要设定好规则。自动布线较为简单，但是自动布线不如手动布线美观。可以采用自动布线完成之后，再进行手动的修改。

（9）覆铜或填充处理。将电路中有大片空白的地方进行覆铜或者填充处理,这样能够增大导通面积,减小导通的电流值。最终设计好的 PCB 终板电路如图 10.1.9 所示。

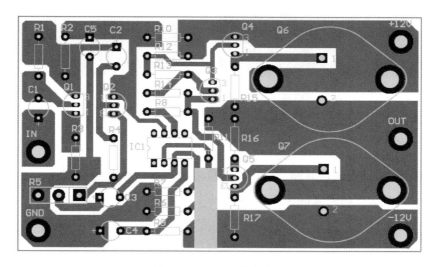

图 10.1.9　PCB 终板电路

5. 印制电路板制作

印刷电路板制作详细步骤请参照前面章节,在此仅作简要的步骤说明。

① 打印:打印 PCB 图纸到热转印纸光滑一面。

② 剪裁:用裁纸刀,将打印出来的电路图进行适当裁剪,一般周围留出 2 ~ 3 cm 的空白即可。

③ 热转印:热转印机温度调至 180 ℃进行预热,绿灯亮时温度达到设定温度。预热时需要将覆铜板去氧化层处理,处理后如图 10.1.10 所示。之后将热转印纸和覆铜板贴合,用高温胶带固定。

④ 补漆:轻轻揭开热转印纸,观察碳粉是否全部转印到了覆铜板上,若有些脱落,可用油性笔进行补漆。

⑤ 蚀刻:将环保蚀刻剂按照 1∶4 的比例溶于水,也就是 200 g 的蚀刻剂对应 800 ml 的水。打开温度和液动进行预热,然后将覆铜板放入溶液中,直至腐蚀完成。

⑥ 打孔:将腐蚀完的电路板用清水冲洗后,用钻台进行打孔。

⑦ 打磨:将打完孔的电路板,置于水中,用砂纸或者钢丝球进行打磨,直到碳粉打磨干净。

⑧ 涂松香水:将打磨完的电路板,擦干净之后,在有铜的一面涂一层松香水,晾干之后,电路板就制作完成了。

根据上述步骤,制作完成的 PCB 板实物图如图 10.1.11 所示。

图 10.1.10   覆铜板预处理

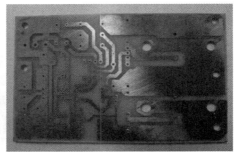

图 10.1.11   PCB 板实物图

6. 元器件选型

对实验中所使用的电阻、电容、晶体管、电位器等进行识别,并且标记它们的参数,做好记录。对照附录中所使用的元器件清单,进行清点。

7. 焊接

按照设计的 PCB,进行实物焊接。焊接技术参见前面焊接相应章节。

焊接要注意的是,要认真仔细,注意电阻的位置,晶体管的管脚顺序。同时要保证焊接的质量,避免出现虚焊、漏焊的情况。焊接完成后,要剪去背面多余的管脚。焊接完成的板子正、背面分别如图 10.1.12 和图 10.1.13 所示。

图 10.1.12   焊接完成的板子正面

图 10.1.13   焊接完成的板子背面

8. 调试

(1) 检查电路板的走线和焊接。肉眼观察电路板的背面走线和焊接情况,如果出现疑似短路的焊点或者虚焊焊点,重新焊接后,用万用表进行测量确认。直至所有焊点和走线没有问题,则可以进入下一步。

(2) 万用表正面检测。使用万用表,对照原理图,检查所有元器件的连接情况,如果有某一条连线正面测试不导通,检查是否为焊接问题。如果不是焊接问题,则检查电路设计,是否有遗漏一条连接线的情况。直至电路原理图上所有的连线,在电路板的正面全部导通,则可进入下一步。

(3)静态调试之上电

调节稳压电源,选择"组合－串联"的方式进行输出,双路稳压电源输出电压如图
10.1.14 所示。

这样第一路的负端和第二路的正端相连,为
电路板电源的 GND 信号。右侧为-12 V,左侧为
+12 V。电源调节好之后,用万用表测量输出是
否为-12 V 和+12 V。

确定无误后电源断电,将电路板接入稳压
电源。

打开稳压电源,观察电源的电压和电流的变

图 10.1.14 双路稳压电源输出电压

化。如果电流较大,在 100 mA 以上,甚至出现 2 A 的电流,则需要断电检查电路。这种情况
下,一般常出现的错误有:① 电路有短路情况,重复步骤(1)和(2),同时检查是否有不应该
连接的线连在了一起;② 元器件位置焊接错误。检查电路板上的元器件型号的位置是否和
原理图一致,电阻可以用色环法进行读取;③ 元器件有损坏。重点检查小功率晶体管和运
算放大器,晶体管的检查方法可以参考晶体管相应章节。注意:所有元器件的测量,必须拆
出电路进行测量。直至上电之后,稳压源电压稳定,电流在 10 mA 以下,则可进入下一步。

(4)静态调试之直流电压测量

电路板上电之后,测量运算放大器管脚电压,正常情况下:2 号和 3 号管脚电压约等于 0 V;
6 号管脚电压在-1.4 V ~ -0.7 V 之间;7 号管脚电压约为+12 V;4 号管脚电压约为-12 V。

测量 T_3、T_4 和 T_5 的 U_{BE},正常情况下:$U_{BE} \geq 0.4$ V;

如果上述静态测试的电压值达不到上述标准,测量电路的连接情况,围绕出错的地方,
分析电路工作原理,从电路连接和元器件损坏两方面进行排查。

(5)动态调试之信号发生器波形测量

第一步:调节信号发生器输出为图 10.1.15 所示的参数。使信号发生器输出 1 kHz ~
10 kHz、幅值小于 10 mV 的正弦波信号。

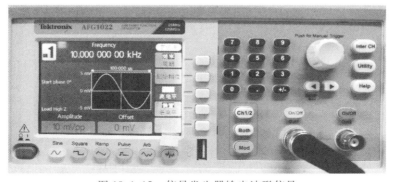

图 10.1.15 信号发生器输出波形信号

　　用示波器观察信号发生器输出的波形,如果测量值和显示值存在两倍的关系,即显示峰峰值为 10 mV,测量值为 20 mV,那么是因为信号发生器输出负载设置为了 50 Ω,需要将输出负载设置为高阻。绘制信号发生器和示波器观测到的波形。

　　第二步:将信号发生器的输出波形添加 5 V 的直流偏置,用示波器观察信号发生器发生的交流波形。注意,如果直接使用自动挡位,则因交流信号太小而观察不到,需要设置为交流耦合的方式。观察并且绘制信号发生器和示波器观测到的波形。添加直流偏置之后的波形如图 10.1.16 所示。

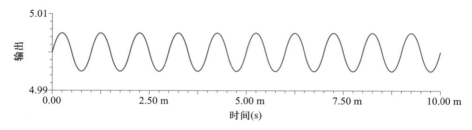

图 10.1.16　添加直流偏置之后的波形

　　第三步:测试完成之后,将信号发生器的偏置电压调节为 0 V,峰峰值调节为 10 mV,输出波形为正弦波。在断电的情况下,接入电路板。注意将红夹子接电路板的 IN 端,黑夹子接 GND 端,检查无误后,依次打开电源开关和信号发生器开关。

　　(6) 动态调试之信号电路板信号检测

　　第一步:用示波器测量图 10.1.17 中的 1 号测试点,此点的波形应该和信号发生器输出的波形一致,但是因为 C_1 的作用,会添加一个直流偏置。测量方式参照步骤(5)中的第二步的测试方法。

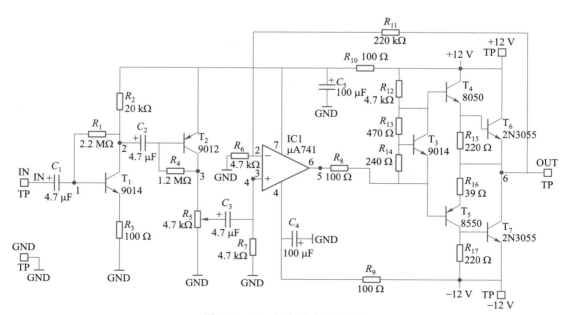

图 10.1.17　电路图关键测试点

第二步:检测第一级放大电路。具体方法为:将 C_1 左边的管脚拆出电路,测量 2 号点的波形。断开 C_2 之后,2 号测试点波形如图 10.1.18 所示,信号反相,有 100 倍左右的放大。如果信号达不到放大倍数或者没有波形,检查电路的焊接情况以及元器件型号的问题。

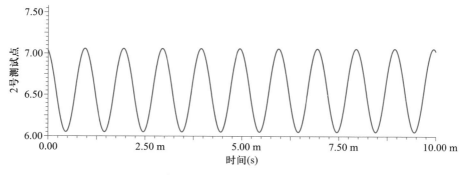

图 10.1.18　2 号测试点波形

第三步:检测第二级放大电路。具体方法为:保持 C_2 左边管脚拆出电路的状态,将信号发生器接到 C_2 左边管脚。断开 C_3 左边管脚,用示波器测量 3 号测试点的信号。3 号测试点波形如图 10.1.19 所示,信号反相,有 200 倍左右的放大。如果信号达不到放大倍数或者没有波形,检查电路的焊接情况以及元器件型号的问题。

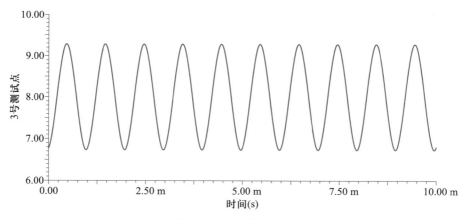

图 10.1.19　3 号测试点波形

第四步:检测第三级放大电路。具体方法为:保持 C_3 左边管脚拆出电路的状态,将信号发生器接到 C_3 左边管脚,用示波器测量 6 号测试点的信号。6 号测试点波形如图 10.1.20 所示,有 50 倍左右的放大。如果信号达不到放大倍数或者没有波形,检查电路的焊接情况以及元器件型号的问题。

通过上述 3 个步骤,能够逐一检测第一级、第二级、第三级电路是否有问题,如果三级的检测都没有问题,则进入下一步。

第五步:将 C_2 和 C_3 焊接到电路中,再分别检测 2 号测试点和 3 号测试点的波形。这时会发现,第二级和第三级的放大倍数都变小了,并且波形出现了失真的情况。测量得到的前两级放大波形如图 10.1.21 所示。

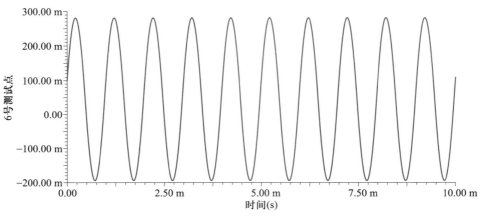

图 10.1.20　6 号测试点波形

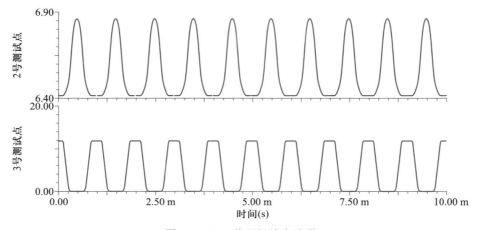

图 10.1.21　前两级放大波形

　　出现了波形失真,是因为输入的波形过大造成了信号放大之后达到了峰值状态。针对失真的问题,提供以下两种解决思路:① 减小输入信号;② 适当降低第一级和第二级的放大倍数,根据仿真波形以及实际检测到的波形进行分析调整。

　　出现放大倍数比单独测量时小,是因为阻抗匹配问题,后级成了前级的负载,前级成了后级的输入。针对阻抗匹配的问题,提供以下解决思路:在 2 号测试点处添加电压跟随电路,电压跟随电路需要单独设计,可以考虑使用晶体管或者运算放大器设计实现。

　　降低第一级放大倍数,同时降低第二级放大倍数之后,可以使前两级达到放大不失真的状态。将第一级的单独放大倍数调整为 10 倍左右,将第二级的单独放大倍数也调整在 10 倍左右,两级通过阻容耦合之后,前两级整体放大倍数大约为 50 倍。前两级降低放大倍数之后的波形如图 10.1.22 所示。第二级的输出和信号发生器的输入信号同相。

　　通过第五步,实现前两级放大电路不失真后,方可进入下一步。

　　第六步:用示波器测量 5 号测试点和 6 号测试点的波形。如果第五步中前两级放大倍数在 50 倍左右,电路设计焊接没有问题的情况下,5 号测试点和 6 号测试点的波形相同,并且相比于输入信号有超过 2 000 倍的放大,波形图如 10.1.23 所示。如果信号达不到放大倍数或者没有波形,检查电路的焊接情况以及元器件型号的问题。

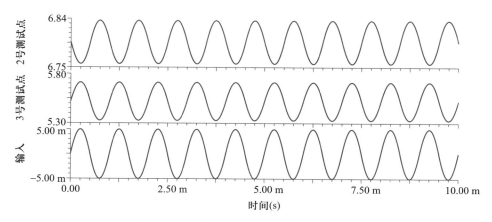

图 10.1.22 前两级降低放大倍数之后的波形

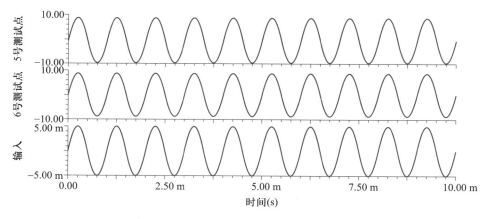

图 10.1.23 5 号测试点和 6 号测试点的波形

5 号测试点和 6 号测试点波形正常之后,调节滑动变阻器,观察最终输出波形的变化。正常波形应该为随着滑动变阻器的减小,输出波形的幅度也相应减小。

通过第六步,实现最终输出波形不失真,并且能够随着滑动变阻器的变化进行变化,则可进入下一步。

(7)测量电路板能放大的输入电压幅值区间

第一步:测量能放大的最小输入电压并计算放大倍数。将 R_5 的滑动端调节至最上端,调节信号发生器,将输出幅值逐渐减小,直到达到信号发生器能输出的最小值。拍照记录输入信号和输出信号,计算对应的放大倍数。能放大的最小不失真电压波形如图 10.1.24 所示。

第二步:测量能放大的最大输入电压并计算放大倍数。将 R_5 的滑动端调节至最上端,调节信号发生器,将输出幅值逐渐增大,直到最终输出波形出现失真,再减小输入信号。找到电路板能放大的最大不失真电压,拍照记录输入信号和输出信号,计算对应的放大倍数。能放大的最大不失真电压波形如图 10.1.25 所示。

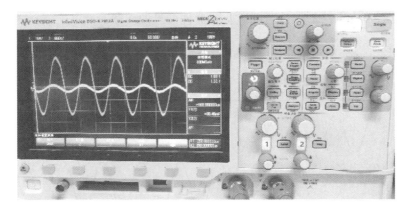

图 10.1.24　能放大的最小不失真电压波形

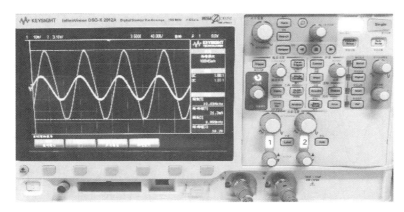

图 10.1.25　能放大的最大不失真电压波形

9. 综合测试

使用音频输入设备和音响设备,测试音频功率放大器的效果。

用收音机的音频输出线代替上述实验步骤中的信号发生器,使用音响代替上述实验中的示波器。调节音频功率放大器上的电位器可以实现音量的控制。

实验过程中,音频的输入设备采用收音机输入,音频接头为 3.5 mm 的耳机接头,耳机接口原理图如图 10.1.26 所示,将音频信号的地和音频信号用导线接出来,用于实验板的接入。

将耳机的 GND 与电路板的 GND 相连,左声道和右声道接入电路板的输入端。音箱的 GND 和电路板的 GND 相连,另一根线与电路板的输出端相连。

打开收音机,调出一个声音稳定的频道,接入电路板。然后打开直流稳压电源进行测试。调节电位器 R_5 旋钮,进行音量的调节。注意:收音机在拔出耳机接口的情况下,是外放模式;接入耳机接口,音频信号通过信号线输出,外放功能关闭。

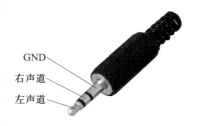

GND
右声道
左声道

图 10.1.26　耳机接口原理图

如果音响不出声,但是调试时有正常的波形输出,这种情况一般为最终的推挽输出电路存在问题,应检查电路的焊接以及元器件的损坏情况。

10.1.5　实验总结

1. 掌握原理图的绘制和 PCB 设计的方法,记录在设计过程中遇到的问题,以及最后怎么解决的。

2. 掌握晶体管放大电路的放大倍数调节方法,学习电压跟随器的工作原理及设计。

3. 学习并掌握 PCB 电路板的制作。

4. 熟悉焊接技术,能够独立完成电路板的焊接工作。

5. 制作完成的产品性能及其介绍,主要包括:工作在 ±12 V 时,能放大的最小输入电压和最大放大倍数是多少;能放大的最大输入电压和放大倍数是多少。

6. 将电路板的性能和实验效果进行详细描述。

7. 书写实验报告,总结实验中遇到的问题和解决办法,书写个人实验心得。

10.2　　手写绘图板设计及制作

10.2.1　实验目的

1. 培养系统设计能力,将理论知识应用于实践,解决实际问题。

2. 学习手写绘图板系统的实验原理。

3. 培养动手实践能力。

4. 深入学习并掌握单片机编程和调试。

5. 学习和掌握液晶屏的显示功能。

10.2.2　实验器材

1. 覆铜板 1 块;

2. 直流稳压电源、数字式万用表、双踪示波器;

3. 电烙铁等焊接工具、导线若干。

10.2.3　实验原理

1. 实验要求

利用普通 PCB 覆铜板设计并制作手写绘图输入设备。系统的构成框图如图 10.2.1 所示。普通覆铜板的尺寸为 15 cm×10 cm,其四角用导线连接成电路,同时,一根带导线的普通表笔连接到电路。表笔可与覆铜板表面任意位置接触,电路应能检测表笔与铜箔的接触,并测量触点位置,进而实现手写绘图功能。覆铜板表面自行绘制纵坐标和横坐标,以及图 10.2.1 中两个虚线框所示的 6 cm×4 cm(高精度区 A)和 12 cm×8 cm(一般精度区 B)两个区域。

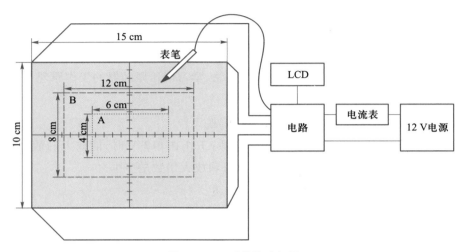

图 10.2.1　系统构成框图

2. 系统总体框图

整个系统分为手写板、恒流模块、电压放大模块、显示模块和系统控制模块(MCU)等,系统总体模块框图如图 10.2.2 所示。

3. 方案论证和比较

(1)控制模块

本实验主控芯片采用高性能、低功耗的 8 位 AVR 微处理器 ATmega16 芯片。

本芯片有先进的 RISC 结构,具有 131 条指令,大多数指令的执行时间为单个时钟

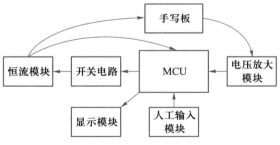

图 10.2.2　系统总体模块框图

周期。本芯片有 32 个 8 位通用工作寄存器,全静态工作,工作于 16 MHz 时性能高达 16 MIPS,只需要两个时钟周期的硬件乘法器。

(2)手写板电路搭建

方案一的电源分布如图 10.2.3 所示。

方案一首先从左边供电,右边为 GND,直接用采样的表笔测量出横向的电压值,从而确定横坐标;然后利用开关电路改变供电方向,测出纵向的电压值,从而确定纵坐标。这种方案的测量有很高的精度。但是在实现时需要继电器供电,而继电器无法提供恒定的电流。

方案二的电源分布如图 10.2.4 所示。

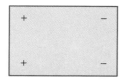 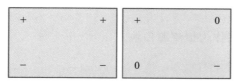 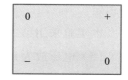

图 10.2.3 方案一的电源分布   图 10.2.4 方案二的电源分布

这种方案采用对角供电,利用恒流源给覆铜板供电,并利用开关电源改变供电的路径,并用表笔采集覆铜板上任意一点的电压,根据公式

$$V_{采集} = kR_{Cu} = bL_{Cu} \qquad (10.2.1)$$

式(10.2.1)中,L_{Cu} 为表笔触点到 GND 的距离。利用画圆求交点的方法,交点即为所得的坐标,如图 10.2.5 所示,但是这种测量精度不是很高,误差较大。

方案三的电源分布如图 10.2.6 所示。

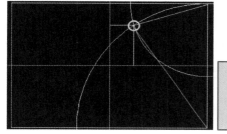 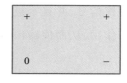

图 10.2.5 画圆求坐标方法   图 10.2.6 方案三的电源分布

这种方案对测量横坐标有很好的精度,定位更加精确,比例关系明显。由于电压和坐标呈线性关系,通过预先定义的数据库显示对应的坐标值,测量纵坐标时误差较小,所以本实验采用第三种方案。

(3)A/D 采集模块

本实验室的 A/D 采集可以直接采用 ATmega16 内部 A/D 采集,ATmega16 内部可以产生十位的 A/D,如果采用 5 V 的供电电压,可以达到 0.005 V 的精度,能够满足本实验的测量要求。

(4)恒流源方案

方案一采用威尔逊电流源输出 1 A 的电流。这种方案可以产生较大的电流,带负载能力很强。但是实际的应用电路中,一般的晶体管都是小功率晶体管,输出电流比较小。而大功率的晶体管虽然可以输出大电流,但是大功率晶体管的参数配置比较难,实际电路中元器件精度达不到要求,而且输出的电流容易受到温度的影响。威尔逊电流源的原理图如图 10.2.7 所示。

方案二采用恒流源模块,利用单片机产生的 PWM 波控制恒流源,输出 1 A 的电流。单片机利用反馈控制恒流源电流,保证了电流

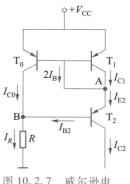

图 10.2.7 威尔逊电流源原理图

的恒定。

本实验采用第二种方案作为恒流源模块。

（5）电压放大系数方案

方案一采用反相比例放大器，如图 10.2.8 所示。

图 10.2.8 为反相比例放大器，由虚短和虚断可以得到

$$\begin{cases} \dfrac{u_{\mathrm{S}} - u_{\mathrm{N}}}{R_1} = \dfrac{u_{\mathrm{N}} - u_{\mathrm{O}}}{R_{\mathrm{f}}} \\ u_{\mathrm{N}} = 0 \end{cases} \tag{10.2.2}$$

可以得到

$$u_{\mathrm{O}} = -\frac{R_{\mathrm{f}}}{R_1} u_{\mathrm{S}} \tag{10.2.3}$$

在实际要求中，提供 12 V 的直流电压，采用反相比例放大电路时，会造成底部失真。

方案二采用 LM324 搭建同相比例放大电路，如图 10.2.9 所示。该电路可以放大直流信号，放大的倍数很大，并且在实际实验中未发生失真现象。考虑到表笔在覆铜板上滑动时，会有尖锋信号，并且铜板的阻值过小，因而在输入端并入一个 0.1 μF 的电容，起到滤除尖锋信号的作用，从而使输出电压更稳定。

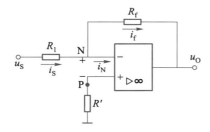　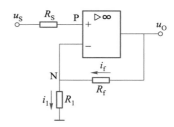

图 10.2.8　反相比例放大器　　　　图 10.2.9　同相比例放大电路

图 10.2.9 中，根据虚短和虚断原理，N 点的电压为 u_{S} ，因此由公式

$$\frac{u_{\mathrm{O}} - u_{\mathrm{N}}}{R_{\mathrm{f}}} = \frac{u_{\mathrm{N}}}{R_1} \tag{10.2.4}$$

可以求得输出电压为

$$u_{\mathrm{O}} = \left(\frac{R_{\mathrm{f}}}{R_1} + 1 \right) u_{\mathrm{S}} \tag{10.2.5}$$

本实验采用方案二的同相比例放大电路。

（6）显示模块

方案一采用 LCD12864 液晶屏显示数据。

LCD12864 是 128×64 点阵液晶模块的简称，该点阵的屏显成本相对较低，适用于各类仪器及小型设备的显示领域。优点是屏幕较大，有集成字库；但是它占用的端口较多，功率大，耗电量比较大。LCD12864 液晶屏实物图如图 10.2.10 所示。

方案二采用 NOKIA5110 液晶屏显示数据。

这种屏幕性价比高,可以显示 15 个汉字,30 个字符;接口简单,仅用四根 IO 线即可驱动;速度快,是 LCD12864 的 20 倍,是 LCD1602 的 40 倍;功耗小,正常显示时供电电压为 3.3 V,电流在 200 μA 以下。

这种方案采用 SPI 通信,占用资源较少,功率小,耗电量低,分辨率高。

因此采用第二种方案进行数据的显示。

4. 整体系统实现

整体实验结构框图如图 10.2.11 所示。

图 10.2.10 LCD12864 液晶屏实物图

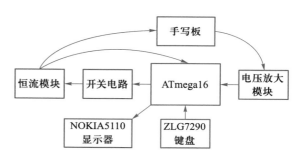

图 10.2.11 整体实验结构框图

开关稳压电源电路,通过单片机输出 PWM 波控制电路的打开和闭合,控制 IR2104 芯片进行控制半桥的开关,半桥输出的方波经电容滤波之后成为恒压源。然后通过对输出端的小电阻采样,PID 调节控制输出恒定的电流,这样就可以得到所需要的 1 A 的输出电流。图 10.2.12 为稳压电源电路。

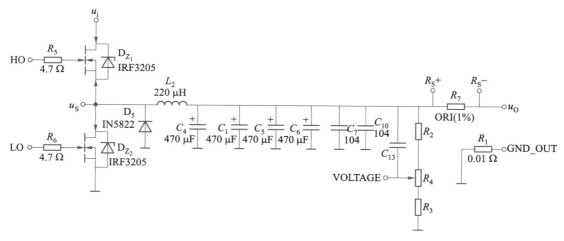

图 10.2.12 稳压电源电路

输入输出模块采用 ZLG7290 键盘模块。

ZLG7290 采用 I^2C 总线的接口方式,芯片与单片机间的通信只用 2 个 I/O 口便可完成,大大节省了 ATmega16 单片机有限的 I/O 口资源。采用 4×4 = 16 个按键的电路,满足了使用要求。

5. 主程序流程图

系统软件在 ICCAVR 环境下调试并实现功能。主程序流程图如图 10.2.13 所示,进入主程序并初始化后,通过判断 ZLG7290 键盘选择的工作模式完成基本要求部分的各步骤的测量功能。

选择按键 1 会显示表笔是否接触到触摸板,并且测定出该点的坐标,选择按键 2 会显示表笔所在位置位于纵轴的左右,选择按键 3 会显示表笔坐标位于的象限,选择按键 4 会显示坐标值,这其中在高精度区的精度能达到所要分辨率要求的 6 mm。图 10.2.14 为子程序流程图。

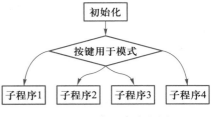

图 10.2.13　主程序流程图

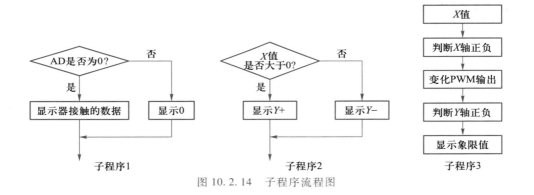

图 10.2.14　子程序流程图

10.2.4 实验过程

1. 按照实验要求,学习实验的原理以及输入、输出设备的原理。

2. 编写相关程序,能够在 ZLG7290 键盘上进行输入和显示功能。详细资料可以参考输入输出设备相关介绍。

3. 编写程序,能够在 NOKIA5110 液晶屏上进行显示,主要是 SPI 接口的调试。

4. 按照实验要求,搭建整个实验环境。

5. 按照主程序和子程序的流程图,编写相关程序。

6. 测量并记录横向测量值与坐标的关系。利用表笔测定铜板上每点分别对应的电压值,并显示在液晶屏上,并且用 Excel 处理测得的数据,并观察数据关系。若正常,则会发现横向的每个电压值与对应的横坐标值呈线性关系,可以参照表 10.2.1 和图 10.2.15。

表 10.2.1   横向测量值和对应坐标的关系

横向测量值	对应坐标值
473	−4
507	−3
542	−2
578	−1
616	0
659	1
696	2
732	3
765	4

7. 测量并记录纵向测量值与坐标的关系。利用表笔测定铜板上每点分别对应的电压值,并显示在液晶屏上,并且用 Excel 处理测得的数据,并观察数据关系。若正常,则会发现纵向的每个电压值与对应的纵坐标值呈线性的关系,可以参照图 10.2.16 至图 10.2.20。

$x=0$ 直线上的测量值与对应纵坐标的关系为 $y=-0.140x+61.46$。

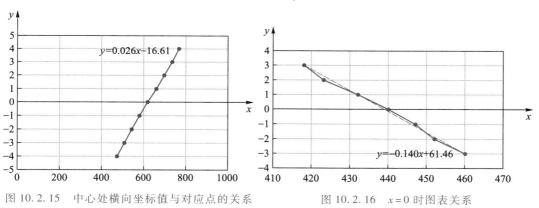

图 10.2.15   中心处横向坐标值与对应点的关系   图 10.2.16 $x=0$ 时图表关系

$x=1$ 直线上的测量值与对应纵坐标的关系为 $y=-0.127x+59.73$。

$x=-1$ 直线上的测量值与对应纵坐标的关系为 $y=-0.155x+64.06$。

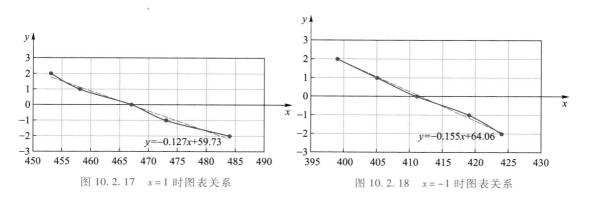

图 10.2.17 $x=1$ 时图表关系   图 10.2.18 $x=-1$ 时图表关系

$x=2$ 直线上的测量值与对应纵坐标的关系为 $y=-0.110x+54.65$。

$x=-2$ 直线上的测量值与对应纵坐标的关系为 $y=-0.154x+59.65$。

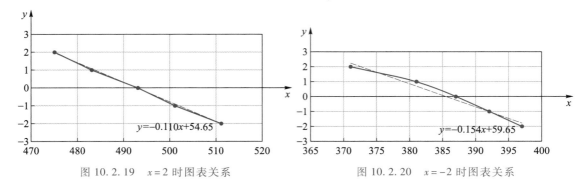

图 10.2.19　$x=2$ 时图表关系　　　　　　图 10.2.20　$x=-2$ 时图表关系

同样,由于 $x=0$ 处的电压线性关系较好,我们选择了 $y=-0.122x+44.12$ 作为理论公式代入函数中,便可测出纵坐标值。

根据所测点的值与坐标值的关系,横坐标在线性度上有很高的精度,可以用作数据处理,但是纵坐标所测值差距太大,不便于测量。

10.2.5　实验总结

1. 当电路系统刚开始启动时,如果测定的坐标值误差较大,但大概 10 min 后,便可测得精确的坐标值,那么可以用以下方法解决:考虑到电路中恒流源在上电时不稳定,在上电 10 min 左右才达到稳定的输出电流,每次测试前要先预热 10 min,保证电路达到稳定状态后再测量坐标值和画轨迹。

2. 当接在铜板上的线长度变化时,测得的电压也会有很大的变化,给测量带来很大的不便。通过加粗导线、缩短导线长度、选择铜导线接入电路,可以有效地降低导线电阻的影响。

10.3　FM 收音机设计及制作

10.3.1　实验目的

1. 了解收音机的基本知识,通过具体的电路图,初步掌握焊接技术、简单电路元器件装配、对故障的诊断和排除以及收音机原理工作的一般原理。

2. 熟悉电子焊接工艺的基本知识和原理,掌握焊接技术并焊接一台正规的收音机。

10.3.2　实验器材

1. FM 收音机套件一套;

2. 直流稳压电源、数字式万用表、双踪示波器；

3. 电烙铁等焊接工具。

10.3.3 实验原理

1. 调幅（AM）收音机原理介绍

调幅（AM）收音机由输入回路、本振回路、混频电路、检波电路、自动增益控制电路（AGC）及音频功率放大电路组成。本振信号经内部混频器，与输入信号相混合。混频信号中放和 455 kHz 陶瓷滤波器构成的中频选择回路得到中频信号。至此，电台的信号就变成了以中频 455 kHz 为载波的调幅波。

（1）输入回路

输入回路主要由磁棒、磁棒线圈和可变电容组成。磁棒有聚集空间电磁波的功能，它将使磁棒上的线圈感应出许多不同频率的电动势（每一个频率的电动势都对应着一个广播电台信号）。若某一感应电动势所对应的信号频率等于磁棒线圈与可变电容器组成的串联谐振频率，则该频率的信号将以最大电压传送给变频级。

（2）混频和本振回路

从输入回路送来的调幅信号和本机振荡器产生的等幅信号一起送到变频级，经过变频级产生一个新的频率，这个新的频率恰好是输入信号频率和本振频率的差值，称为差频。例如，输入信号的频率为 535 kHz，本振频率为 1 000 kHz，那么它们的差值就是 1 000 kHz−535 kHz＝465 kHz；当输入信号频率是 1 605 kHz 时，本机振荡频率也跟着升高，变为 2 070 kHz。也就是说，在超外差式收音机中，本机振荡的频率式中要比输入信号高 465 kHz。这个在变频过程中新产生的差频比原来输入信号的频率要低，比音频却要高很多，因此我们把它叫作中频。不论原来输入信号的频率是多少，经过变频之后都变成一个固定的中频，然后送入到中频放大器中继续放大。这是超外差式收音机的一个重要特点。以上 3 种频率之间的关系可以用以下表达式来表示：本机振荡频率−输入信号频率＝中频。

（3）中频放大器

中频放大器电路主要由中频变压器（简称：中周）和高频晶体管组成。其作用是把变频级送来的中频信号再进行一次检查，只让 465 kHz 的中频信号通过，并送到晶体管进行放大，然后将放大了的中频信号再送到检波器进行检波。

（4）检波器

检波器也成为解调器，它主要由二极管和滤波电容组成，主要作用是从人耳听不见的中频信号中检出音频信号。检波实质就是利用二极管的单向导电特性，切除已调幅中频信号的正半周或负半周，然后经过电容滤除残留的中频分量，取出含有直流分量的音频信号，再送到低频放大器中进行音频放大。

（5）自动增益控制电路（AGC）

晶体管收音机中使用的小功率高频晶体管都有这样一个特性：当晶体管的静态工作电流 I_c 在 1 mA 以下时，晶体管 β 值会随着 I_c 的减小而减小。自动增益控制电路就是利用这一特性将检波得到的音频信号中的直流分量经电路处理后，去控制中频放大器中晶体管静态工作点，使收音机在接收到强信号时，中频放大器中晶体管静态工作电流 I_c 减小，β 值下降。这样中频放大器对输入的强信号放大量减小，检波后输出的音频信号幅度不至于过大；反之，收音机接收到的弱信号时，中频放大器中晶体管 β 值上升，使检波后输出的音频信号幅度不至于减小。从而保证了收音机接收强弱电台时，检波输出的音频信号幅度基本均匀。

（6）低频放大电路

低频放大电路是放大音频信号的放大器，它由前置低放和功率放大电路组成。前置低放的主要作用是将检波得到的微弱音频信号进行放大，使之能向功率放大电路提供足够的推动功率。功率放大电路的主要作用是将来自前置放大电路的音频信号进行功率放大，然后推动喇叭发出声音。

调幅收音机的工作原理框图如图 10.3.1 所示。

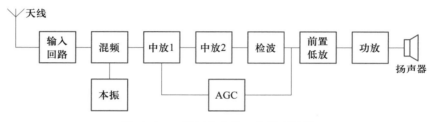

图 10.3.1　调幅收音机工作原理框图

2. 调频（FM）收音机工作原理

调频（FM）收音机由输入回路、高频放大电路、混频和本振回路、中频放大电路、限幅器、鉴频器、自动频率控制电路和低频放大电路组成。信号和本地振荡器产生的本振信号进行 FM 混频，混频后输出。FM 混频信号由 FM 中频回路进行选择，提取以中频 10.7 MHz 为载波的调频波。该中频选择回路由 10.7 MHz 滤波器构成。中频调制波经中放电路进行中频放大，然后进行鉴频得到音频信号，经功率放大器输出，耦合到扬声器，还原为声音。

（1）输入回路

输入回路主要由磁棒、磁棒线圈和可变电容组成。磁棒有聚集空间电磁波的功能，它将使磁棒上的线圈感应出许多不同频率的电动势（每一个频率的电动势都对应着一个广播电台信号）。若某一感应电动势所对应的信号频率等于磁棒线圈与可变电容器组成的串联谐振频率，则该频率的信号将以最大电压传送给变频级。

（2）高频放大电路

高频放大电路的主要作用是对高频调频信号进行放大，以提高调频收音机的接收灵敏度。高频放大电路一般采用共基放大电路,这是因为共基电路的截止频率高,适用于高频放大,并且共基电路的输入阻抗低,容易与天线的阻抗相匹配。

（3）混频和本振回路

变频电路的作用是利用本机振荡产生的频率与外接收到的信号进行差频,把高频调频信号变换成固定的中频信号输出(FM 的中频为 10.7 MHz)。

（4）中频放大电路

中频放大电路主要由中频变压器(中周)和高频晶体管组成。其作用是把变频级送来的中频信号再进行一次检查,只让 10.7 MHz 的中频信号通过,并送到晶体管进行放大,然后将放大了的中频信号再送到限幅器。

（5）限幅器

限幅器的作用是把调频波的幅度变化削去,以提高抗干扰能力。

（6）鉴频器

鉴频器的作用是把频率的变化还原为幅度的变化,即把调频波还原成音频信号。鉴频过程分为两步,先把等幅的调频信号经线性变换电路转换为幅度随调频信号的频率变化规律变化的调频调幅信号,这时调频信号的幅度变化就是解调所需的音频变化,然后再用检波器从调频调幅波中把音频信号解调出来。

（7）自动频率控制电路(AFC)

AFC 的作用是当本振频率在工作工程中发生漂移时,能自动控制本振频率回到原来正确的频率上,使调频收音机处于最佳状态。

（8）低频放大电路

低频放大电路是放大音频信号的放大器,它由前置低放和功率放大电路组成。前置低放的主要作用是将检波得到的微弱音频信号进行放大,使之能向功率放大电路提供足够的推动功率。功率放大电路的主要作用是将来自其前置放大电路的音频信号进行功率放大,然后推动喇叭发出声音。

FM 收音机工作原理框图如图 10.3.2 所示。

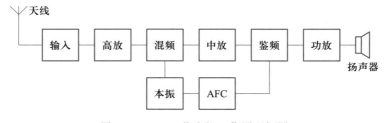

图 10.3.2 FM 收音机工作原理框图

3. 实验板工作原理

本实验采用电调谐单片 FM 收音机集成电路,调谐方便准确,接收频率为 87～108 MHz,

接收灵敏度较高,电源范围大,1.8 V~3.5 V 电压供电都可,充电电池(1.2 V)和一次性电池(1.5 V)都可,内设静噪电路,抑制调谐工程中的噪声。

电路的核心是单片收音机集成电路 SC1088。它采用特殊的低中频(70 kHz)技术,外围电路省去了中频变压器和陶瓷滤波器,使电路简单可靠、调试方便。SC1088 采用 SOT16 脚封装,表 10.3.1 是 FM 收音机集成电路 SC1088 引脚的功能。

表 10.3.1　FM 收音机集成电路 SC1088 引脚功能

引脚	功能	引脚	功能	引脚	功能	引脚	功能
1	静噪输出	5	本振调谐回路	9	IF 输入	13	限幅电路滤波电容
2	音频输出	6	IF 反馈	10	IF 限幅放大器的低通电容器	14	接地
3	AF 环路滤波	7	1dB 放大器的低通滤波器	11	射频信号输入	15	全通滤波电容/输入搜索校准
4	供电电压 V_{CC}	8	IF 输出	12	射频信号输出	16	电子调谐/AFC 输出

FM 收音机原理图由输入电路、混频电路、本振电路、信号检测电路、中频放大电路、鉴频电路、静噪电路和低频放大电路组成。图 10.3.3 即为收音机原理图。

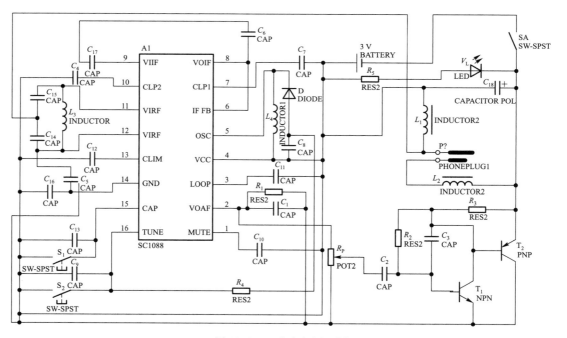

图 10.3.3　收音机原理图

本实验中所用的实验原理框图如图 10.3.4 所示。

下面对本原理框图中各部分进行详细介绍。

（1）输入电路

FM 调频信号由耳机线馈入,经 C_{14}、C_{15}、C_{16} 和 L_3 的组成的输入电路(高通滤波器)进入 IC 的 11、12 脚混频电路。此处的 FM 信号没有调谐的调频信号,即所有调频电台信号均可进入。

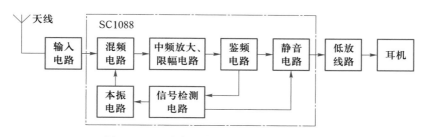

图 10.3.4　本实验中所用的实验原理框图

（2）混频电路

混频电路集成在集成电路内,它的作用是把从输入回路送来的高频载波信号与本机振荡电路产生的信号进行差频,产生一个 70 kHz 的中频载波信号并把它送入中频限幅放大电路进行放大。

（3）本振电路

本振电路即本振自动调谐电路,由信号检测电路、自动搜台调谐电路组成。

信号检测电路在集成电路内部,它的作用是检测有无电台信号,并对自动搜台电路发布指令,以及控制静噪电路的工作状态。

自动搜台调谐电路由本机振荡调谐电路、C_{13}、自动搜台按钮 S_1、复位按钮 S_2 及集成电路内自动搜台电路组成,参见图 10.3.3。该电路的作用是自动搜索调谐(选台)及电台锁定。本机振荡电路中的关键元器件是变容二极管,它是利用 PN 结的结电容与反偏电压的有关特性制成的“可变电容”[见图 10.3.5(a)]。图 10.3.5(b)为变容二极管加反向电压 U_d 时,其结电容 C_d 与 U_d 的特性图,可见 C_d 与 U_d 是非线性关系。这种电压控制的可变电容广泛用于电调谐、扫频等电路。

本振自动调谐电路工作过程如下:当按下自动搜台按钮 S_1 时,自动搜台电路内恒流源打开,+3 V 电压对 C_9 恒流充电,使 C_9 两端电压逐渐升高,该变化的电压通过 R_4 加至变容二极管 D_1 正极,使 D_1 两端的反向电压逐渐升高,结电容逐渐变小,由 D_1、C_8、L_4 构成的本振电路的频率逐渐升高,进行搜索调谐(选台)。当收到

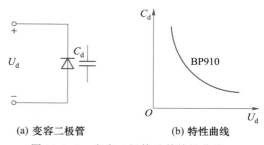

(a) 变容二极管　　　　(b) 特性曲线

图 10.3.5　变容二极管及其特性曲线

电台信号时,信号检测电路检出后发一指令给集成电路内的自动搜台电路,自动搜台电路内 AFC 电路对 C_9 的充电电流进行微调,当达到最佳接收频率时,停止对 C_9 充电,从而锁住所

接收电台节目频率,稳定接收电台广播。若要接收其他节目,只要再次按下 S_1 即可继续搜索新的电台。当按下 S_2 时,电容 C_9 放电,本振频率回到最低端。电容 C_8 由于容量比较大,只起到隔直的作用,与本振频率无关。

（4）中频放大、限幅和鉴频电路

电路的中频放大、限幅及鉴频电路的有源器件及电阻均在 IC 内。FM 广播信号和本振电路信号在 IC 内混频器中混频产生 70 kHz 的中频信号,经内部 1 dB 放大器、中频限幅器,送到鉴频器,把音频信号从 70 kHz 载波信号中解调出来,经内部环路滤波后由 IC_1 的脚 2 输出音频信号。电路中脚 1 的 C_{10} 为静噪电容,脚 3 的 C_{11} 为 AF（音频）环路滤波电容,脚 6 的 C_6 为中频反馈电容,脚 7 的 C_7 为低通电容,脚 8 与脚 9 间的电容 C_{17} 为中频耦合电容,脚 10 的 C_4 为限幅器的低通电容,脚 13 的 C_{12} 为中限幅器失调电压电容,C_{13} 为滤波电容。

（5）耳机

由于用耳机收听,所需功率很小,本机采用了简单的晶体管放大电路作为耳机驱动电路,集成电路 IC_1 的脚 2 输出的音频信号经电位器 R_P 调节电量后,由 T_1 和 T_2 组成复合管甲类放大,R_1 和 C_1 组成去加重电路,电感线圈 L_1 和 L_2 为射频与音频隔离线圈。这种电路耗电大小与有无广播信号以及音量大小关系不大,不收听时要关断电源。

4. 安装流程

安装的流程主要包括:元器件检测、原理图绘制、PCB 绘制、PCB 电路板制作、PCB 电路板的焊接、部件装配和检测验收等步骤。图 10.3.6 为 SMT 实习产品装配工艺流程图。

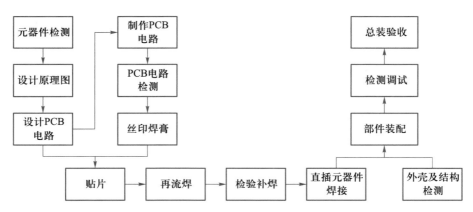

图 10.3.6　SMT 实习产品装配工艺流程图

10.3.4 实验过程

1. 了解 SMT 基本知识,包括 SMC 及 SMD 特点及安装要求、SMB 设计及检验、SMT 工艺流程、再流焊工艺及设备。

SMT 的详细内容请参照 7.3 节、7.4 节,在此,仅对工艺流程做简要概括。

表面组装技术(surface mounted technology,SMT)的主要内容和基本工艺有:焊锡膏印刷→零件贴装→回流焊接→AOI 光学检测→维修→分板。

焊锡膏印刷是将焊锡膏漏印在 PCB 的焊盘上,为元器件的焊接做准备。零件的贴装是将表面组装元器件精确地安装在 PCB 的固定位置上,是 SMT 的第一个步骤,所用的设备为贴片机。回流焊接是将焊锡膏熔化,使表面组装元器件与 PCB 牢固地焊接在一起,所用设备为回流焊炉。后面的 AOI 光学检测、维修和分板在本实验中涉及较少,不再介绍。

2. 学习 AM 和 FM 调频原理,并且掌握本实验中所需要设计的 FM 收音机的简单原理。主要参照实验原理中对应的原理介绍。

3. 设计制作电路板。FM 收音机电路有较为成熟的实验套件,若没有实验套件,可参照图 10.3.3,用 Altium Designer Winter 软件设计原理图及 PCB 图,制作印刷电路板,详细步骤可参照第 5 章。

FM 收音机的 PCB 电路的终板如图 10.3.7 所示。

4. 对照图 10.3.8 检查:图形是否完整;有无短路和断路缺陷;空位和尺寸是否合理;表面的助焊层是否完好。

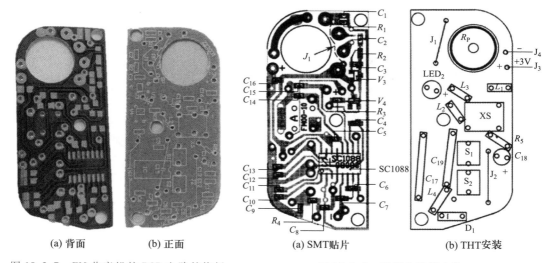

(a) 背面　　(b) 正面

图 10.3.7　FM 收音机的 PCB 电路的终板

(a) SMT 贴片　　(b) THT 安装

图 10.3.8　印刷电路板安装

检查零件种类和数量(表贴元器件除外);检查外壳有无缺陷及外观损伤。用万用表测量电位器的阻值,旋动电位器的旋钮,观察电阻值的变化;检查 LED、线圈、电解电容、插座以及开关的好坏。

5. 贴片并焊接,流程如下:

(1) 丝印焊膏,并检查印刷情况。

(2) 按工序流程贴片。

顺序:C_1/R_1,C_2/R_2,C_3/T_1,C_4/T_2,C_5/R_3,C_6/SC1088,C_7,C_8/R_4,C_9,C_{10},C_{11},C_{12},C_{13},

C_{14} , C_{15} , C_{16} 。

注意:贴片元件不得用手拿,可用镊子夹持但不可夹到引线上;SC1088 标记方向;贴片电容表面没有标志,一定要保证准确及时贴到指定位置。

(3)检查贴片数量和位置。

(4)使用再流焊机焊接。

(5)检查焊接质量及修补。

6. 安装 THT 元器件,参考图 10.3.8(b)。

(1)安装并焊接电位器 R_P,注意电位器与印制板平齐。

(2)安装并焊接耳机插座 XS。

(3)连接线 J_1、J_2(可以用剪下的元器件引脚)。

(4)焊接轻触开关 S_1、S_2。

(5)焊接变容二极管 D(注意,极性方向标记如图 10.3.3 所示)、R_5、C_{17}、C_{19}。

(6)焊接电感线圈 $L_1 \sim L_4$,L_1 用磁环电感,L_2 用色环电感,L_3 用 8 匝空心线圈,L_4 用 5 匝空心线圈。

(7)焊接电容 C_{18}(100 μF),需要贴板装,装配方式可以参照图 10.3.9。

(8)焊接发光二极管 LED_2,注意高度和极性,高度距板子 11 mm,如图 10.3.10 所示。

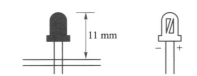

图 10.3.9 电容装配   图 10.3.10 发光二极管的极性及安装说明

焊接电源连接线 J_3、J_4,注意正负连线颜色。焊接完成之后,整体效果图的正、背面分别如图 10.3.11 和图 10.3.12 所示。

图 10.3.11 焊接完成之后整体效果图的正面图   图 10.3.12 焊接完成之后整体效果图的背面图

7. 调试和总装

(1)所有元器件焊接完成后目视检查,主要包括:元器件的型号、规格、数量及安装位置、方向是否和图纸相符;检查焊点,有无虚焊、漏焊、桥接、飞溅等缺陷。

（2）测总电流

① 检查无误后将电源线焊到电池片上。

② 在电位器开关断开的状态下接入电池。

③ 插入耳机。

④ 用万用表 200 mA（数字式万用表）或 50 mA 挡（指针表）跨接在开关两端测电流，用指针表时注意表笔的极性。数字式万用表表笔接触位置如图 10.3.13 所示。

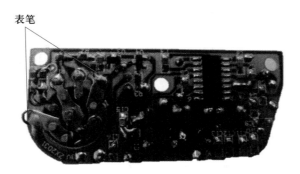

图 10.3.13　数字式万用表表笔接触位置

正常电流应在 7～30 mA（与电源的电压有关），并且 LED 正常点亮。表 10.3.2 为样机电压电流测试结果，可供参考。

表 10.3.2　样机电压电流测试结果

工作电压/V	1.8	2	2.5	3	3.2
工作电流/mA	8	11	17	24	28

如果电流为零或超过 35 mA，应检查电路。

（3）搜索电台广播

如果电流在正常范围之内，可按 S_1 搜索电台广播。只要元器件质量完好，安装正确，焊接可靠，不用调任何部分即可收到电台广播。

如果收不到广播，应仔细检查电路，特别要检查有无错装、虚焊、漏焊等缺陷。

（4）调接收频段（俗称调覆盖）

我国调频广播的范围是 87～108 MHz，调试时可找一个当地频率最低的 FM 电台，适当改变 L_4 的匝间距，使按过 S_1 键（RESET）后第一次按 S_2（SCAN）键可以接收到这个电台。由于 SC1088 集成度高，如果元器件一致性较好，一般收到低端电台后均可覆盖 FM 频段，故可不调高端而仅作检查。

（5）调灵敏度

本机灵敏度由电路及元器件决定，一般不用调整，调好覆盖后即可正常收听。无线电爱好者可以在收听频段中间电台时，适当调整 L_4 匝距，使灵敏度最高（耳机监听音量最大），不过实际效果不是很明显。

（6）总装

① 蜡封线圈。调试完成后将适量泡沫塑料填入线圈 L_4（注意不要改变线圈形状及匝距），滴入适量蜡或热熔胶使线圈固定。

② 固定印制板、安装外壳。将外壳板平放到桌面上（注意不要划伤面板），将 2 个按键帽放入孔内。注意：SCAN 按键帽上有缺口，放按键帽时要对准机壳上的凸起，RESET 按键帽上无缺口。两个按键帽安装如图 10.3.14 所示。

③ 将印制板对准位置放入壳内。

A. 注意对准 LED 位置，若有偏差可轻轻掰动，偏差过大必须重焊。

图 10.3.14　两个按键帽安装

B. 注意三个孔与外壳螺柱的配合。

C. 注意电源线，不妨碍机壳装配。

④ 安装中间螺钉。电路板安装如图 10.3.15 所示。

⑤ 安装电位器旋钮，注意旋钮上凹点位置。

⑥ 装后盖，上两边的两个螺钉。

⑦ 装卡子。

⑧ 检查。

FM 收音机最终成品如图 10.3.16 所示，可以通过 RESET 键复位后，按下 SCAN 键进行搜索频道，不过要外接耳机作为天线和输出设备。也可以将此收音机的输出接到实验 10.1 中的板子中，用音箱来播放。

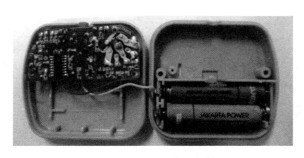

图 10.3.15　电路板安装

图 10.3.16　FM 收音机最终成品

10.3.5 实验总结

根据实验中所遇到的故障，进行故障分析，写出排除方法和解决办法。

第 11 章

数字电路综合设计及制作

11.1　纸张数量测量系统设计及制作

11.1.1 实验目的

1. 培养学生的系统设计能力,将理论知识应用于实际,解决实际问题。

2. 学习纸张数量测量系统的实验原理。

3. 培养学生的动手实践能力。

4. 熟练使用电子电工的基本工具,主要有万用表、示波器、信号发生器、实验电源以及其他工具。

5. 深入了解 STM32 单片机的功能,进行相关程序编写与调试。

6. 学习并掌握 555 定时器芯片的使用方法。

7. 学习和掌握电子制作工艺流程,包括设计、加工、焊接、调试、修改完善等流程。

11.1.2 实验器材

1. 直流稳压电源、数字式万用表、双踪示波器、信号发生器。

2. 洞洞板、电烙铁、焊锡丝等焊接工具、导线若干。

3. 5 cm×5 cm 铝板。

4. 单片机开发板(数码管、蜂鸣器、发光二极管)及其下载器。

5. 555 定时器芯片及电阻、电容若干。

11.1.3 实验原理

1. **设计要求**

设计并制作纸张数量测量系统,如图 11.1.1 所示。两块平行极板(极板 A、极板 B)分别通过导线 a 和导线 b 连接到测量显示电路,装置可测量并显示置于极板 A 与极板 B 之间的纸张数量。

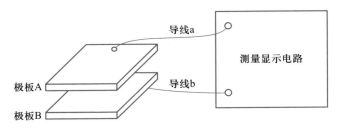

图 11.1.1　纸张数量测量系统

（1）基本要求

① 极板 A 和极板 B 上的金属电极部分均为边长 50 mm±1 mm 的正方形,导线 a 和导线 b 长度均为 500 mm±5 mm。测量显示电路应具有"自校准"功能,即正式测试前,对置于两极板间不同张数的纸张进行测量,以获取测量校准信息。

② 测量显示电路可自检并报告极板 A 和极板 B 电极之间是否短路。

③ 测量置于两极板之间 1 至 10 张不等的给定纸张数。每次在极板间放入被测纸张并固定后,一键启动测量,显示被测纸张数并发出一声蜂鸣。每次测量从按下同一测量启动键到发出蜂鸣的时间不得超过 5 s,在此期间对测量装置不得有任何人工干预。

（2）发挥部分

① 极板、导线均不变,测量置于两极板之间 15 至 30 张不等的给定纸张数。对测量启动键、显示蜂鸣、测量时间、不得人工干预等有关要求同"基本要求③"。

② 极板、导线均不变,测量置于两极板之间 30 张以上的给定纸张数。对测量启动键、显示蜂鸣、测量时间、不得人工干预等有关要求同"基本要求③"。

2. 方案的设计与选择

设计原理:为了得到纸张数量的精确值,本实验将两块铝板制成的正方形电极板与 70 g 规格的 A4 复印纸规则固定之后作为平行板电容器,并将其作为被测电容,根据纸张数量和电容大小的相应关系,将纸张计数转换建模成电容测量问题。

本次实验中考虑了三种设计方案,三种设计方案的主要区别在于硬件电路和软件设计的不同,对于本实验,三种方案均能够实现,最后根据设计要求、可行性和设计成本的考虑选择了基于 STM32 单片机和 555 芯片构成的多谐振荡电路的测量的方案。现在一一介绍论证如下。

（1）方案一:利用多谐振荡原理测量电容

电容测量原理图如图 11.1.2 所示。

电容 C_X、电阻 R 和 555 芯片构成一个多谐振荡电路。在电源刚接通时（S_0 合上）,电容 C_X 上的电压为零,多谐振荡器输出 U_0 为高电平,U_0 通过 R 对电容 C_X 充电。当 C_X 上充得

的电压 $U_C = U_{T+}$ 时,施密特触发器翻转,U_0 变为低电平,C_X 又通过 R 放电,U_C 下降。当 $U_C = U_{T-}$ 时施密特触发器又翻转,输出 U_C 又变为高电平,如此往复产生振荡波形。

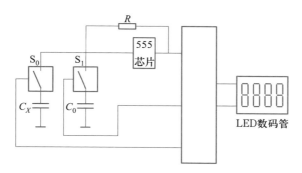

图 11.1.2　电容测量原理图

当 S_1 合上时,电容 C_0、电阻 R 和 555 芯片构成一个多谐振荡电路,作为正式测量前的校准。

根据测得的校准值 T_0、测量值 T_X 及存放在软件中的标准电容值 C_0 可得出待测电容值 C_X。实际应用中也可以通过测量 f_0 和 f_X 来算出 C_X。

误差分析:测量结果主要受标准电容 C_0 的绝对精度影响,因此应该选择精度高、稳定性好的 C_0;其他误差来源包括周期测量的量化误差。

这种方法利用了一个参考的电容 C_0 实现,虽然硬件结构简单,软件实现却相对比较复杂。

(2)方案二:直接根据充放电时间判断电容值

这种电容测量方法主要利用了电容的充放电特性 $Q = U_C$,放电常数 $\tau = RC$,通过测量与被测电容相关电路的充放电时间来确定电容值。一般情况下,可设计电路使 $T = ARC$(T 为振荡周期或触发时间;A 为电路常数,与电路参数有关)。这种方法中应用了 555 芯片组成的单稳态触发器,在秒脉冲的作用下产生触发脉冲,来控制门电路实现计数,从而确定脉冲时间,通过设计合理的电路参数使计数值与被测电容相对应,其原理框图如图 11.1.3 所示。

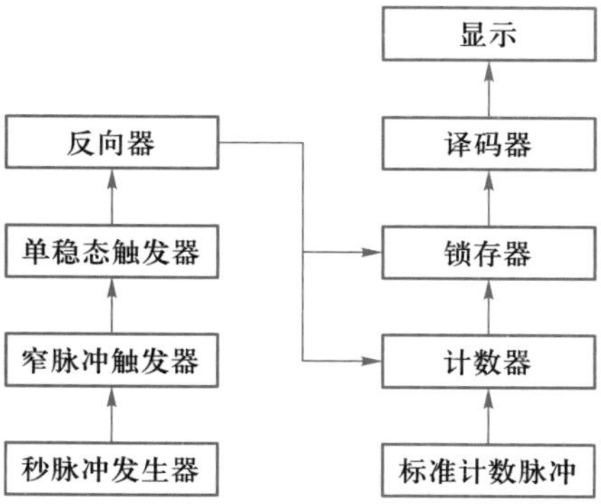

误差分析:一部分是由 555 芯片构成的振荡电路和触发电路由于非线性造成的误差,其中最重要的是单稳态触发电路的非线性误差;另一部分是由数字电路的量化误差引起的误差。

这种方法硬件结构相对复杂,实际上是通过牺牲硬件部分来减轻软件部分的负担,但在具体设计中会碰到很大问题,而且硬件一旦设计好,可变性不大。

图 11.1.3　原理框图

(3)方案三:基于 STM32 单片机和 555 芯片构成的多谐振荡电路电容测量

该方案是采用 555 计时器构成多谐振荡电路,产生一定频率的方波,通过单片机对方波频率进行检测,根据平行板电容器其两极板间充满介质后电容为 $C=\varepsilon S/4\pi kd$(ε 为极板间介质的介电常数,S 为极板正对面积,k 为静电力常量,d 为极板间的距离)得到输出频率为 $f=4\pi kd/0.7(R_1+2R_2)\varepsilon S$,当电阻 R 为定值时,得到频率正比于纸张厚度,即频率正比于纸张数量。

图 11.1.4 为整个系统的设计框图,整个系统包括方形铝板、555 定时器构成的多谐波振荡电路、STM32 单片机、蜂鸣器模块、数码管显示模块。方案三的硬件电路简单易行,软件设计也比较简单,能够在短时间内制作调试完成,所以本实验采用方案三。

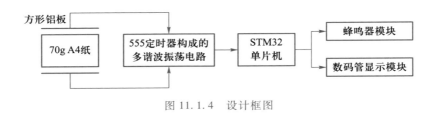

图 11.1.4　设计框图

3. 模块简述

（1）控制模块

本实验主控芯片采用基于 ARM ® Cortex ® M 处理器内核的 32 位闪存微控制器,STM32 开发板和 MCU 部分原理图分别如图 11.1.5 和图 11.1.6 所示。STM32 MCU 集高性能、实时性、数字信号处理、低功耗、低电压于一身,同时保持高集成度和开发简易的特点。业内最强大的产品阵容,基于工业标准的处理器,大量的软硬件开发工具,让 STM32 单片机成为各类中小项目和完整平台解决方案的理想选择,为 MCU 用户开辟了一个全新的自由开发空间,并提供了各种易于上手的软硬件辅助工具。

STM32 属于一个微控制器,自带了各种常用通信接口,功能非常强大。

① 串口——USART,用于跟串口接口的设备通信,比如:USB 转串口模块、ESP8266 WIFI、GPS 模块、GSM 模块、串口屏、指纹识别模块。

② 内部集成电路——I^2C,用于跟 I^2C 接口的设备通信,比如:EEPROM、电容屏、陀螺仪 MPU6050、0.96 寸 OLED 模块。

③ 串行通信接口——SPI,用于跟 SPI 接口的设备通信,比如:串行 FLASH、以太网 W5500、音频模块 VS1053。

④ SDIO、FSMC、I^2S、ADC、GPIO。

（2）555 定时器

555 定时器是一种集成电路芯片,常被用于定时器、脉冲产生器和振荡电路。555 定时器可作为电路中的延时器件、触发器或起振元件。555 定时器的引脚信息如图 11.1.7 所示,555 定时器的内部结构图如图 11.1.8 所示。

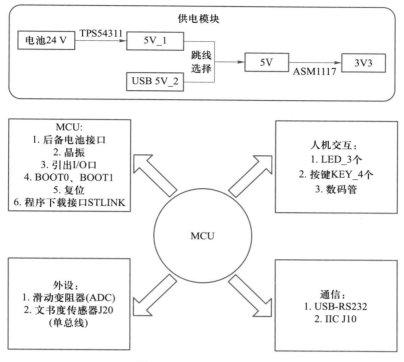

图 11.1.5　STM32 开发板

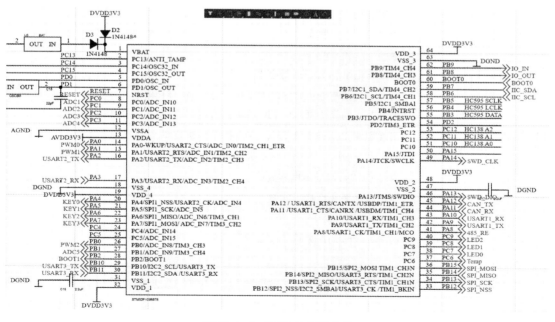

图 11.1.6　MCU 部分原理图

　　不同的制造商生产的 555 定时器有不同的结构,标准的 555 定时器集成有 25 个晶体管,2 个二极管和 15 个电阻并通过 8 个引脚引出(DIP-8 封装)。

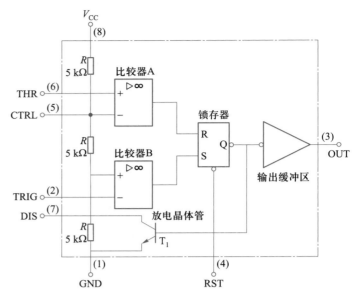

图 11.1.7 555 定时器引脚信息   图 11.1.8 555 定时器内部结构图

DIP 封装的 555 定时器引脚功能如表 11.1.1 所示。

表 11.1.1 DIP 封装的 555 定时器引脚功能表

引脚	名称	功能
1	GND(地)	接地,作为低电平(0 V)
2	TRIG(触发)	当此引脚电压降至 $1/3V_{cc}$(或由控制端决定的阈值电压)时输出端给出高电平
3	OUT(输出)	输出高电平($+V_{cc}$)或低电平
4	RST(复位)	当此引脚接高电平时定时器工作,当此引脚接地时芯片复位,输出低电平
5	CTRL(控制)	控制芯片的阈值电压(当此引脚接空时默认两阈值电压为 $1/3V_{cc}$ 与 $2/3V_{cc}$)
6	THR(阈值)	当此引脚电压升至 $2/3V_{cc}$(或由控制端决定的阈值电压)时输出端给出低电平
7	DIS(放电)	内接 OC 门,用于给电容放电
8	V+,VCC(供电)	提供高电平并给芯片供电

555 定时器可工作在以下三种工作模式下。

① 单稳态模式

在此模式下,555 定时器功能为单次触发,如图 11.1.9 所示,是由 555 定时器构成的单稳态触发器。应用范围包括定时器、脉冲丢失检测、反弹跳开关、轻触开关、分频器、电容测量、脉冲宽度调制(PWM)等。

在单稳态工作模式下,555 定时器作为单次触发脉冲发生器工作。当触发输入电压降至 V_{cc} 的 1/3 时开始输出脉冲。输出的脉宽取决于由定时电阻与电容组成的 RC 网络的时间常数。当电容电压升至 V_{cc} 的 2/3 时输出脉冲停止。根据实际需要可通过改变 RC 网络的时间常数来调节脉宽。

虽然一般认为当电容电压充至 V_{CC} 的 2/3 时电容通过 OC 门瞬间放电,但是实际上放电完毕仍需要一段时间,这一段时间被称为"弛豫时间"。在实际应用中,触发源的周期必须要大于弛豫时间与脉宽之和(实际上在工程应用中是远大于)。

② 无稳态模式

在此模式下,555 定时器以振荡器的方式工作。如图 11.1.10 所示,是由 555 定时器构成的多谐振荡器。这一工作模式下的 555 定时器常被用于频闪灯、脉冲发生器、逻辑电路时钟、音调发生器、脉冲位置调制(PPM)等电路中。如果使用热敏电阻作为定时电阻,555 定时器可构成温度传感器,其输出信号的频率由温度决定。

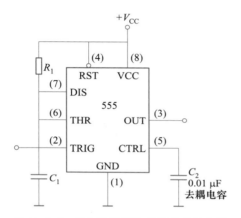

图 11.1.9　555 定时器构成单稳态触发器　　图 11.1.10　555 定时器构成多谐振荡器

无稳态工作模式下 555 定时器可输出连续的特定频率的方波。电阻 R_1 接在 V_{cc} 与放电引脚(引脚 7)之间,另一个电阻(R_2)接在引脚 7 与触发引脚(引脚 2)之间,引脚 2 与阈值引脚(引脚 6)短接。工作时电容通过 R_1 与 R_2 充电至 $2/3V_{CC}$,然后输出电压翻转,电容通过 R_2 放电至 $1/3V_{CC}$,之后电容重新充电,输出电压再次翻转。

对于双极型 555 定时器而言,使用很小的 R_1 会造成 OC 门在放电时达到饱和,使输出波形的低电平时间远大于上面计算的结果。

要想获得占空比小于 50% 的矩形波,可以通过给 R_2 并联一个二极管实现。这一二极管在充电时导通,短路 R_2,使得电源仅通过 R_1 为电容充电;而在放电时截止以达到减小充电时间降低占空比的效果。

③ 双稳态模式(或称施密特触发器模式)

双稳态工作模式下的 555 定时器类似于基本 RS 触发器。在这一模式下,触发引脚(引脚 2)和复位引脚(引脚 4)通过上拉电阻接至高电平,阈值引脚(引脚 6)被直接接地,控制引脚(引脚 5)通过小电容(0.01~0.1 μF)接地,放电引脚(引脚 7)浮空。所以当引脚 2 输入高(有误应为低)电压时输出置位,当引脚 4 接地时输出复位。

本实验利用的是 555 定时器的无稳态模式。

表 11.1.2 为 NE555 的电气参数，其他不同规格的 555 定时器可能会有不同的参数，请查阅数据手册。

表 11.1.2　NE555 的电气参数

参数	数值
供电电压（V_{CC}）	4.5 ~ 16 V
额定工作电流（V_{CC} = +5 V）	3 ~ 6 mA
额定工作电流（V_{CC} = +15 V）	10 ~ 15 mA
最大输出电流	200 mA
最大功耗	600 mW
最低工作功耗	30 mW（5 V）
温度范围	0 ~ 70 ℃

（3）蜂鸣器模块

蜂鸣器模块采用无源蜂鸣器，在此对无源蜂鸣器进行相关说明。无源蜂鸣器采用 KC-1201 型号的蜂鸣器，实物图如图 11.1.11 所示。

本实验采用的是无源蜂鸣器，区别于有源蜂鸣器。有源和无源的"源"不是指电源，而是指振荡源。也就是说，有源蜂鸣器内部带振荡源，所以通电就会响；而无源蜂鸣器

图 11.1.11　KC-1201 蜂鸣器
实物图

内部没有振荡源，直接接直流信号无法令其鸣响，必须用 2 kHz ~ 5 kHz 的方波进行驱动。

区分有源蜂鸣器和无源蜂鸣器可以用万用表进行测量。用万用表的电阻挡 R×1 挡测试：黑表笔接蜂鸣器的"+"引线，红色表笔接另一引脚上来回触碰。如果发出"咔咔"声，且电阻只有 8 Ω 或 16 Ω 左右，则为无源蜂鸣器；如果能发出持续声音，并且电阻在几百欧以上的，是有源蜂鸣器。

4. 理论分析与计算

（1）测量原理分析与运算

本实验中使用的为 70 g 规格的 A4 纸，纸厚为 0.1 mm，相对介电常数为 2.5，电路中使用的极板为 50×50 mm^2 的正方形铝板，真空介电常数为 8.85×10^{-12} F/m（SI）。由于电容的大小与极板的距离成反比，所以接下来依次加入纸后，电容的值应为第一张纸的二分之一、三分之一、四分之一……这样会导致纸的数量变多以后，电容差值变小，精度降低。所以使用电容值频率作为被测量。频率公式为 $f = \dfrac{4\pi kd}{0.7(R_1 + 2R_2)\varepsilon S}$，可以得到频率 f 与纸张数量成正比，与电阻值成反比。通过单片机的计数器对信号发生器给出的信号频率进行测量，得到一个引脚能够精确测得的最大频率为 600 kHz，该装置设定测量纸张数最大为 30 张，故距离约为 3 mm，通过计算得到电阻 R_1 与 R_2 最小为 43 kΩ，考虑到实际焊接测量时的误差，本实验选择的电阻为 220 kΩ。电阻的选择结束后，通过计算得到增加一张纸理论上频率应当上

升 3 917 Hz,这一差值是较容易测得的。

（2）抗干扰分析

题目中已经要求了极板的大小,若使用覆铜板作极板,在极板面焊接外接导线后会导致极板面不平。为了提高灵敏度,减少外界干扰,我们采用了金属板作为电极板,并在金属板的另一面粘贴绝缘胶带。

（3）误差分析

由于产生的频率比较低,单片机在计数时精度较高,所以系统的主要误差来源为硬件部分。硬件部分我们采用 RC 振荡器来输出频率,但 RC 振荡器对电容的变化感应精度并不够高,这是一部分误差产生的原因;另一部分误差来自测量时电极板的正对面积不够稳定,电极板的表面不够平滑,加持力度不同等。

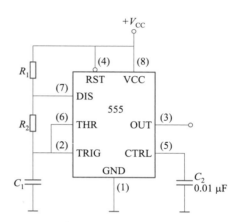

图 11.1.12 电路原理图

5. 电路设计

如图 11.1.12 所示为电路原理图。

表 11.1.3 所示为 555 定时器的功能表。

表 11.1.3 555 定时器功能表

R_D	阈值端 TH(6)	触发端 TR(2)	输出 U_o	晶体管 T 状态
1	大于 $2V_{CC}/3$	大于 $V_{CC}/3$	0	导通
1	小于 $2V_{CC}/3$	小于 $V_{CC}/3$	1	截止
1	小于 $2V_{CC}/3$	大于 $V_{CC}/3$	保持	保持
1	大于 $2V_{CC}/3$	小于 $V_{CC}/3$	1	截止
0	×	×	0	导通

工作原理分析:充电时间常数为 $(R_1+R_2)C$,放电时间常数为 R_2C。

如图 11.1.13 和图 11.1.14 所示,设电容 C_1 原先未充电,$U_{TR}=U_{TH}=U_{C_1}=0$,锁存器的 $R=0,S=1$,输出 $U_o=1$,T 截止;电源通过 R_1 和 R_2 对电容 C 充电,在 U_{C_1} 达到 $V_{CC}/3$ 时,锁存器的 $R=0,S=0$,输出 U_o 和 T 保持不变;在 $U_{C_1}<2V_{CC}/3$ 时,U_o 和 T 保持不变。

U_{C_1} 充电至 $2V_{CC}/3$ 时,U 由 1 翻转为 0,T 导通,电容 C_1 经 R_2、T 放电,放电至 $U_{C_1}=V_{CC}/3$,U_o 回到 1,如此循环,输出得到一定频率的方波信号,输出方波周期 $T=T_1+T_2=0.7(R_1+2R_2)C_1$。

6. 程序设计

程序设计是把许多事物和问题抽象起来,并且抽象它们不同的层次和角度。在进行微机控制系统设计时,除了系统硬件设计外,软件同等重要。

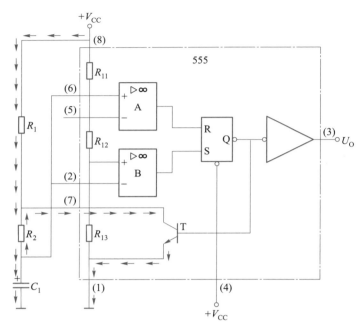

图 11.1.13　工作原理分析

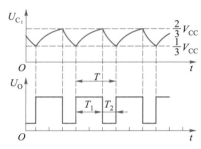

图 11.1.14　方波信号

在进行软件设计时,通常把整个过程分成若干个部分,每一部分叫作一个模块。所谓"模块",实质上就是完成一定功能的相对独立的程序段,这种程序设计方法叫模块程序设计法。模块程序设计法将复杂的问题分解成可以管理的片段。将问题或事物分解并模块化使得解决问题变得容易,分解得越细模块数量也就越多,它的副作用就是需要设计者考虑更多的模块之间耦合度的情况。

软件总框图如图 11.1.15 所示。

进入主程序并初始化后,定时器中断开始计时,同时进入判断是否按下测量启动键的循环,按下测量启动键后,对 2 s 内的矩形波进行计数,得到频率,蜂鸣器产生蜂鸣。根据得到的频率判断是否是直流,如果是,产生短路报警相关现象,然后循环回判

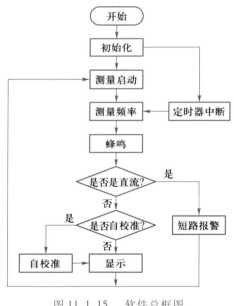

图 11.1.15　软件总框图

断是否按下测量启动键的循环;如果不是直流,判断是否自校准,如果是,自校准后显示所测频率值,如果不自校准,直接显示所测频率值,之后循环回判断是否按下测量启动键的循环。

7. 重要程序分析

（1）频率测量

通过定时器中断,每过 2 ms,t 加 1 s。通过对 2 s 内的矩形波进行计数,会得到频率,并

且经过了平均处理。

（2）短路检查及报警

当测量显示电路检查到极板 A 和极板 B 电极之间短路,即极板 A、极板 B、纸介质所构成的电容器的电容为无穷大时,多谐振荡器的输出信号为一恒定直流高电平信号,频率计数后结果为 1,相当于频率极小。如果频率小于阈值,则报警。

（3）自校准

经过理论计算及实际调试发现,外界环境会对系统造成的漂移,随着纸张数量的增加,其影响会越来越大。本实验的自校准程序对某数量的纸张校准时,比该数量多的会随之校准,比该数量少的不受影响。

·11.1.4 实验过程

1. 根据要求设计方案

按照实验要求,学习实验原理,掌握单片机系统、555 定时器以及平行板电容器的工作原理,思考方案设计。

图 11.1.16 为整个系统的设计框图,整个系统包括方形铝板、555 定时器构成的多谐波振荡电路、STM32 单片机、蜂鸣器模块、数码管显示模块。

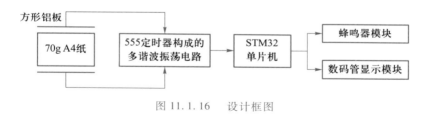

图 11.1.16　设计框图

2. 设计并焊接硬件电路

根据实验原理中提供的电路原理图,焊接电路,焊接完成的电路实物图如图 11.1.17 所示。

测试电路的流程如下。

（1）首先检查焊接完成的板子,是否有虚焊漏焊的情况。肉眼检查有无短路情况。如果有疑似短路的情况,用万用表进行确认。对照原理图进行检查。

图 11.1.17　焊接完成的电路实物图

（2）进行电路的实际功能测试。此电路的功能是将电容转换为具有一定频率的矩形波。首先将一个小电容接入电路中。然后调节直流稳压电源,使之输出+5 V 的电压。在电路板上电之前,先用万用表再次确认电压值是否为+5 V,然后断电。将直流稳压电源连接到电路中后,用示波器观察输出波形,记录频率,并根据选用的元器件的值,代入公式 $f=\dfrac{1}{0.7(R_1+2R_2)C}$ 中,计算频率的理论值,与示波器测得的实际值比较,从而验证电路的性能。测试完成后去掉小电容。

（3）如果在测试过程中发现电路中有温度明显升高的情况,应该立即断电,进行电路板的检查,直到找到问题,并成功解决之后,才可以进行下一步的调试工作。

（4）如果测试电路的功能和预期不一致,应该结合 555 定时器的工作原理逐步分析,直到找到问题并解决,然后重新测试电路的功能。在确定了电路板的功能正常后,可以用单片机上的 +5 V 电源对电路板进行供电。

3. 制作极板

两块平行极板可以使用金属板,也可以使用覆铜板。本实验选用铝板。划线并切割两块 5 cm×5 cm 的铝板,打磨光滑,观察两块铝板能否贴紧。截取两条 50 cm 的导线,导线两端都去除适量的外皮,焊接用,将这两条导线的一端分别焊接到两块铝板上,并用热熔胶固定,再用绝缘胶带包裹极板的焊接面,防止误触。将两条导线的另一端焊接到洞洞板上。制作完成的极板实物图如图 11.1.18 所示。

测试电路。此时电路的功能是将厚度 d 转换为具有一定频率的矩形波。把一张纸用极板夹住并固定（可以选择用夹子夹住两块极板固定,也可以尝试设计制作其他装置固定）,用示波器观察输出波形,记录频率,并根据选用的元器件的值,一张纸厚为 0.1 mm,相对介电常数为 2.5 F/m,k 为 9×10^9(SI),代入公式 $f=\dfrac{4\pi kd}{0.7(R_1+2R_2)\varepsilon S}$ 中,计算频率的理论值,与示波器测得的实际值比较,从而验证电路的性能。

4. 搭建硬件系统

连接整体实验系统,将前面焊接的电路、蜂鸣器模块用杜邦线连接到单片机系统中。连接完成的系统整体图如图 11.1.19 所示。

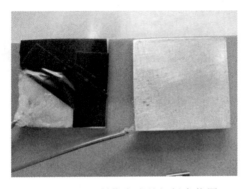
图 11.1.18　制作完成的极板实物图

图 11.1.19　连接完成的系统整体图

5. 编写程序

根据要实现的功能,绘制程序流程图。按照程序流程图,编写程序。首先实现主干程序,实现频率的测量,此时数码管应显示测量的频率值。

6. 测试程序

程序的功能是测量并显示输入波形的频率。此时为了验证程序的正确性,可以先去掉外电路,用信号发生器取而代之。单片机上电,让信号发生器生成一定频率的矩形波,将信号发生器接入电路。注意:在接入时,红色夹子接到信号输入接口,黑色夹子接地。观察数码管的显示,与实际值比较,从而验证程序的有效性。测试完成后将外电路重新接回单片机主板上。

把一张纸用极板夹住并固定,观察数码管的显示,记录显示的频率,增加纸张的数量,观察并记录数码管显示的频率。通过调试,实现增加或减少纸张数量时,频率有明显的变化,且近似服从线性规律。增加纸张数量从 1 张到 6 张,读出数码管显示的频率值,在表 11.1.4 中记录纸张数量与频率的关系。

表 11.1.4　纸张数量–频率

纸张数量	1	2	3	4	5	6
频率/kHz						

可以参照表 11.1.5 和图 11.1.20。

表 11.1.5　(示例)纸张数量–频率

纸张数量	1	2	3	4	5	6
频率/kHz	2.25	3.23	4.17	5.56	6.41	7.30

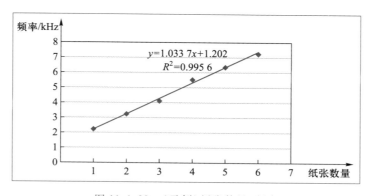

图 11.1.20　(示例)纸张数量–频率

同时,用示波器观察不同数量纸张、极板接触短路时的 555 定时器的输出波形,记录频率值,并与装置测得的值进行比较。

根据纸张数量与频率的关系,得到纸张数量对应的频率范围(可以取相邻频率的平均值)。编写程序,实现数码管显示测量的纸张数量。

可以参照表 11.1.6。

表 11.1.6 (示例)频率范围

纸张数量	1	2	3	4	5	6
频率/kHz	2.72	3.75	4.77	5.80	6.83	7.85

编写程序,实现显示被测纸张数时发出一声蜂鸣。蜂鸣器的频率建议在 10 kHz 左右,也可以自己设定不同的频率,出现警报器的效果。

编写程序,实现当两块极板相互接触短路时,LED 灯闪烁报警(可以利用极板短路时,测得的频率小于某阈值来实现)。

编写程序,实现测量系统的"自校准"功能,正式测试前,对置于两极板间不同张数的纸张进行测量,以获取测量校准信息。

7. 对系统准确性进行分析

自校准完成之后,在其他条件不变的情况下,纸张数量从 1 到 30 变化,分别对测量得出的纸张数量进行显示记录。更换纸张,重复 2 遍,计算系统的测量准确率,分析原因,调试并改进系统。

11.1.5 实验总结

1. 进一步熟悉单片机系统的组成原理与应用,熟悉 HD7279A 键盘的显示。学习 STM32 单片机程序的编写和测试,学习中断功能的使用,学习编程的规范化。

2. 复习并掌握 555 定时器的工作原理。正确设定无源蜂鸣器的频率参数,并且可以判定出有源和无源蜂鸣器。熟悉焊接技术,能够独立完成电路板的焊接工作。

3. 分析用本实验的装置测量纸张数量的优点与缺点。

4. 书写实验报告,总结本实验中的实验原理,分析在实验中遇到的问题和解决的方法,书写个人实验心得。

5. 高阶实验阶段,可以将纸张数量增加至 30 张以上,并尝试使用更好的方案。

11.2 交通信号灯控制电路设计及制作

11.2.1 实验目的

1. 学习交通灯控制电路的实验原理。

2. 设计并制作交通灯控制电路。

3. 学习并掌握 NE555、74LS164 等芯片的使用方法,注意它们的供电电压。

4. 学习实际电路图的焊接和调试。

5. 将理论知识和实践相结合。

6. 提高动手能力和分析问题、解决问题的能力。

11.2.2 实验器材

1. 直流稳压电源;

2. 数字式万用表;

3. 双踪示波器;

4. 电烙铁等焊接工具;

5. 所使用的交通灯控制元器件清单如表 11.2.1 所示。

表 11.2.1　交通灯控制元器件清单

元件序号	型号	主要参数	数量	备注
1	NE555		1	脉冲发生器
2	74LS164		1	移位寄存器
3	74LS08		1	二输入与门
4	74LS04		1	六非门
5	74LS11		1	三输入与门
6	74LS161		1	计数器
7	LED		6	红黄绿各两个
8	C_1	10 μF	1	
9	C_2	0.01 μF	1	
10	R_1	43 kΩ	1	
11	R_2	51 kΩ	1	

11.2.3 实验原理

1. 方案设计与选择

本实验要求设计一个十字路口的交通灯控制电路,要求甲车道和乙车道两条交叉道路上的车辆交替运行,每次通行时间都设为 25 s,黄灯先亮 5 s,才能变换运行车道,黄灯亮时,要求每秒闪亮一次。根据要求要用到 1 Hz 的时钟脉冲源,可以用 555 定时器来实现,还要用计数器、逻辑门等元器件来实现。

方案一的交通灯控制原理框图如图 11.2.1 所示。

首先用 NE555 定时器产生 1 Hz 脉冲作为时钟脉冲信号源,用 74LS161 构成五进制计数器,每 5 s 自动清零,同时给 74LS164 移位寄存器一个脉冲信号,使寄

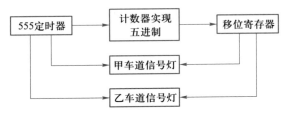

图 11.2.1　方案一的交通灯控制原理框图

存器移位,然后通过 74LS164 移位寄存器分别实现 5 s、20 s、25 s 的循环控制,分别使对应的黄灯、绿灯、红灯亮。最后,用黄灯信号和脉冲源进行**与**逻辑运算,使得黄灯能够每秒闪烁一次。

方案一的交通灯设计原理图如图 11.2.2 所示。

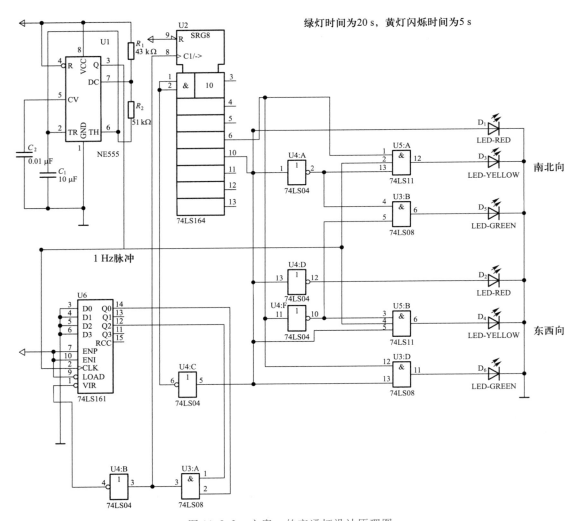

图 11.2.2　方案一的交通灯设计原理图

方案二的交通灯控制原理框图如图 11.2.3 所示。

图 11.2.3　方案二的交通灯控制原理框图

　　用两片 NE555 定时器分别产生 0.2 Hz 和 1 Hz 的脉冲信号,0.2 Hz 的信号给 74LS161 计数器,实现 5 s 触发一次,74LS161 构成十进制循环计数,然后接 4 线–10 线译码器对计数器的信号进行译码,信号通过**非门**和**与非门**的组合后接到适当的交通灯上。1 Hz 的脉冲信号与黄灯信号进行逻辑**与**运算,实现每秒闪烁一次。

　　方案二的交通灯设计原理图如图 11.2.4 所示。

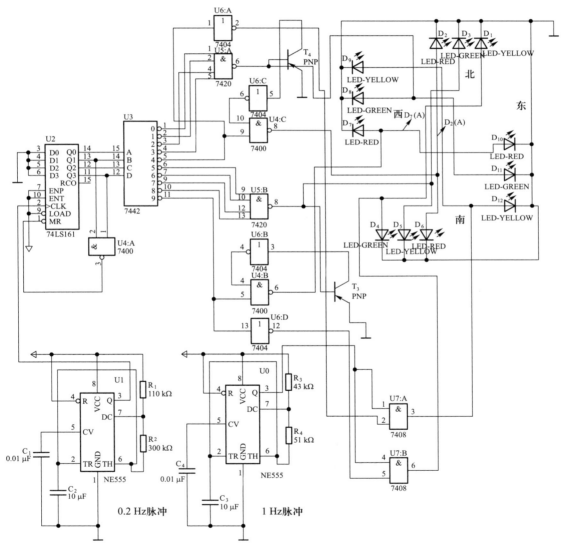

图 11.2.4　方案二的交通灯设计原理图

　　本实验采用方案一来实现交通灯控制电路。

2. 单元电路设计

秒脉冲信号发生电路主要由 NE555 定时器组成振荡器,产生稳定的脉冲信号,送到状态产生电路,状态产生电路根据需要产生一定的 **0**、**1** 信号。秒脉冲发生电路如图 11.2.5 所示。

由于

$$t_{w1} = (R_1 + R_2) C \ln \frac{V_{CC} - \frac{1}{3} V_{CC}}{V_{CC} - \frac{2}{3} V_{CC}} \approx 0.7 (R_1 + R_2) C \qquad (11.2.1)$$

$$t_{w2} = R_2 C \ln \frac{0 - \frac{2}{3} V_{CC}}{0 - \frac{1}{3} V_{CC}} \approx 0.7 R_2 C \qquad (11.2.2)$$

所以,时间周期为:$T = t_{w1} + t_{w2} \approx 0.7 (R_1 + 2R_2) C = 1$ s。

要实现五进制计数,需用 74LS161 四位二进制同步加法计数器,该计数器能同步并行预置数据,具有清零置数、计数和保持功能,具有进位输出端,可以串接计数器使用,它的引脚图如图 11.2.6 所示。

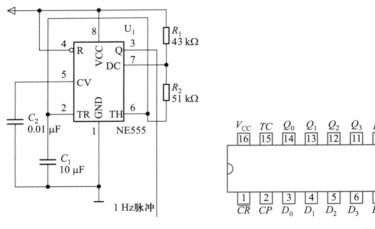

图 11.2.5　秒脉冲发生电路　　　　图 11.2.6　74LS161 引脚图

图 11.2.6 中,CP 为时钟信号;$D_0 \sim D_3$ 为 4 个数据输入端;$\overline{CR}$ 为清零信号;EP、ET 为使能信号;PE 为置数信号;$Q_0 \sim Q_3$ 为数据输出端;TC 为进位输出,其中 $TC = Q_0 \cdot Q_1 \cdot Q_2 \cdot Q_3 \cdot ET$。表 11.2.2 为 74LS161 功能表。

从 74LS161 功能表中可以知道,当清零端 $\overline{CR} = 0$,计数器输出 Q_3、Q_2、Q_1、Q_0 立即为全 **0**,这个时候为异步复位功能。当 $\overline{CR} = 1$ 且 $\overline{LD} = 0$ 时,在 CP 信号上升沿作用后,74LS161 输出端 Q_3、Q_2、Q_1、Q_0 的状态分别与并行数据输出端 D_3、D_2、D_1、D_0 的状态一样,为同步置数功能。而只有当 $\overline{CR} = \overline{LD} = EP = ET = 1$、$CP$ 脉冲上升沿作用后,计数器加 **1**。74LS161 还有一个进位

输出端 TC,其逻辑关系是 $TC = Q_0 \cdot Q_1 \cdot Q_2 \cdot Q_3 \cdot ET$。合理应用计数器的清零功能和置数功能,一片 74LS161 可以组成十六进制以下的任意进制分频器。

表 11.2.2　74LS161 功能表

输入									输出			
CP	$\overline{CR}$	$\overline{LD}$	EP	ET	D_3	D_2	D_1	D_0	Q_3	Q_2	Q_1	Q_0
×	**0**	×	×	×	×	×	×	×	**0**	**0**	**0**	**0**
↑	**1**	**0**	×	×	d	c	b	a	d	c	b	a
×	**1**	**1**	**0**	×	×	×	×	×	保持			
×	**1**	**1**	×	**0**	×	×	×	×	保持			
↑	**1**	**1**	**1**	**1**	×	×	×	×	计数			

利用 74LS161 实现五进制加计数,将 $\overline{CR} = \overline{LD} = EP = ET = \mathbf{1}$,$D_3$,$D_2$,$D_1$,$D_0$ 接地,二进制的五为 $\mathbf{0\times0101}$,故将 Q_2、Q_0 连到同一与非门后接 CR 清零端,每 5 个脉冲清一次零,实现五进制加法计数器。五进制计数器电路图如图 11.2.7 所示。

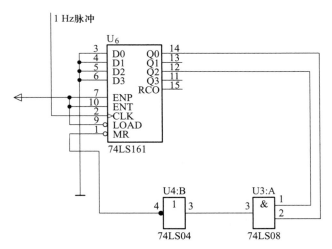

图 11.2.7　五进制计数器电路图

移位寄存器 74LS164 为 8 位寄存器,当清除端($CLEAR$)为低电平时,输出端($Q_A \sim Q_H$)均为低电平。数据输入端(A、B)可控制数据。当 A、B 任意一个为低电平,则禁止新数据输入,在时钟端($CLOCK$)脉冲上升沿作用下 Q_0 为低电平。当 A、B 有一个为高电平,则另一个就允许输入数据,并在 $CLOCK$ 上升沿作用下决定 Q_0 的状态。

74LS164 的引脚定义为:$CLOCK$ 为时钟输入端;$CLEAR$ 为同步清除输入端(低电平有效);A、B 为串行数据输入端;$Q_A \sim Q_H$ 为输出端,其真值表如表 11.2.3 所示。

表 11.2.3 中,H 为高电平,L 为低电平,×为任意电平,↑为低到高电平跳变;Q_{A0},Q_{B0},B_{H0} 为规定的稳态条件建立前的电平,Q_{An},Q_{Gn} 为时钟最近的 ↑ 前的电平。

表 11.2.3　74LS164 真值表

输入				输出			
CLEAR	*CLOCK*	*A*	*B*	Q_A	Q_B	…	Q_H
L	×	×	×	L	L	…	L
H	L	×	×	Q_{A0}	Q_{B0}	…	Q_{H0}
H	↑	H	H	Q_{An}	…	…	Q_{Gn}
H	↑	L	×	L	Q_{An}	…	Q_{Gn}
H	↑	×	L	L	Q_{An}	…	Q_{Gn}

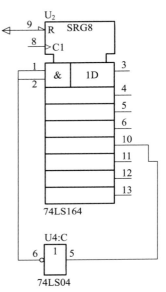

图 11.2.8　74LS164 连接电路图

采用 8 位移位寄存器 74LS164 可以实现对黄灯 5 s 的控制、绿灯 20 s 的控制和红灯 25 s 的控制。用 74LS161 的清零信号作为 74LS164 的触发信号,用引脚 10 即 Q_E 来控制串行输入的信号。74LS164 连接电路图如图 11.2.8 所示。

3. 信号灯控制

红色信号灯控制:南北向的红灯直接与 Q_E 相连,东西向的红灯则正好相反,先将 Q_E 取非,然后接东西向红灯。

绿色灯信号控制:东西向的绿灯信号通过 Q_E、Q_D 相与获得,南北向的绿灯信号则要 Q_E、Q_D 先分别取非,然后再相与获得。

黄色灯信号控制:黄灯信号的获得比绿灯和红灯稍复杂,东西向的黄灯信号通过 Q_D 取非与 Q_E 相与获得,要使其每秒闪烁一次,用其与 1 Hz 时钟脉冲相与即可。南北向的黄灯信号则通过 Q_E 取非与 Q_D 相与,再和 1 Hz 时钟脉冲相与即可。

交通灯信号控制电路原理图如图 11.2.9 所示。

11.2.4 实验过程

1. 按照图 11.2.2 所示原理图,进行 PCB 电路的设计,规划电路的总布局,使电路连线简单、明了。

2. 腐蚀电路板。

3. 打磨、焊接,注意不要出现虚焊、漏焊等情况。

4. 焊接完成后,进行调试。首先对时钟信号脉冲源进行调试,看是否产生 1 Hz 的时钟信号,把万用表调到 20 V 直流电压挡,用万用表负极接地,正极接 555 定时器的 3 号引脚,芯片通电后,看电压是否有明显变化,高电平要大于 3 V,低电平要小于 0.4 V。如果不能产生脉冲,检查 555 定时器的引脚是否接对,电阻和电容是否接正确。如果不是这些问题,可以通过更换芯片的方法进行调试,最终实现 1 Hz 的脉冲信号。此脉冲信号也可以用示波器继续观察。

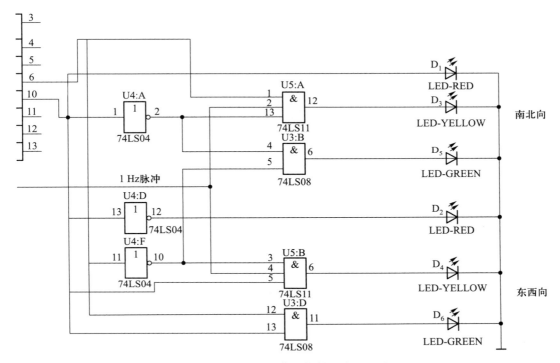

图 11.2.9 交通灯信号控制电路原理图

5. 对五进制计数器进行检测,检测其是否为五进制计数。

6. 测试移位寄存器是否正常工作。

7. 检查信号灯是否连接到位。

8. 进行逐步测试,使交通灯控制电路达到预期效果。

11.2.5 实验总结

1. 实验中如果 74LS161 不能正常工作,从以下角度进行分析:

(1) 74LS161 供电的电源不宜超过 3.5 V,不然无法正常计数。

(2) 绿灯不亮,检查 74LS08 的输入及供电。

2. 书写实验报告,分析在实验中遇到的问题和解决的方法。

3. 观察并记录各个步骤中的电压值和波形,并与理论值进行比较。

4. 观察并记录最后红绿灯的实现情况。

第12章

电子综合产品设计及制作

12.1　自动避障小车控制系统设计及实现

12.1.1　实验目的

1. 学习直流电机驱动原理,能够通过单片机控制电机的调速、正转和反转。
2. 学习直流电机驱动芯片 L9110 的使用方法。
3. 学习并掌握红外探测的原理及使用方法。
4. 能够通过调节程序,实现自动避障的功能。
5. 学习使用蓝牙模块,可以通过手机等移动设备终端进行小车的控制。

12.1.2　实验器材

1. 直流稳压电源、数字式万用表、双踪示波器;
2. 电烙铁等焊接工具;
3. 智能小车套件一套。

12.1.3　实验原理

1. 直流电机驱动

直流电机采用 L9110 芯片进行驱动。此芯片具有以下特点:① 低静态工作电流;② 宽电源电压范围:2.5 V ~ 12 V;③ 每通道具有 800 mA 连续电流驱动能力;④ 较低的饱和压降;⑤ TTL/CMOS 输出电平兼容,可以直接连接 CPU;⑥ 输出内置钳位二极管,适用于感性负载;⑦ 控制和驱动集成于单片 IC 之中;⑧ 具备引脚高压保护功能;⑨ 工作温度为:0 ℃ ~ 80 ℃。芯片有 DIP8 封装和 SOP8 封装,实物图如图 12.1.1 所示。

L9110 是为控制和驱动电机设计的两通道推挽式功率放大专用集成电路器件,将分立电路集成在单片的 IC 之中,使外围器件成本降低,整机可靠性提高。L9110 的引脚图如图 12.1.2 所示,引脚的定义如表 12.1.1 所示。

(a) DIP8封装(DP后缀)　　(b) SOP8封装(SO后缀)

图 12.1.1　L9110 芯片封装实物图　　　　图 12.1.2　L9110 引脚图

表 12.1.1　L9110 引脚的定义

引脚	名称	功能	引脚	名称	功能
1	OA	A 路输出引脚	5	GND	地线
2	VCC	电源电压	6	IA	A 路输入引脚
3	VCC	电源电压	7	IB	B 路输入引脚
4	OB	B 路输出引脚	8	GND	地线

引脚输入和输出的波形图如图 12.1.3 所示。

由图 12.1.3 可以得到,当输入 A 为高电平,B 为低电平时,电机正转;输入 A 为低电平,B 为高电平时,电机反转。当其中一个输入为 GND,另一个输入为 PWM 波时,就实现了电机的调速功能。典型的 L9110 电机接线原理图如图 12.1.4 所示。

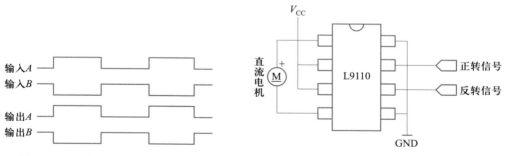

图 12.1.3　引脚输入和输出波形图　　　　图 12.1.4　典型的 L9110 电机接线原理图

本实验采用两轮驱动的小车,因此采用两片 L9110,分别对左轮电机和右轮电机进行控制。电机的驱动,可以输入 A 信号作为调速,采用定时器产生 PWM 波输出,输入 B 信号作为电机正反转信号。当 B 信号为低电平时,电机正转。A 信号对应的高电平占空比控制电机的转速,最高占空比为 100%,也就是 A 输出高电平时,电机满速;当占空比为 0%,即 A 输出低电平时,电机停转。注意:控制电机调速,频率最好控制在 10 kHz 左右。

L9110 电机驱动板最终实物图如图 12.1.5 所示。

2. 红外线多用探测系统

本实验有 4 路分别独立工作的红外线多用探测器,可以应用于巡线、避障、防跌落等功能,还可以进行物料检测、色相检测和灰度检测。传感器探头原理图如图 12.1.6 所示。

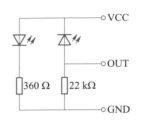

图 12.1.5　L9110 电机驱动板最终实物图　　　图 12.1.6　传感器探头原理图

图 12.1.6 中,左侧红外灯发射红外线,当红外线被障碍物遮挡时,反射回的红外线被图中右侧的红外接收管接收。接收到红外线后,接收管会有一定程度的导通,OUT 端输出电压值。将此输出的电压值用 LM339 电压比较器进行比较,就能输出数字量,可以供单片机的 I/O 引脚采集。红外线传感器的中控板原理图如图 12.1.7 所示,图中 10 kΩ 的滑动变阻器可以调节电压比较器的输入电压,从而达到调节红外传感器测试距离的目的。

测试探头:移开探头前面的所有物体,且探头不要指向阳光的方向。将探头板上电后,用万用表测量输出端电压。此时的电压应为 1 V 左右,用白纸挡在探头前,用万用表测输出端电压,应接近电源电压。红外线多用模块实物图如图 12.1.8 所示。

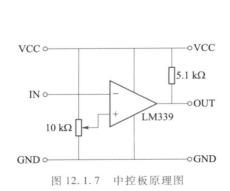

图 12.1.7　中控板原理图　　　　　　图 12.1.8　红外线多用模块实物图

3. 蓝牙模块

本实验采用主从一体的蓝牙模块,也就是一块既能做主机,也可以做从机的模块,可以通过 AT 指令进行切换。从机用于单片机与电脑或者手机配对通信。使用方法是把模块的通信线 RXD、TXD 连接到单片机,然后用手机或者电脑搜索蓝牙设备,并配对连接。而主机只可以配对从机,不能够被手机或者电脑搜索配对。

模块出厂默认设置为从机,波特率为 9 600。蓝牙模块原理图和实物图如图 12.1.9 所示。

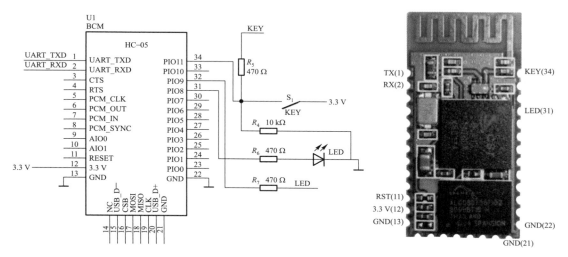

图 12.1.9　蓝牙模块原理图和实物图

本实验采用从机模式,串口参数使用 9 600,N,8,1。因此蓝牙模块不用再进行设置,配对密码为 1234。图 12.1.10 为本实验中实际使用的电路板。

从图 12.1.10 中可以看出,本模块接口为六针,分别为:5 V、TX、RX、GND、RS、AT。其中 5 V 和 GND 为系统供电,TX 接单片机的 RX,RX 接单片机的 TX,也就是发送和接收相连;RS 是复位信号;AT 为模块的 KEY 脚,用于进入 AT 模式。

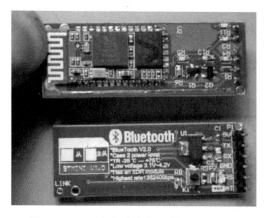

图 12.1.10　本实验中实际使用的电路板

上电后,按动开关,可以进入 AT 模式。进入后,可以进行以下操作。

(1) 测试通信

发送 AT(返回 OK,1 s 左右发一次);返回:OK。

(2) 更改波特率

发送:AT + BAUD1,返回:OK1200,则波特率改为 1 200;发送:AT + BAUD2,返回:OK2400,则波特率被修改为 2 400。"BAUD?"中"?"的数字和波特率的对应关系如表 12.1.2 所示。

表 12.1.2 "BAUD?"中"?"的数字与波特率对应关系

数字	波特率	数字	波特率	数字	波特率
1	1 200	5	19 200	9	230 400
2	2 400	6	38 400	10	460 800
3	4 800	7	57 600	11	921 600
4	9 600	8	115 200	12	1 382 400

我们不建议使用超过 115 200 的波特率,信号的干扰会使系统不稳定。设置波特率超过 115 200 后,电脑无法使用该波特率,要用单片机将其编程为高于 115 200 才能使用此波特率。用 AT 命令设置好波特率后,下次上电使用不需要再设,因为可以掉电保存波特率。

(3)改蓝牙名称

发送:AT+NAMEname,返回:OKname。参数 name:所要设置的当前名称,即蓝牙被搜索到的名称。20 字符以内。参数可以掉电保存,只需修改一次。PDA 端刷新服务可以看到更改后的蓝牙名称。

(4)修改蓝牙配对密码

发送:AT+PINpassword,返回:OKsetpin。参数 password:所要设置的密码,4 个字节,此命令用于主机或从机。从机则是适配器或手机弹出要求输入配对密码窗口时,则手动输入此参数,可以连接从机。参数可以掉电保存,只需要修改一次。

设置完成上述参数之后,就可以开始使用了。

4. 主控模块

主控模块采用 ATmega16 芯片作为主控芯片。此实验使用到的模块有串口通信、PWM 波和 I/O 口输入输出模块。智能小车主控电路图如图 12.1.11 所示。

图 12.1.11 中,采用三节 AA 电池进行供电,供电电压在 4.5 V 左右。本电路中还有复位电路、晶振电路、JTAG 接口等。

本实验中,四路传感器接口如上图所示为 PA0、PA1、PA2、PA3;电机驱动 PWM 波分别采用 PD3/OCR1A 和 PD4/OCR1B,控制方向信号为 PD6 和 PD7。蓝牙信号接入单片机的串口接口,分别为 RXD 和 TXD。

5. ATmega16 串口通信

ATmega16 单片机带有一个全双工的通用同步/异步串行收发模块 USART,该接口是一个高度灵活的串行通信设备。它可以全双工操作,可以同时进行收发操作。支持同步或异步操作,支持 5、6、7、8 和 9 位数据位,1 位或者 2 位停止位的串行数据帧结构,3 个完全独立中断,TX 发送完成,TX 发送数据寄存器空,RX 接收完成,支持多机通信模式。

与串口通信相关的寄存器有:数据寄存器 UDR,控制和状态寄存器 UCSRA、UCSRB、UCSRC,波特率寄存器 UBRRL、UBRRH。

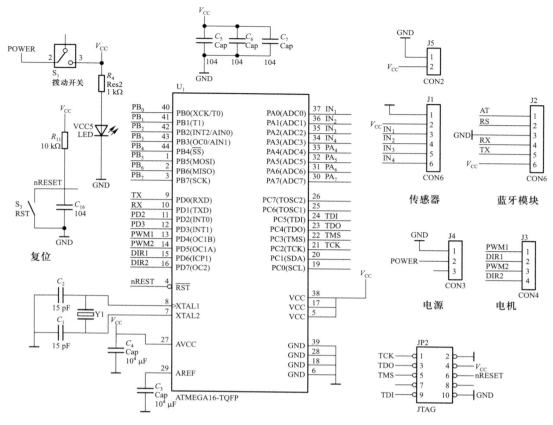

图 12.1.11 智能小车主控电路图

串行同步通信容易理解,即约定一个同步时钟,每一时刻传输线上的信息就是要传送的信息单元。串行异步通信是把一个字符看作一个独立的信息单元,每一个字符中的各位以固定的时间传送。因此,这种传送方式在同一字节内部是同步的,而字符间是异步的。在异步通信中收发双方取得同步的方法是在字符格式中设置起始位,而在字符结束时发送 1~2个停止位。当接收器检测到起始位时,便能知道接着的是有效的字符位,于是开始接收字符;检测到停止位时,就将接收到的有效字符装载到接收缓冲器中。最简单的串口通信使用3 根线完成:地线、发送、接收。由于串口通信是异步的,端口能够在一根线上发送数据,同时在另一根线上接收数据。其他线用于握手,但是不是必须的。串口通信最重要的参数是波特率、数据位、停止位和奇偶校验。对于两个进行通信的端口,这些参数必须匹配。

波特率:这是一个衡量通信速度的参数。它表示每秒传送的比特个数。例如,300 波特表示每秒钟发送 300 bit。当我们提到时钟周期时,就是指波特率。例如,如果协议需要4 800 波特率,那么时钟频率是 4 800 Hz。这意味着串口通信在数据线上的采样率为 4 800 Hz。通常电话线的波特率为 14 400,28 800 和 36 600。波特率可以远远大于这些值,但是波特率和距离成反比。高波特率常常用于放置得很近的仪器间的通信,典型的例子就是 GPIB 设备的通信。

数据位:这是衡量通信中实际数据位的参数。当计算机发送一个信息包,实际的数据不会是 8 位的,标准的值是 5、7 和 8 位。如何设置取决于你想传送什么信息。比如,标准的 ASCII 码是 0～127(7 位),扩展的 ASCII 码是 0～255(8 位)。如果数据使用简单的文本(标准 ASCII 码),那么每个数据包使用 7 位数据。每个包是指一个字节,包括开始位/停止位、数据位和奇偶校验位。由于实际数据位取决于通信协议的选取,所以术语"包"指任何通信的情况。

停止位:用于表示单个包的最后一位。典型的值为 1、1.5 和 2 位。由于数据是在传输线上定时的,并且每一个设备有其自己的时钟,很可能在通信中两台设备间出现了小小的不同步,所以停止位不仅仅是表示传输的结束,还提供计算机校正时钟同步的机会。适用于停止位的位数越多,不同时钟同步的容忍程度越大,但是数据传输率同时也越慢。

奇偶校验位:串口通信中一种简单的检错方式。检错方式共四种:偶、奇、高和低校验。当然没有校验位也是可以的。对于偶和奇校验的情况,串口会设置校验位(数据位后面的一位),用一个值确保传输的数据有偶数个或者奇数个逻辑高位。例如,如果数据是 011,那么对于偶校验,校验位为 0,保证逻辑高的位数是偶数个。如果是奇校验,校验位为 1,这样就有 3 个逻辑高位。高位和低位不真正地检查数据,只是简单置位逻辑高或者逻辑低校验。这样使得接收设备能够知道一个位的状态,有机会判断是否有噪声干扰了通信或者是否传输和接收数据不同步。

USART 接收以下 30 种组合的数据帧格式:1 个起始位;5、6、7、8 或 9 个数据位;无校验位、奇校验位或偶校验位;1 个或 2 个停止位;数据帧以起始位开始,紧接着是数据字的最低位,数据字最多可以有 9 个数据位,以数据的最高位结束。如果使能了校验位,校验位将紧接着数据位,最后是结束位。当一个完整的数据帧传输后,可以立即传输下一个新的数据帧,或使传输线处于空闲状态。

12.1.4 实验过程

1. 学习实验原理,掌握单片机系统、蓝牙系统、电机驱动模块以及串口通信的工作原理。

2. 根据实验原理中提供的主控原理图,设计 PCB,并且 PCB 的尺寸能够满足小车要求,能够通过单排针和单排座的方式接入电路,而不用额外多余的接线。设计完成的 PCB 电路如图 12.1.12 所示。

3. 制作主控 PCB 电路板。

4. 焊接主控电路板,焊接完成的主控电路板如图 12.1.13 所示。

5. 组装智能小车系统,小车整体效果图可参照图 12.1.14,图 12.1.14(a)、(b)分别为系统的正面和背面。系统供电采用 3 节普通 5 号干电池或充电电池。红外测试系统向前,用于避障功能。如果发射灯和接收器向下,能够实现巡线功能和防跌落功能。

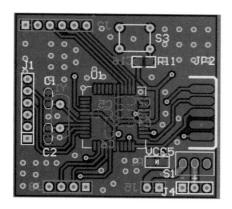

图 12.1.12 设计完成的 PCB 电路

图 12.1.13 焊接完成的主控实物图

(a) 正面

(b) 背面

图 12.1.14 小车整体效果图

6. 编写程序,实现电机的控制。通过调试,实现小车的前进、后退。能够通过程序控制,实现小车的速度的控制,能够在低速挡和高速挡工作。

7. 编写程序,实现小车的原地左转和右转。注意:左转时,左轮反转,右轮正转,右转时,正好相反,左轮正转,右轮反转。要实现小车的原地旋转,需要控制两个轮子的转速相同。

由图 12.1.3 可知,当方向控制信号为低电平时,PWM 波的高电平占空比宏观体现为电机的转速;当方向控制信号为高电平时,PWM 波的低电平占总周期的比例宏观显示为电机的转速。因此在控制小车的前进和后退时,为了使速度相同,占空比必须为互补的关系。在左转和右转时,也需要注意占空比的互补。

8. 编写程序,读取传感器的值,当四路传感器中任何一路有返回信号时,电机停转。注意设置对应传感器的 I/O 为输入信号。

9. 编写程序,实现小车的避障功能。避障小车程序流程图可参照图 12.1.15。

10. 编写串口程序,实现用蓝牙控制小车的功能。

串口的接收采用中断形式,接收到 0×01 时,小车前进;接收到 0×02,小车后退;接收到 0×03,小车左转;接收到 0×04,小车右转;接收到 0×FF,小车停止。还可以设置其他指令,实现其他的功能。

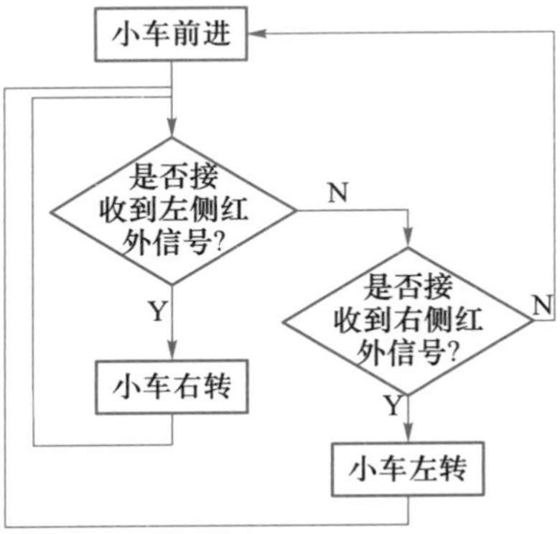

编写好串口程序之后,为了用手机进行控制,还要进行以下步骤。

（1）下载并安装手机串口助手。

（2）打开手机助手,在弹出图 12.1.16 所示的对话框中,点"是"。

（3）设置对应的指令按键。如图 12.1.17 所示,在空白键处长按,出现编辑窗口,设置对应的数值和动作。设置时,一定要选择"十六进制"选项。设置完成后,如图 12.1.18 所示。

（4）连接到蓝牙模块。

（5）通过按键就可以实现小车的控制了。

图 12.1.15　避障小车程序流程图

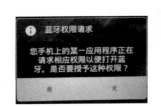

图 12.1.16　蓝牙权限请求

图 12.1.17　按键设置

图 12.1.18　设置完成

12.1.5 实验总结

1. 学习并掌握电机驱动模块的工作原理。

2. 通过单片机系统程序的编写,实现电机驱动模块的控制,能够进行电机的正反转控制,以及电机的调速。

3. 学习并掌握传感器信息的采集,能够利用单片机系统程序的编写,实现传感器信号的采集。

4. 学习并掌握蓝牙串口模块的使用。

5. 学习 ATmega16 串口程序的编写和测试,学习中断功能的使用。

6. 通过综合调试,实现自动避障的功能。在自动避障时,当左侧的传感器检测到信号,说明左侧有障碍物,小车右转,躲避障碍物。当右侧的传感器检测到信号时,说明右侧有障碍物,小车左转。当前面的传感器同时检测到障碍物时,电机左转避开障碍物。

7. 实现利用手机等移动设备对小车的控制。

8. 记录并分析在调试过程中遇到的问题,说明最终解决办法是什么。

9. 书写实验报告,学习报告的规范化书写,总结本实验中的实验原理。记录理论值和实际值之间的偏差,分析产生偏差的原因,说明解决的办法。

12.2　简易电路特性测试仪

12.2.1 实验目的

1. 掌握晶体管放大电路输入电阻、输出电阻和增益的测量方法。
2. 了解 DDS 高速信号源模块的特点,能够对其进行编程控制。
3. 了解电压信号的检测方法,学习使用 ADC 测量正弦波信号的峰值。
4. 学习使用 LCD 模块显示字符。

12.2.2 实验器材

1. 直流稳压电源、数字式万用表、双踪示波器;
2. 电烙铁等焊接工具;
3. AD9854 高速 DDS 模块、继电器模块、STM32 单片机、uA741、电容、电阻等。

12.2.3 实验原理

1. 设计要求

设计并制作一个简易电路特性测试仪,用来测量特定放大器电路的特性,进而判断该放大器由于元器件变化而引起故障的原因。该测试仪仅有一个输入端口和一个输出端口,与特定放大器电路连接。待测电路图如图 12.2.1 所示。

制作图 12.2.1 中被测放大器电路,该电路板上的元件按图 12.2.1 所示的电路图布局,保留元件引脚,尽量采用可靠的插接方式接入电路,确保

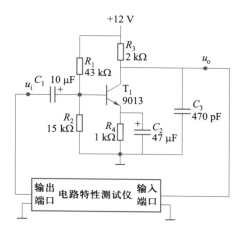

图 12.2.1　待测电路图

每个元件可以容易替换。电路中采用的电阻相对误差的绝对值不超过 5%,电容相对误差的绝对值不超过 20%。晶体管型号为 9013,其 β 值在 60 ~ 300 之间。电路特性测试仪的输出端口接放大器的输入端 u_i,电路特性测试仪的输出端口接放大器的输出端 u_o。

基本要求:

(1) 电路特性测试仪输出 1 kHz 正弦波信号,自动测量并显示放大器的输入电阻。输入电阻测量范围为 1 kΩ ~ 50 kΩ,相对误差值不超过 10%。

(2) 电路特性测试仪输出 1 kHz 正弦波信号,自动测量并显示放大器的输出电阻。输出电阻测量范围为 500 Ω ~ 5 kΩ,相对误差值不超过 10%。

(3) 自动测量并显示该放大器在输入 1 kHz 频率时的增益,相对误差值不超过 10%。

(4) 自动测量并显示该放大器的幅频特性曲线。

发挥部分:

(1) 该电路特性测试仪能判断放大器电路元器件变化而引起故障或变化的原因。任意开路或短路 R_1 ~ R_4 中的一个电阻,电路特性测试仪能够判断并显示故障原因。

(2) 任意开路或短路 C_1 ~ C_3 中的一个电容,电路特性测试仪能够判断并显示故障原因。

(3) 任意增大 C_1 ~ C_3 中的一个电容的容量,使其达到原来值的两倍,电路特性测试仪能够判断并显示变化的原因。

(4) 在判断准确的前提下,提高判断速度,每项判断时间不超过两秒。

2. 方案的设计和选择

(1) 总体方案

实验中需要设计和制作两部分电路,一个是由晶体管等元器件组成的基本放大电路,另一个是电路特性测试仪。电路特性测试仪原理图如图 12.2.2 所示。

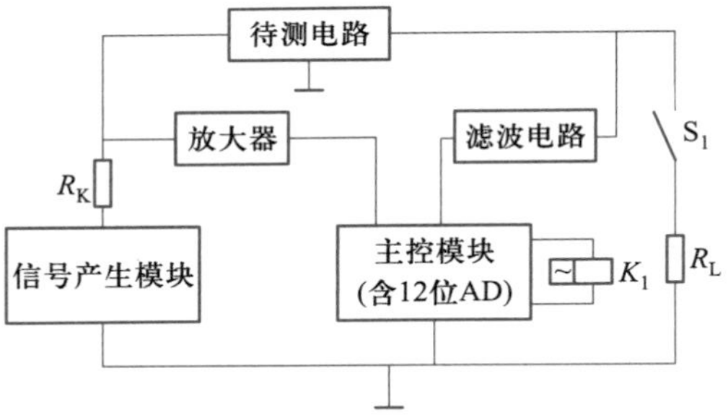

图 12.2.2   电路特性测试仪原理图

测量输入电阻时,首先由信号发生模块产生 1 kHz 正弦波信号,然后检测输出电压的大小,计算并显示输入电阻。输出电阻和增益的测量与其相似。注意在测量输出电阻时,需要测量放大电路在空载和带载时的两种输出电压大小。这里通过控制继电器的开闭来选择空载或带载。

测量幅频特性曲线时,信号发生模块产生扫频信号,检测不同频率下输出电压的大小,绘制并显示幅频特性曲线。

电路特性测试仪需要具有的功能如下:

① 输入信号的产生;

② 输出信号的检测;

③ 输出负载的控制;

④ 数据运算;

⑤ 信息的显示。

选用 STM32 系列单片机作为主控模块,并实现后三个功能。

（2）信号发生模块方案

方案一:单片集成函数信号发生器

传统的信号发生器可以由硬件电路搭接而成。ICL8038 就是这样一种具有多种波形输出的集成电路,只需调整个别的外部元件就能产生从 0.001 Hz ~ 300 kHz 的正弦波、三角波、矩形波等信号。输出波形的频率和占空比还可以由电流或电阻控制。ICL8038 引脚功能图如图 12.2.3 所示。ICL8038 可用单电源供电,即将引脚 11 接地,引脚 6 接 $+V_{CC}$, V_{CC} 为 10 ~ 30 V。也可以采用双电源供电,即将引脚 11 接 $-V_{EE}$,引脚 6 接 $+V_{CC}$,它们的值为 ±5 V ~ ±15 V。引脚 8 为频率调节(简称调频)电压输入端,输出信号的振荡频率与调频电压成正比。图 12.2.4 是 ICL8038 应用电路。

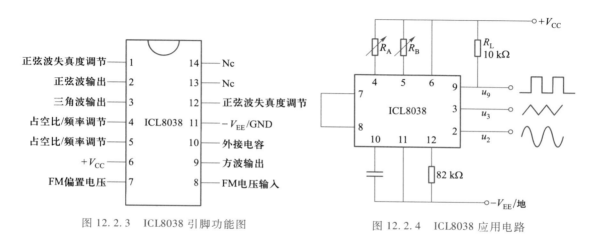

图 12.2.3　ICL8038 引脚功能图　　　　图 12.2.4　ICL8038 应用电路

基于 ICL8038 的函数信号发生器具有电路简单、体积小、成本低、使用方便等优点,仅需改变调频电压即可实现频率扫描。但这种电路存在波形质量较差,控制难,可调范围小等缺点,因此它的使用较为困难。

方案二:基于 STM32 的数控正弦波发生器

使用 STM32 单片机和其中的 DAC 模块即可以产生正弦波信号。读表法是使用 STM32 产生正弦波的一种简单方便的方法,具体办法是:事先计算正弦波一个周期 500 个点对应的 DAC 的值,将它存在一个数组中,然后每次时钟更新时使用 DAC 输出电压。但由于 STM32 单片机计算速度的限制,由算法产生的正弦波由近似折线构成,波形不够理想。

方案三:基于 DDS 模块的正弦波发生器

直接数字频率合成(direct digital synthesis,DDS)技术是一种基于全数字化方式,从相位概念出发,直接合成所需波形的一种频率合成技术,具有频率分辨率高、频率切换速度快、相位连续、输出信号相位噪声低、可编程、全数化易于集成等特点。DDS 合成正弦波原理图如图 12.2.5 所示。

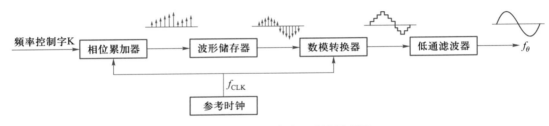

图 12.2.5　DDS 合成正弦波原理图

使用集成的 DDS 模块,由 STM32 编程控制,通过写入频率控制字和幅度控制字,可以产生一系列频率和幅度可变的正弦波。这种方法所需外接电路少,操作简单,信号失真度非常低,可控性高。

本实验选择方案三。

(3) 电压检测方案

方案一:真有效值检测电路

利用真有效值检测电路,可以实时测量各种波形的有效值电压。AD637 是一种高精度、高带宽的真有效值检测芯片,图 12.2.6 是由 AD637 组成的真有效值测量电路,VI 是待测波形输入端,VO 为有效值输出端。这种电路检测误差很小,但其原理较为复杂,电路规模较大,使用较为困难。

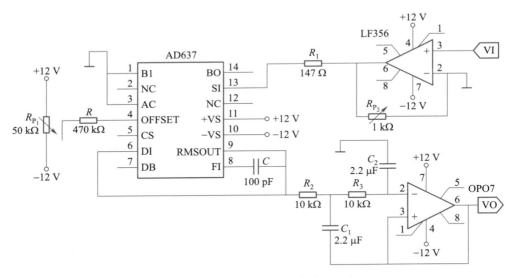

图 12.2.6　AD637 真有效值检测电路

方案二:ADC 采样

使用 STM32 单片机的 ADC 模块对放大器输出电压进行采样。STM32 单片机拥有 12 位 ADC,可以对 0 ~ 3.3 V 的电压值进行采样,精度可以达到 1 mV 以上。这一方法较为简便,但由于 STM32 计算速度的限制,难以应对高频信号的采样。

本实验选择方案二。

3. AD9854 高速 DDS 模块

正弦波信号由 AD9854 高速 DDS 模块产生。AD9854 芯片采用先进的 DDS 技术,片内整合了两路高速、高性能正交 D/A 转换器,通过数字化编程可以输出 I、Q 两路正交合成信号。在高稳定度时钟的驱动下,AD9854 将产生一高稳定的频率、相位、幅度可编程的正弦信号。AD9854 高速 DDS 模块实物图如图 12.2.7 所示,电路图如图 12.2.8 所示。

图 12.2.7　AD9854 高速 DDS 模块实物图

AD9854 采用 7~9 V 电压供电,部分引脚功能描述表如表 12.2.1 所示,实验中主要用到的引脚有 D_7~D_0、A_5~A_0、WR、RD、I/O UDCLK 等。其中 70 号引脚为 S/P SELECT,置高可以使用并行模式,而置低可以使用串行模式。在并行模式下,AD9854 拥有 8 位数据端口(D_0~D_7)和 6 位地址端口(A_0~A_5),复位 WR 时可以写并行数据到 I/O 端口寄存器,复位 RD 时可以从寄存器中读出并行数据。通过复位 WR 和 RD,可以给 AD9854 的特定地址写入频率和幅度控制字,使其能够输出幅度和频率可控的正弦波信号。

根据设计要求,AD9854 应输出的正弦波信号频率为 1 kHz。要计算输出信号合适的幅度,可以先使用交流毫伏表,测量待测放大电路的增益。AD9854 的输出信号经放大器放大后,电压幅值在 2~3 V 之间较为方便后续测量。可以选择输出幅值为 140 mV。

在 AD9854 高速 DDS 模块的输出后接电压跟随器,可以提高它的驱动能力,降低信号源的内阻,使得后续测量更加准确。

4. 放大电路特性的测量原理

(1) 输入电阻的测量

放大电路的输入和输出电阻就是从放大器相应的输入和输出端看进去的等效电阻。利用戴维南定理可以计算电路的输入和输出电阻。

将输入处串联一个采样电阻 R_k,采用检测电阻与输入电阻分压的方式检测输入电阻,其计算公式为

$$R_i = \frac{u_i}{u_i' - u_i} R_k \tag{12.2.1}$$

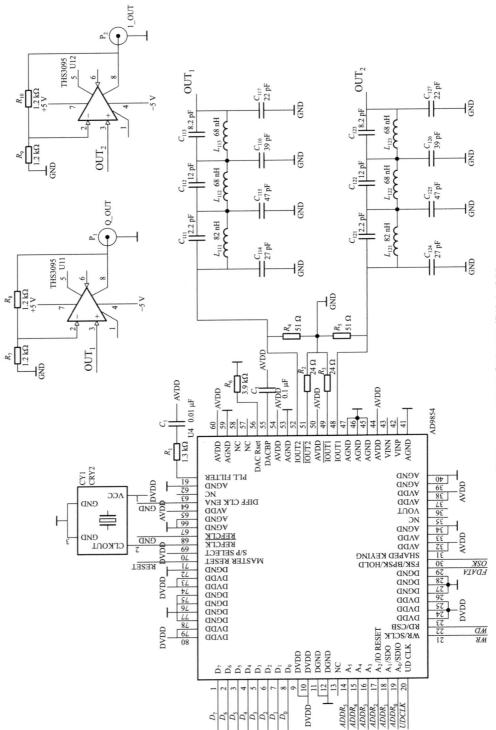

图 12.2.8 AD9854 高速 DDS 模块电路图

表 12.2.1 部分引脚功能描述表

引脚	名称	功能描述
1 ~ 8	$D_7 \sim D_0$	八位并行可编程数据输入。只用于并行可编程模式
9，10，23，24，25，73，74，79，80	DVDD	连接数字电路电源输入。正常情况下相对于模拟地和数字地的正向电位是 3.3 V
11，12，26，27，28，72，75，76，77，78	DGND	连接数字电路的回路地。与模拟地具有相同的电位
13，35，57，58，63	NC	没有内部连接
14 ~ 19	$A_5 \sim A_0$	可编程寄存器的六位地址输入。仅用于并行可编程模式。引脚 17(A_2)，18(A_1)，19(A_0)在选择串行模式时还有第二功能，后面有具体描述
17	A_2/IO RESET	串行通信总线的 I/O 允许复位端，由于编程协议的不成熟而没有应答信号产生。在这种方式下复位既不影响以前的编程设置也不影响默认编程设置。高电平时复位有效
18	A_1/SDO	单向串行数据输出端。应用于 3 线串行通信模式中
19	A_0/SDIO	双向串行数据输入/输出端。应用于 2 线串行通信模式中
20	I/O UDCLK	双向 I/O 更新时钟。方向的选择在控制寄存器中设置。如果作为输入端，时钟上升沿将 I/O 端口缓冲器的内容传送到可编程寄存器。如果作为输出端(默认)，输出一个系统时钟周期的单脉冲(由低到高)表示内部频率更新已经发生
21	WR/SCLK	写并行数据到 I/O 端口寄存器。复用功能为 SCLK 时，串行时钟与串行总线相结合，数据在时钟上升沿锁存。当选择并行模式时这个引脚复用为 WR 功能。模式选择在第 70 脚

其中，u_i 为放大器的输入电压，u_i' 为经采样电阻分压后的输入电压。采样电阻 R_k 的取值应与放大器输入电阻接近。实验中输入电阻测量范围为 1 kΩ ~ 50 kΩ，取 R_k 为 7.5 kΩ。

（2）输出电阻的测量

将输出端并联一个负载电阻 R_L，通过继电器分别控制电路空载和带载，记录二者的电压值从而得到其输出电阻，其计算公式为

$$R_o = \left(\frac{u_o'}{u_o} - 1 \right) R_L \tag{12.2.2}$$

其中，u_o 为放大器空载输出电压，u_o' 为放大器带载输出电压。输出电阻 R_L 的取值应与放大器输入电阻接近。实验中输出电阻测量范围为 500 Ω ~ 5 kΩ，取 R_L 为 1.6 kΩ。

（3）增益的测量

放大器的增益是指输出电压 u_o 和输入电压 u_i 之比，即

$$A_u = u_o / u_i \tag{12.2.3}$$

（4）幅频特性曲线和截止频率的测量

幅频特性曲线的绘制即是在输入信号幅度不变的情况下，对不同频率时放大倍数的测量。

当保持输入信号的幅度不变，改变频率使输出信号降至最大值的 0.707 倍，用频响特性来表述即为−3 dB 点处即为截止频率，它是用来说明频率特性指标的一个特殊频率。测量截止频率时，改变输入信号的频率，当增益下降为最大值的 0.707 倍时，此时的输入信号的频率即为截止频率。

5. 信号处理

（1）输入端信号处理

放大器输入端需要测量的量是经采样电阻分压后的输入电压 u_i'。u_i 作为给定值直接代入计算。由于 u_i' 幅值过小，约为 40 mV，直接送入 ADC 进行采样时会降低测量的精度，所以要设计一个放大器使得 u_i' 放大 20 倍后再对其采样。放大器的电路原理图如图 12.2.9 所示。

（2）输出端信号处理

放大器的输出含有直流分量，设计合适的滤波器滤去直流分量能够使输出电压 u_o 的测量更加准确。滤波电路采用由 uA741 组成有源高通滤波器，其电路原理仿真图如图 12.2.10 所示。

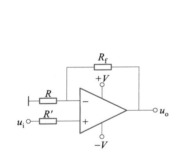

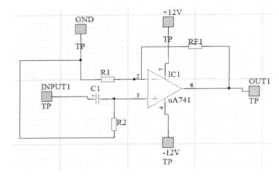

图 12.2.9　放大器的电路原理图　　　图 12.2.10　滤波器电路原理仿真图

滤波电路的截止频率为

$$f_p = \frac{1}{2\pi R_2 C_1} \tag{12.2.4}$$

低于此频率的分量将被滤去。

经过此滤波电路还可以改变输出信号的幅值，即

$$u_o = \left(1 + \frac{R_f}{R_1}\right) u_i \tag{12.2.5}$$

6. 继电器模块

使用继电器作为放大器输出端的负载控制开关。继电器是一种电控制器件，是当输入

量的变化达到规定要求时,在电气输出电路中使被控量发生预定的阶跃变化的一种电器。继电器的作用本质是用一个回路去控制另外一个回路的通断。

采用一路 5 V 继电器模块对输出带载和空载进行控制。继电器模块实物图如图 12.2.11 所示。其中,VCC 接电源正极(5 V),GND 接电源负极,IN 为信号输入端,可以通过高低电平控制继电器的吸合。继电器模块拥有三个输出端,常开端(NO)在继电器吸合前悬空,吸合后与公共端(COM)短接,常闭端(NC)吸合前与公共端短接,吸合后悬空。通过跳线可以选择高低电平触发。

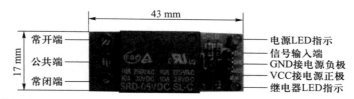

所有1路低电平触发继电器模块(05 V, 09 V, 12 V, 24 V)接线方式均和上图相同。

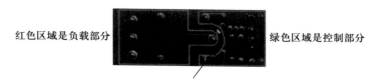

图 12.2.11　继电器模块实物图

继电器模块与待测电路的连接时,COM 接负载电阻,通过 IN 端输入高低电平,使 NO 悬空或与 COM 短接,控制输出带载和空载。

7. 主控模块

主控模块采用 STM32 芯片作为主控芯片。此实验用到的模块有 ADC 模数转换和 LCD 显示模块等。主控模块电路图如图 12.2.12 所示。

ADC(模数转换器)是指将连续变化的模拟信号转换为离散的数字信号的器件。ADC 的位数表示转换后的数据用多少 bit 表示。ADC 的采样频率指完成一次从模拟信号转换到数字信号的 A/D 转换所需时间的倒数。为了使测量更为准确,ADC 的位数需要 12 位至 14 位,采样频率需要在 500 kHz 以上。

LCD(liquid crystal display)指液晶显示器。LCD 的构造是在两片平行的玻璃基板当中放置液晶盒,下基板玻璃上设置 TFT(薄膜晶体管),上基板玻璃上设置彩色滤光片,通过 TFT 上的信号与电压改变来控制液晶分子的转动方向,控制每个像素点偏振光出射与否而达到显示目的。

使用 LCD 模块显示信息时,只要将显示字符的标准 ASCII 码放入内部数据显示用存储器 DDRAM,内部控制总线就会自动将字符传送到显示器上。LCD 显示模块实物图如图 12.2.13 所示。

图 12.2.12　主控模块电路图

图 12.2.13　LCD 显示模块实物图

12.2.4 实验过程

1. 学习整个系统的原理,理解整个系统的构成。

2. 焊接制作被测晶体管放大电路。使用信号发生器作为信号源,调整好输入信号的幅值使放大器输出不失真。用示波器观察输出信号,计算放大电路的输入电阻、输出电阻和增益,并记录。逐步提高输入信号的频率,同时观察输出信号,估计放大电路的截止频率。将示波器测试结果记录于表 12.2.2。

表 12.2.2　示波器测试结果

输入电阻/Ω	输出电阻/Ω	增益	截止频率/Hz

3. 焊接制作连接输入端的放大器和连接输出端的滤波电路。可以根据需要,选择较大的电容和电阻放置在滤波电路中,使截止频率在 10 Hz 之内。R_f 选择滑动变阻器,使输出幅值的大小改变在 0 ~ 3.3 V 之间。放大器制作完成后,将信号发生器的输出端接到其输入端,测试其电压放大倍数。滤波电路制作完成后,将其与放大器的输出端相连。使用信号发生器作为信号源,用示波器观察滤波电路输出,检查是否已经滤去直流分量,输出的波形是否良好。

4. 连接 DDS 模块和单片机,编写程序,使 DDS 模块能够输出 1 kHz 的正弦波信号。

DDS 模块的编程过程就是给 AD9854 的对应地址写入频率和幅度控制字。AD9854 的频率控制字定义如下:

$$FTW = (f_{\text{desired output frequency}} \times 2^N)/SYSCLK \qquad (12.2.6)$$

式(12.2.6)中 N 为 AD9854 相位累加器的资源(48 bit), $f_{\text{desired output frequency}}$ 为所需要的频率(Hz), $SYSCLK$ 为系统时钟。

AD9854 拥有 12 位输出幅度精度,幅度控制字的取值范围为 0~4 095,取值越大,幅度越大。实验中根据需要输出合适的幅度,使得放大器输出不失真且便于测量。

DDS 输出正弦波信号程序流程图如图 12.2.14 所示。实验中写入频率控制字的地址为 0x04~0x09,I 通道幅度控制字的地址为 0x21~0x22,Q 通道幅度控制字的地址为 0x23~0x24。给引脚 UD-CLK 输入一个单脉冲可以将 I/O 端口缓冲器的内容送至寄存器,从而更新 AD9854 的输出。

编写完毕后,将 DDS 模块的 $D_0 \sim D_7$、$A_0 \sim A_5$、UDCLK、WR、RD、RESET 引脚连接到程序中对应的单片机的 I/O 引脚,将 VDD 接至 3.3 V 电源,VSS 接 GND,执行程序,用示波器观察 DDS 模块的输出是否为 1 kHz 的正弦波,将测试结果记录于表 12.2.3 中,同时将波形在图 12.2.15 中画出,同时标注好横轴和纵轴的单位。

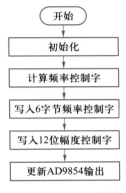

图 12.2.14 DDS 输出正弦波信号程序流程图

表 12.2.3 DDS 实际输出频率测试结果

给定频率/Hz	实际测量频率/Hz

5. 编写程序,使用 STM32 单片机自带的 ADC 模块采集输出电压。实验中选择输出信号的峰值进行测量,具体方法是:查找一个内电压最大值作为峰值,并取多个周期的平均作为最终的峰值检测结果。注意:放大器经滤波后的输出可以调节 R_f 的大小改变其幅值,可以避免输出电压过大损坏 ADC,或输

图 12.2.15 DDS 输出波形图

出电压过小使得测量不准确。调节 R_f 后,修改程序使检测结果乘上相应的系数。

编写完成后,连接放大器滤波后的输出端到相应的单片机 ADC 通道的相应引脚,执行程序,同时用示波器观察放大器输出波形,检验两者得到的峰值是否一致。

将测试结果记录于表 12.2.4 中。

表 12.2.4 测试结果

示波器所测输出峰值	单片机所测输出峰值	误差

6. 将单片机的两个 ADC 通道一个经过检测电阻 R_k 与放大器的输入端相连,另一个经过继电器模块和检测电阻 R_L 与放大器的输出端相连。编写程序控制继电器的开闭,测量输出空载和带载时的不同幅值。将测试结果记录于表 12.2.5 中。

表 12.2.5　测 试 结 果

输入空载幅值	输入带载幅值	检测电阻 R_k 阻值	输入电阻 R_i 阻值
输出空载幅值	输出带载幅值	检测电阻 R_L 阻值	输出电阻 R_o 阻值

7. 根据公式计算输入电阻、输出电阻和增益,并将其显示在 LCD 上。完整的程序流程图如图 12.2.16 所示。

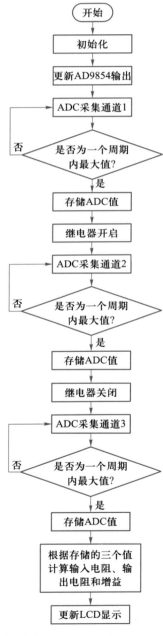

图 12.2.16　完整的程序流程图

8. 编写第二段程序,按照与步骤 4、5 相似的方法输出频率变化的信号,计算增益并显示。当增益下降到最大值的 0.707 倍时,显示此时输入信号的频率。这个频率即为放大器的截止频率。

9. 执行程序,记录测量得到的输入电阻、输出电阻、增益和截止频率。输入电阻、输出电阻、增益和截止频率的参考范围如下:

输入电阻:0.8 kΩ ~ 3 kΩ;

输出电阻:2 kΩ±0.2 kΩ;

增益:100 ~ 200;

截止频率:169 kHz±39 kHz。

测量结束后,将结果填入表 12.2.6 中,与参考范围对照。

表 12.2.6 简易电路测试仪测量结果

输入电阻/Ω	输出电阻/Ω	增益	截止频率/Hz

10. 对于发挥部分,放大器电阻的故障均影响放大器输出信号的直流电压,而电容的故障可能导致输入阻抗、输出阻抗、幅频特性、相频特性的变化。完整的自动故障检测的程序流程图如图 12.2.17 所示,对于有余力的同学可以自行尝试。

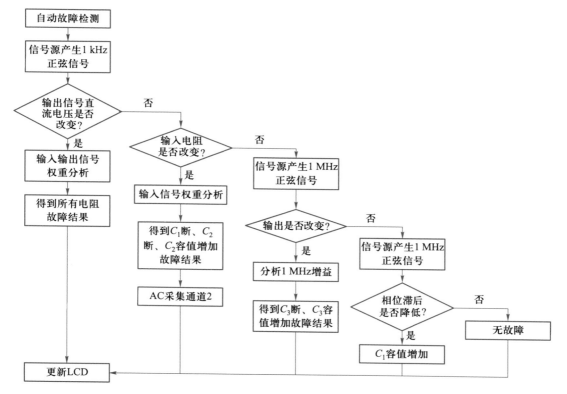

图 12.2.17 完整的自动故障检测程序流程图

12.2.5 实验总结

本实验综合了 STM32 单片机和 DDS 信号发生模块的应用。

1. 了解 DDS 高速信号源模块的工作原理。

2. 熟悉单片机的组成原理及使用,能够编程控制 DDS 高速信号源模块输出不同幅度和频率的正弦波信号。

3. 掌握通过 AD 采集检测电压值的方法。

4. 书写实验报告,分析本实验中遇到的问题和解决方法。

参 考 文 献

[1]　门宏.电子元器件的检测与误差分析[M].北京:化学工业出版社,2016.

[2]　穆秀春,李娜,訾鸿.轻松实现从 Protel 到 Altium Designer[M].北京:电子工业出版社,2011.

[3]　何俊.电子技术基础实验与实训[M].北京:科学出版社,2015.

[4]　马全喜.电子元器件与电子实习[M].北京:机械工业出版社,2006.

[5]　虞文鹏,喻嵘,赵安,等.电子技术基础[M].2 版.北京:清华大学出版社,2018.

[6]　管小明,黎军华,王怀平,等.电子技能实训导论[M].北京:北京理工大学出版社,2016.

[7]　黄智伟.全国大学生电子设计竞赛技能训练[M].北京:北京航空航天大学出版社,2007.

[8]　刘伟静.模拟电子技术基础[M].北京:清华大学出版社,2018.

[9]　Paul Scherz,Simon Monk.实用电子元器件与电路基础[M].4 版.夏建生,王仲奕,刘晓辉,等,译.北京:电子工业出版社,2017.

[10]　肖明耀,盛春明.Altium Designer 电路设计与制版技能实训[M].北京:中国电力出版社,2014.

[11]　姚彬.电子元器件与电子实习实训教程[M].北京:机械工业出版社,2009.

[12]　Anant Agarwal, Jeffrey H. Lang.模拟和数字电子电路基础[M].于歆杰,朱桂萍,刘秀成,译.北京:清华大学出版社,2008.

[13]　胡斌,胡松.电子电路分析方法[M].北京:电子工业出版社,2013.

[14]　夏敏磊.电子电路分析制作与调试[M].北京:电子工业出版社,2012.

[15]　何其贵.低频电子线路分析基础[M].北京:北京理工大学出版社,2015.

[16]　丁镇生.电子电路设计与应用手册[M].北京:电子工业出版社,2013.

[17]　何平.电路电子技术实验及设计教程[M].2 版.北京:清华大学出版社,2013.

[18]　徐秀平.数字电路与逻辑设计[M].北京:电子工业出版社,2010.

[19]　张晓林,张凤言.电子线路基础[M].北京:高等教育出版社,2011.

[20]　高瑜翔.高频电子线路[M].北京:国防工业出版社,2016.

[21]　陈新龙.数字电子技术基础[M].北京:清华大学出版社,2018.

[22]　李刚,林凌.电子工程师成长必备:电子电路基础与实践[M].北京:电子工业出版社,2013.

[23]　韩雪涛.电子元器件从入门到精通[M].北京:化学工业出版社,2018.

[24]　张校铭.从零开始学电子元器件——识别 检测 维修 代换 应用[M].北京:化学工业出版社,2017.

防伪查询说明

用户购书后刮开封底防伪涂层，利用手机微信等软件扫描二维码，会跳转至防伪查询网页，获得所购图书详细信息。也可将防伪二维码下的 20 位密码按从左到右、从上到下的顺序发送短信至 106695881280，免费查询所购图书真伪。

反盗版短信举报

编辑短信"JB，图书名称，出版社，购买地点"发送至 10669588128

防伪客服电话

(010) 58582300